進　化　す　る　ト　イ　レ

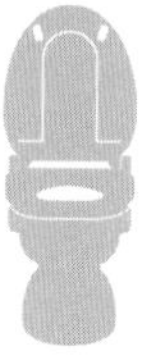

日本トイレ協会編

快適なトイレ

便利・清潔・安心して滞在できる空間

柏書房

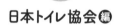

はじめに

トイレの快適化は水洗化がもたらしたと言われる。前田裕子著『水洗トイレの産業史』（名古屋大学出版会）によると、それは排泄《はいせつ》物の汚さや臭さ、処理の困難さを一挙に解決し、都市に公衆衛生や清潔性が獲得され、生活の快適化が促進された。心理面では、排泄行為自体の感覚に変化をもたらし、トイレ空間を快適にしたいと考えるようになったという。今やわが国の汚水衛生処理率(注)は90％に近い。全国津々浦々まで、快適なトイレ空間が行きわたる基礎ができたことになる。

では、快適なトイレ空間とは何を備えたものなのか。１９８０年代半ば以前の公共トイレ改善の目標は、４Ｋ（汚い・暗い・臭い・怖い）の改善であった。しかしそれだけに留まらず、様々な施設用途や場所で、様々な形のトイレを出現させた。

それらは「４Ｋの改善を超えて心休まる場」であったり、「機能的でシンプルな場」や「障害を持った人々に対応したトイレ」であったりした。しかし、竣工《しゅんこう》後、時を経ると、快適さが逆戻りしてしまった例も多かった。

この間の実践経過や研究から、施設用途や立地ごとに利用者層が異なり、汚損のされ方や、施設ごとの保全の内容や頻度に差があること、それらが快適さを左右することなどがわかってきた。また、女性の社会進出や、多様な人々との共生社会の実現が重要なテーマとなった。それらに基づいて法改正もされ、様々な場所でトイレの改善が、今も熱心に続けられている。一般社団法人日本トイレ協会は、この間、トイレ文化の創出、快適トイレ環境の創造、トイレに関する社会的課題の改善などを主なテーマに研究や活動をしてきた。しかし一方で社会変化も進み、また百花繚乱《りょうらん》の公共トイレが出現する中で、快適さの定義があいまいになっていると感じる。そこで、今もう一度振り出しに戻って、「快適さ」を考える本をつくることとした。

編集にあたり、下記の内容を考えた。

そもそも「快適さとは何だろう」。実際に利用してみると、トイレの快適さは様々に異なる。それはなぜだろう。水洗化が快適さをつくったと記したが、「快適なトイレの歴史」はどのように形成されてきたのか。快適なトイレは誰一人残さず利用できることが重要だ。「トイレに影響を与えた社会的変化」とは何か。様々な施設での「快適トイレの実践の内容」は、何を目的にどんな形で実施されたのか。その課題は何だろう。公共トイレの改修頻度は15～25年くらいが多い。その間、常にトイレメンテナンスの力が快適さの継続に貢献している。「そのメンテナンスとはどのように実施されているのだろう」。そして最後に、快適な公共トイレの現在の課題、そして今後の目標にも言及した。この本は、公共トイレの改善が始まって以来の、試行錯誤も含めた、快適トイレの今までと今からのすべてが詰まった本になっている。

本書をつくるにあたり、各テーマに造詣が深い計37人の研究者、専門家に執筆をお願いした。

日本トイレ協会の会員を中心に、会員以外の方々にもご協力いただいた。当然ながら、各テーマの考え方は、執筆者同士で見解の異なる場合もある。しかし、各執筆者の原稿は、代表的な考え方の一つとしてそのまま掲載させていただいた。トイレの快適化に向けた改善の歩みは、まだ35年余である。何が適正か、施設ごと、地域、風土、改善開始年度などで異なり、解明されていない部分もあるので、なかなか結論は出しにくい。多様な考え方としてとらえていただければ幸いである。

この本の出版に際しては、上野義雪、小松義典、竹中晴美、中森秀二、森田秀樹、山本浩司の当協会会員でもある6名の編集委員に、また、山崎孝泰氏をはじめとする柏書房の皆様に多大なご尽力をいただきました。ここに感謝申し上げます。

編者代表　小林純子

一般社団法人日本トイレ協会会長

（注）汚水衛生処理率とは、下水道法上の下水道のほか、農業集落排水施設、コミュニティ・プラント（地域屎尿《しにょう》処理施設）、浄化槽などにより、汚水が衛生的に処理されている人口の割合を表したもの（総務省が毎年度発表）。

快適なトイレ

目次

はじめに　3

第1章　快適さって何？

快適さって何？　16

コラム――公共トイレの分類　25

第2章　快適さへの歴史と技術の進化

1――トイレの快適化の歴史と文化　30

コラム――日本初の公共トイレ　43

2――下水道整備と水洗トイレの普及　46

3――水洗トイレの発達　51

4――トイレの建築計画　56

(1)――トイレの人間工学　56

(2)—トイレの計画（空間・仕様） 60

5—トイレの設備環境 65

(1)—給排水衛生設備の役割 65
(2)—機器と備品 70
(3)—トイレの換気 74
コラム—温水洗浄便座（ウォシュレット）の誕生秘話 79

第3章 社会の変化を反映する

1—人と社会の多様性に調和した公共トイレ 84

2—女性を取り巻く社会の変化とトイレ 94

3—様々な利用者が求める快適さ 102

(1)—子育てとトイレ 102
(2)—発達障害者とトイレ 107
(3)—認知症とトイレ 112

(4)―トランスジェンダーの実態とトイレ利用について　118
(5)―見えない・見えにくい人とトイレ　123
コラム――多目的トイレの呼称の変遷　128

第4章　様々な場所の様々なトイレ

1―公衆トイレ　132
2―住宅のトイレ　140
3―公共交通のトイレ　146
(1)―駅のトイレ（JR東日本の事例）　146
(2)―高速道路のトイレ（NEXCO中日本の事例）　153
(3)―空港のトイレ　161
(4)―道の駅　169
(5)―まちの駅　175
4―商業施設のトイレ　181

(1)—商業施設におけるトイレの取り組みとそのアプローチの違い 181
(2)—コンビニエンスストアのトイレ 191

5—公共施設のトイレ 198
(1)—病院のトイレ空間 198
(2)—新しい時代の学校トイレの目標と課題 207

6—オフィスのトイレ 220

7—観光地のトイレ問題 227

8—鉄道車両のトイレ 235
コラム—有料トイレ 244
コラム—パチンコ店はなぜトイレがきれいなのか 247

第5章 快適さを持続させる

1—快適さを更新させる 253

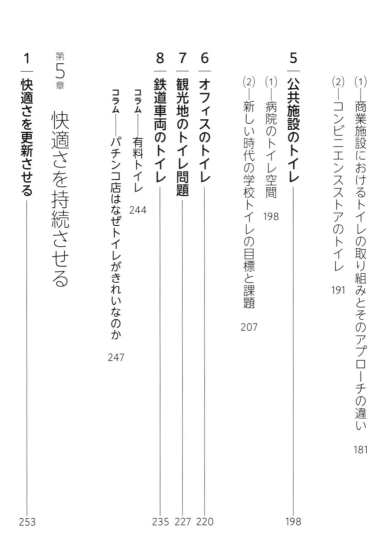

2　快適さを持続させる　264
(1)仕事の内容（体制・方法）　264
(2)利用者のニーズを反映した保守　269
3　これからの公共トイレの保全　273
4　持続する快適さの実現――ユーザー視点からみた戦略的経営資源としてのトイレ　281

第6章　公共トイレの課題と今から

1　公共トイレの課題とみんなが幸せを感じるトイレの形　290
2　学ぶ場としての公共トイレ――マナーの視点　301
3　次世代技術による支援　308
コラム――「THE TOKYO TOILET」　318
みんなの快適を聞いてみた　324
日本で聞いたトイレの快適さ　324

世界で見たトイレの快適性　333
おわりに　342

第1章

快適さって何？

快適さって何?

みなさんが感じる快適さはどのようなものだろう？　時と場所と状況によっていろいろな快適さを感じていないだろうか。この本でとりあげる場所は公共トイレである。街中の公衆便所、学校や職場のトイレ、デパートやコンビニなどのトイレ、駅や空港や高速道路にも公共トイレはある。公共トイレを利用する時や状況にも人それぞれいろいろなものがある。共通するのは、自宅を出たときに利用することぐらいだろうか。居心地のよい自宅のトイレではなく、外で用を足すときにはいろいろな不安や不満を感じてしまう。そんな不安や不満の少ない公共トイレに出会えると、幸せだ！　快適だ！　と感じるのかもしれない。いやいや、もっとすごく快適な公共トイレを知っているよ、という人もいるだろう。自宅のトイレでは感じることのできないような快適さということだろうか。こうした快適さの違いはどのように捉えることができるのだろうか。まずは快適さって何かを考え、いろいろな人の意見を聞いたり、いろいろな国での取り組みなどを見たりしていこう。

①建物の快適さ

快適さについては、工学、心理学、生理学など様々な分野で検討されており、それぞれの分野に適した捉え方で評価しようとしてきた。本書での快適さは、もちろんトイレについての快適さであり、建築分野での快適さである。

多くのトイレは建物の一部として設置されていたり、独立した建物として建てられていたりする。いずれも建物であり、建物としての基本的な性能が求められる。建物の最も基本となる性能は安全性であり、これに衛生性が加わる。この2つの基盤がしっかりとして

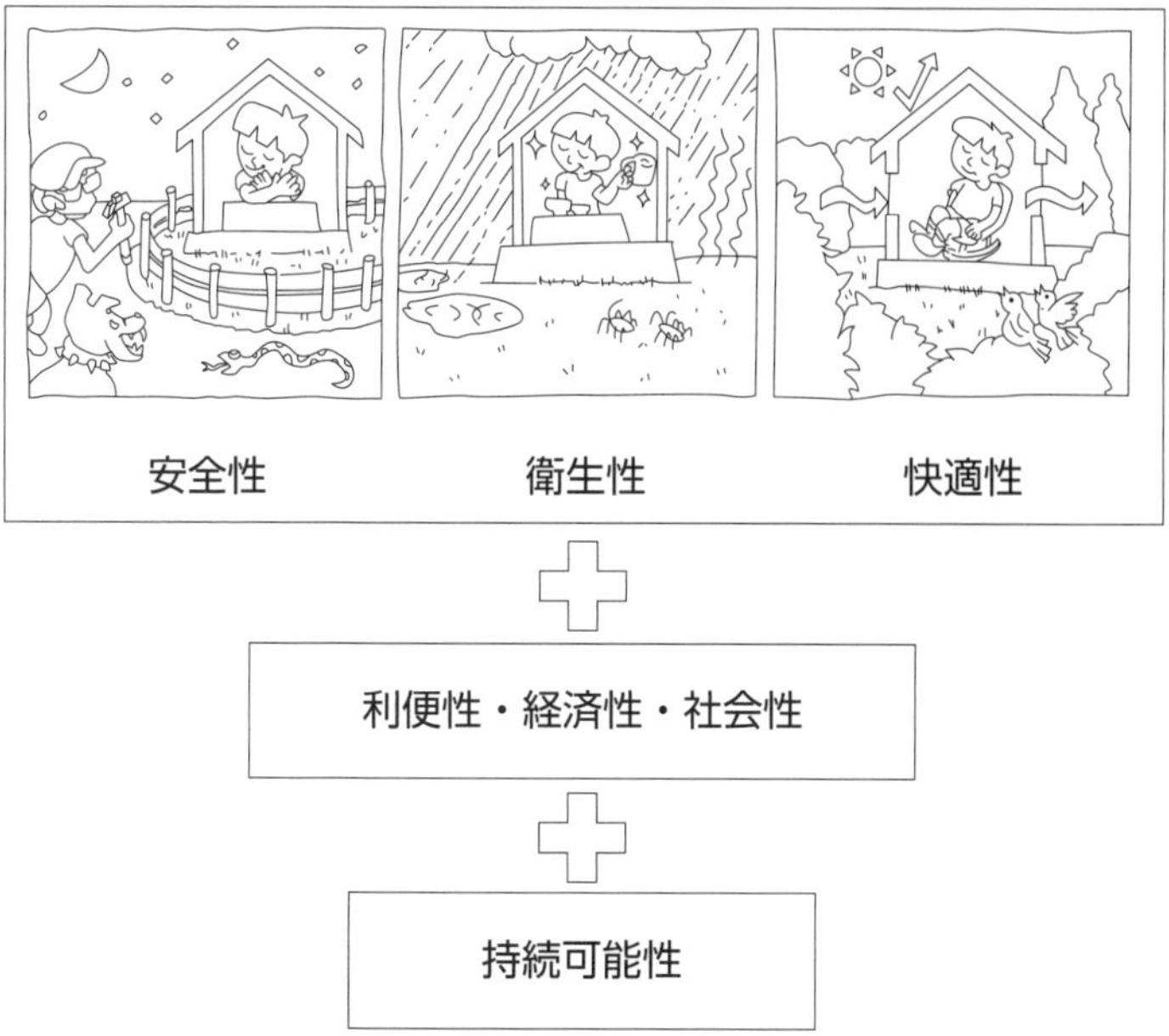

出典：文献1

いるときに、居住者が次に求めるようになるのが快適性である。これらは、私たちの祖先が洞窟や樹冠などにねぐらを見つけたり、建物を建てたりして、そこに住まうようになった古い時代から変わっていない。一方、時代とともに変化する基本性能として、利便性、経済性、社会性が加わり、近年では持続可能性も重視されるようになっている。トイレの快適さについては、こうした建物に関する多くの性能とその評価軸との関連の中で考えていく必要がある。特に、安全と衛生を損なうような快適は建物の快適さとしては扱えないことを確認しておきたい。

②不快ではないという快適さ

汚れている、臭気が強い、薄暗いことなどによって不快さを感じるトイレは少なくない。こうしたトイレでは、清掃や換気、照明の点灯などによって、環境が改善され不快さを感じなくなる。このときのトイレは不快ではない程度に快適なトイレと言ってよい。そこで感じる快適さは、不快ではないという快適さである。

不安ではない、不衛生ではない、不便ではないなどと感じるトイレも、広い意味で不快ではないという快適さを持つトイレの仲間のようである。そうすると建物の基本的な性能である安全性、衛生性、利便性が満たされていることも快適さと言ってよさそうである。

利便性を例にして不便ではない快適さを考えてみる。利用したいときにトイレが見つからない、トイレが遠くにある、ようやくトイレにたどり着いても利用中で長い待ち時間があるなどは不快な状況である。ピンチかもしれない。これらが解決されていると、不快を感じることがなく快適である。

こうしたかなり消極的な快適さは、ほとんどの人にとって共通する快適さである。臭い、暗いといった嗅覚や視覚などの感覚器との対応が直接的なものは、生理的な反応として個人差が小さい。また、刺激と反応の関係を簡潔に定量化できるものが多い。もう少し複雑な感覚である温冷感でも、熱い、冷たいなどの刺激となる温度との対応が直接的なものがある。冬の寒い日に冷たい便器に腰掛けると誰もが不快さを感じる。皮膚の表面温度とほとんど同じ温度の便座であれば、冷たさも暖かさも意識することは少ない。不快ではないという快適さは、中立的であり、見逃されてしまうことも少なくない。ストレスがない状態として、改めて感じることの少ない快適さである。

③満足を感じる快適さ

美しい、良い香りがする、明るいトイレを使うときには、快適さを十分に感じることができる。ただし、美しさや良い香りを定量的に表すことは簡単ではない。明るさでも視対象が見えるか見えないかという境目（閾値《いき》という）の明るさは簡単だが、ちょうどよかったり満足したりするような明るさはなかなか見つからない。

西安信氏は著書（文献2）の中で、快適な温熱環境について〝温・冷の受容体にて関知されると考えられる温度感覚と、特別の感覚器によらない「ある種の認識能力」と考えられる快適感・不快感は基本的に異なる〟と述べ、ＡＳＨＲＡＥ（アメリカ暖房冷凍空調学会）の「温熱環境の快適性」の定義は、「熱環境に対して満足を表明できる心の状態」とされていることを紹介している。温度感覚による快適さは前項の不快ではないという快適さとして、温熱環境の快適さは満足を示す心の状態として理解できそうである。

不快ではないという快適さと満足感を感じる快適さの両者は共に、受動的な傾向のある快適さであり、人による快適さの違いは小さいようである。

④刺激を受ける快適さ

より積極的な快適さがある。快感と言ってもよい快適さである。たとえば、視対象を見失うことがない程度のまぶしさ、ギラッとした明るさのトイレはどうか。落ち着いて用を足せなくても、元気をもらったり、高揚感を得たりすることはできそうである。縁日の屋台の裸電球に感じる華やいだ気持ちに近いかもしれない。

乾正雄氏は著書(文献3)のなかで、イギリスの照明学者ヒュウィットの論説「プレザントネスの研究」を引用し、〝コンフォトの次にくる問題として、プレザントネスの重要性を説いている〟と紹介している。ここで、コンフォト（comfort）は前項までの受動的、消極的な快適性、プレザントネス（pleasantness）は本項の積極的な快適性を指している。氏は両者の違いを音楽における協和音と不協和音で説明している。協和音を使う楽曲はコンフォトを与える。一方、不協和音を沢山含むヴァーグナーの楽劇を例にして、〝従来コンフォトではないと思われていた音の中にプレザントネスを見いだした〟としている。また、〝コンフォトが異論の少ない万人共通のものなのに対して、プレザントネスには個人差が大きい〟ことを指摘している。

⑤快適さは続くのか

満足する快適さや刺激を受ける快適さは変化の中にある。感覚器に直結するような不快ではないという快適さが比較的安定しているのに対して、心の状態は慣れや順応という状態の変化や環境の変化過程によって変動する。周辺との対比によって快適さを感じることも少なくない。いつも、いつまでも快適さを感じることができるとは限らないということであろう。

堀越哲美氏は著書(文献4)の中で、枕草子より「六月十よ日にて、あつきことこの世にしらぬ程なり、池のはちすを見やるのみぞいと涼しき心地する。」を引用し、〝暑い中にあって一つ池だけが涼しい感じがする対象であり、それが暑さの中に現れることがまさに涼しさなのではないだろうか〟と述べている。暑さとの対比の中に涼しさを感じる心の状態が現れたのだ。また、「上の蔀《しとみ》あげたるが、風いみじう強き入りて、夏もいみじうすずし。」を引用し、前者が視覚的な効果、後者が物理的効果であり、状況が異なるが心理的には同様に涼しいことを指摘している。同時に、〟暑いことに対する心地よさ、すなわち快適さ、としての涼しさを表している〟と述べている。対象から得られる効果の内容が異なっても心理的に同じような快適さを感じることがあるようだ。また、私たちは、周囲との対比に加えて、安定した環境が変化するときの過渡的状況に快適を感じることもあるのだ。

⑥快適さはどこまでも求めてよいのか

建物の基本的性能に経済性と持続可能性を挙げた。これらは独立した評価軸として扱うことができるが、他の性能に制約を与える評価軸でもある。費用を無視すれば、様々な快適さを追求したトイレをつくることも不可能ではないであろう。たとえば、〟かわや〟の由来との説（32頁参照）がある小川に設けた桟橋で用を足していた形が快適と感じるのであれば、常時流れるトイレをつくってもよさそうである。汚れは少なそうだし、水の流れる音は快さそうである。上下水道代が許せば実現は容易である。しかし、経済性の制約からつくられることはない。現在では、持続可能性の制約も受ける。水という資源は循環するものであり、地球上の水は太古より不変である。太陽光をエネルギー源とする循環は持続してきた。この循環の中で水を利用する限りは持続可能性を満足している。しかし、私たちが使うトイレの洗浄水は上水道、排水は下水道に接続されている。トイレは上下水道という都市インフラに接続されて初めて機能している。上水を供給するためにも、下水を浄化するためにも多くのエネルギーを必要とする。そのエネルギーの多くは化石燃料を燃焼して供給されている。数百万年という時の中でつくられた化石燃料を数十年で消費していては持続していくことはできない。排出される温暖化効果ガスの問題も顕在化している。

また、先述の堀越氏は同著のなかで、〝刹那的に快適さばかりを求めることは、基盤としての健康や安全を犯す恐れもある。長時間の暴露による影響という面も見逃すことは出来ない。瞬時的に快適さがあっても、長時間な時間経過後に健康を損なってはそれは快適とは言えまい。〟と指摘している。毎回の利用は短時間であるが、〝一生のうちに20万回利用し、述べ11か月を過ごす〟(『トイレ学大事典』)トイレの快適さを考えるときには、長時間暴露による影響も忘れないようにしたい。

私たちは、快適さが不変のものや万人に受け入れられるものではないことを頭に置きながら、安全性や健康性が基盤にあり、その上に不快ではなく、心の状態として快適さを感じることのできるトイレ、時には創造的刺激を与えるような快適なトイレを環境負荷を考えながら提供したり、選択したりしていきたい。

（小松義典）

〈参考文献〉

(1)小松義典ほか『建築の環境』理工図書、２０２２年、イラスト石松丈佳
(2)西安信「３．２温度感覚と快適感覚」空気調和・衛生工学会編著『新版　快適な温熱環境のメカニズム　豊かな生活空間をめざして』丸善出版、２００６年
(3)乾正雄『やわらかい環境論』海鳴社、１９８８年
(4)堀越哲美「１．２歴史の中の快適」「５地球環境時代に求められる快適性」大野秀夫ほか『快適環境の科学』朝倉書店、１９９３年

コラム

公共トイレの分類

公共トイレと公衆トイレの違いを説明できる読者はいるだろうか？　簡単だよという読者は相当なトイレマニアだ。日常会話でもしっかりと使い分けているという読者はトイレ用語の権威になれそうである。実のところ日本トイレ協会にも定番の分類はまだない。ここでは、日本トイレ協会会員の3名の著作に示された公共トイレの分類を紹介する。いずれも公共トイレに関わる重要な視点をもとにして分類されている。すべての視点を包含するような分類が期待される。

①坂本菜子氏の分類（坂本菜子編『公共トイレ管理者白書　もう公衆便所なんて呼ばせない』オーム社、2005年）

公衆トイレと公共トイレがイメージする対象範囲

		管理主体	利用者特性	立地	施設例
公共トイレ	**公衆トイレ**	**公営** 国、地方自治体、その他公共団体が管理する	**不特定** 利用者が特定できない	屋外	街区・駅前・公園・緑地・道路・河川敷・その他イベント会場など（仮設トイレ）
				屋内	
			特定 施設利用者が特定できる	屋外	公立有料公園・バスターミナル・港湾・高速道路パーキングエリアなど
				屋内	庁舎・学校・図書館・文化／スポーツ施設・医療／福祉施設などの公共施設
		民営 民間企業が管理する	**類似特定** 出入り自由のため、ある程度しか、利用者は特定できない	屋外	レジャー／パーク施設・バスターミナル
				屋内	駅舎／駅ビル・商業施設・文化／スポーツ施設・医療／福祉施設・教育施設・オフィスビルなど公共性の高い施設

維持管理の視点で分類されている。まず、トイレを誰が管理しているかに着目して公営と民営に大別した。さらに、トイレを誰が利用しているかを特定できるか、トイレの設置場所が屋外か屋内かで細分している。

②高橋志保彦氏の分類（高橋志保彦「都市とトイレ」日本トイレ協会編『トイレ学大事典』柏書房、2015年）

公に供するトイレの種類として、公共（公衆）トイレ、公開トイレ、公仕トイレの3つに分類している。設置管理主体と利用者の制約条件などを組み合わせたわかりやすい分類となっている。①公共（公衆）トイレ：一般的にいう公衆トイレ。公園などの公共用地に、国や地方公共団体が主として公的資金で設置・管理をする公共施設である。市民は自由に使える。②公開トイレ：民間がつくり・維持管理をするもので、デパート、スーパー、駅ビル、商店街などの商業施設、駅のトイレ、高速道路SA・PAのトイレは有料施設内ということで条件はつく。③公仕トイレ：コンビニ、ガソリンスタンドなどのトイレ。民間がつくるもので、利用者はお願いして使わせてもらう。理解ある経営者の住民へのサービスであり、社会奉仕の精神が現れる施設である。

③山本耕平氏の分類（山本耕平『トイレがつくるユニバーサルなまち　自治体の「トイレ政策」を考える』イマジン出版、2019年）

誰もが使えるトイレを公共的に利用できるトイレとしてまとめ、自治体のトイレ計画の中に位置づけて考える必要があることを指摘している。公共トイレは、公衆トイレ、公共施設のト

誰もが使えるトイレの分類

分類			特徴
公共的に利用できるトイレ			
	公共トイレ		
		公衆トイレ	自治体など公共セクターが法律等に基づいて設置している単独のトイレ（公共用地、公園、河川敷などの単独のトイレ）。自治体のほかに自然公園などでは国が設置するトイレなどもある。
		公共施設のトイレ	図書館、公民館、役所など行政の建物や公共施設のトイレで、執務時間内であれば誰でも使えるように開放されているトイレ。道の駅のトイレ。観光案内施設等のトイレ。
		公共交通のトイレ	高速道路、鉄道、空港等のトイレ。
	商業施設のトイレ		地下街、ショッピングセンター、大型商業ビルなどのトイレ。
	まちの駅		まちの駅として来街者に開放している民間のトイレ。
	民間トイレの開放		コンビニのトイレ、市民トイレ・観光トイレなど。

イレ、公共交通のトイレに細分し、これに加える民間のトイレを商業施設のトイレ、まちの駅、民間トイレの開放に区分している。

（小松義典）

第2章

快適さへの歴史と技術の進化

１―トイレの快適化の歴史と文化

①安全であることの快適さ（原始の時代）

大昔の人間たちは大地そのものをトイレとし、大らかに排泄《はいせつ》をしていたイメージで語られることが多い。しかし、当時の大自然は多くの危険に満ちていたに違いない。自然界の生き物には、敵を倒すための鋭い爪や、牙、あるいは毒さえ持つものもいる。また自らの身を守る甲羅をもつもの、形態・色彩・行動などを環境や他の生物に似せる擬態を行う生物もいる。これらのいずれをも与えられていない人間は大自然において極めて弱い存在で、他の生物の脅威に常にさらされていたと考えられる。臭いを残すことになる排泄は、自分の行動圏を知られないようにするためにも厳重に管理しなくてはならなかったかもしれない。しかも、排泄時は最も無防備になる瞬間であるからこそ、今日の私たちとは異なる排泄に対する考えが存在していたのかもしれない。この時代に求められる快適なトイレとは、現在私たちが求めるトイレの快適さとは次元の異なる、生死をかけて他生物や環境から身の安全を守ることを第一としたものであっただろう。しかし、いずれにしても記録や痕跡がない限りそれは推測にすぎない。

②離し、まとめることの快適さ（縄文時代）

福井県若狭湾に突き出した常神岬《つねがみみさき》に三方五湖《みかたごこ》が広がっている。その中の一つ三方湖の南約１kmの位置から鳥浜貝塚が発見された。貝塚は縄文時代前期（約５５００年前）のものと考えられ、２０００点以上の糞石《ふんせき》（注１）（大便の化石）や木製の杭群が発見された。鳥浜人は、生活の中で生じたゴミをなるべく湖の沖に捨てるために湖に杭《くい》を打ち桟橋を造っていたと考えられる。そしてその桟橋の杭群の周辺からは、他の場所と比較して多くの糞石が発見されている。現在でも環太平洋地域では海に突き出した形の桟橋形のトイレが存在するが、鳥浜人の桟橋はその原型と考えられる。

鳥浜貝塚と同じく約５５００年前の縄文時代前期の遺跡に青森県青森市の三内丸山《さんないまるやま》遺跡がある。現在の青森湾の海岸線から約３km、標高20ｍほどの丘陵に位置する。この遺跡北側の谷は、貝塚のようなゴミ捨て場として利用されており、三内丸山人の定住生活を知ることができる多くの遺物が発見された。そこに堆積する有機物を含む堆積土を分析すると高密度の寄生虫卵

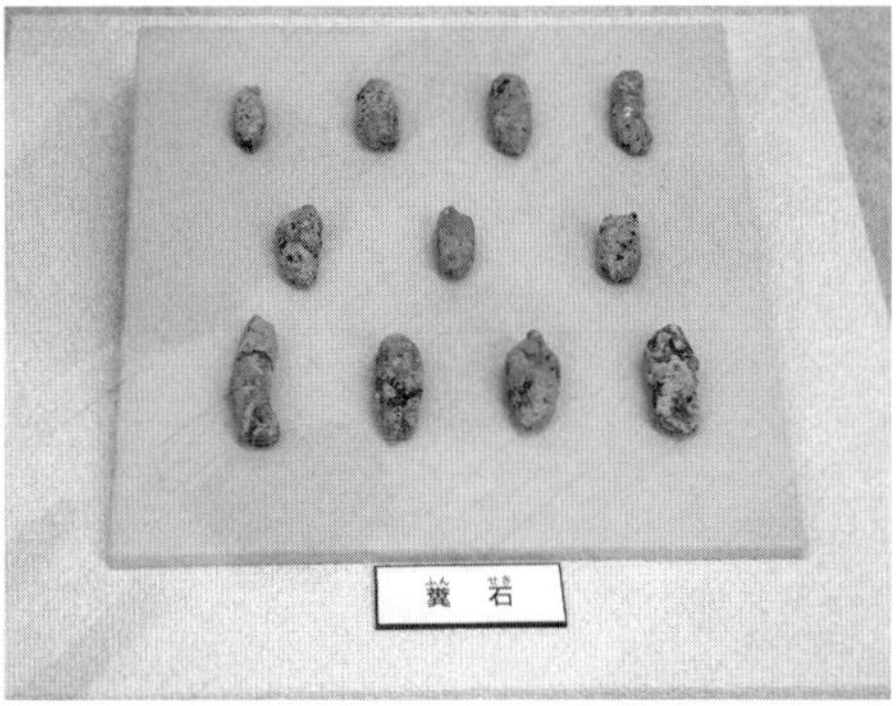

糞石
所蔵：福井県立若狭歴史博物館

が発見され、人間の排泄物と断定された。しかし、この谷が直接トイレとして使用された場所であるのか、あるいは谷に何らかの形で排泄物が流れてくる仕組みがあり、排泄物が堆積したものであるのかは断定できない。

いずれにせよ、縄文時代には、集落内において機能的な空間利用がなされ、排泄および排泄物の管理・処理がなされていた。彼らは、排泄物を自分たちの生活・活動の中心部から一定の距離を持たせ、離すことを快適なトイレの要素と考えていたことがわかる。

三内丸山遺跡　発掘の様子
出典：三内丸山遺跡北の谷解説パネル

③水に流すことの快適さ（奈良時代～）

トイレの異名は多く、便所・厠《かわや》・雪隠《せっちん》・御不浄など方言や隠語を加えると実に多数の表現がある。それらの言葉の中で「厠」は川の上にトイレをつくり、排泄物を流し去る「川屋」から生まれた言葉である。つまり、水洗式トイレだ。水に恵まれた日本の風土から考えると、ごく自然な発想でつくられたトイレともいえる。
『古事記』の神武天皇の条には、「勢夜陀多良比売《せやだたらひめ》というたいそう美しい乙女がいた。三輪山の大物主神《おおものぬしのかみ》がこの娘を見てたいそう気にいった。その乙女が大便をするとき、赤く塗った矢に姿を変えて、川屋から流れ下って驚かせたため、乙女は慌てふためいた」という記述が見られる。また、『万葉集』には「香《こう》塗れる　塔にな寄りそ　川隈《くま》の　屎鮒《くそふな》食《は》める　いたき女奴《めやつこ》」という歌がある。川屋から流れた糞を食べて肥ったフナを、何も気にすることなく食べた不憫《ふびん》な女性、というような意味である。このように日本最古の文献資料の中にも水洗式トイレの存在を見ることができる。

こうした水洗式トイレとして特に有名なのは、和歌山県の高野山にあったトイレであろう。高野山は標高約800mの山上盆地にあり、816年に空海によって開山されて以来、真言宗の霊場となり金剛峯寺《こんごうぶじ》など一群の寺院がある。この地の僧坊や民家には便壺《べんつぼ》はなく、水洗式であった。川や井戸の水は竹筒などを利用して、まず台所や風呂に給水され、その余り水や排水がトイレへと流され屎尿《しにょう》と共に隠所川に流されるようになっていた。

江戸時代にこの方式は有名になり、高野山はトイレの異名にさえなった。人口が少なかった時代には、屎尿を川に流しても自然の浄化作用によって大きな問題にはならなかったであろう。また、この方式の水洗トイレは、今日のタンクなどに水を溜《た》め、その水で排泄物を流し去る方式とは異なり、常に水が流れている点が大きな違いといえる。(注２) 水洗式トイレは排泄後、瞬時に屎尿を目の前から流し去り、その臭気さえ最低限に抑え込む点に、トイレの快適さを求めたものである。

しかし、高野山式に見られるような水洗式トイレは、いかに水に恵まれた国といえども、山間部など川が急流で、かつ水量に恵まれ、人口密度も低く、自然浄化作用が期待できる地域で限定的に可能なものである。平野部や人口過密な都市・集落内では、快適さを望んで水洗化を試みても十分に機能せず、屎尿は汚泥として堆積して悪臭を放ち、水質汚濁というさらなる環境悪化を招くことになる。快適さを可能にする要素は、その土地の気候風土・人口の過多などによって異なり、同一の時代であっても、様々な形態のトイレが使用された。

④汚れを防ぐ快適さ（平安時代）

平安貴族たちは、寝殿造と呼ばれる邸宅に住んでいた。内部は板敷きで、間仕切りはほとんどなく、大空間が広がっていた。当時の貴族の生活は儀式が中心で、屏風《びょうぶ》・衝立《ついたて》・几帳《きちょう》などで間仕切りをして会場設営を行った。固定した壁や間仕切りがないほうが、かえって都合が良かったわけである。寝殿造りにはトイレと呼べるような空間設備は存在せず、今日の「オマル」のような「しのはこ」「おおつぼ」と呼ばれる持ち運び式の便器を使用した。御簾《みす》と呼ばれる「すだれ」のようなもので広い部屋の一部を間仕切り、その陰で用を足した。十二単《じゅうにひとえ》に身を包む姫たちの姿を想像すると、衣服を汚すことなく用を足すのも並大抵ではない。日常生活や儀式の中では、水洗式の快適さではなく、まさにＴＰＯに応じたトイレの快適さを求めたわけである。

では、「しのはこ」や「おおつぼ」の中身はどのように処分したのであろうか。おそらく、広い邸宅の敷地内外の適当な場所に打ち捨てていたと考えられる。人口密度が低い貴族の住環境であるならば、特に問題にはならなかった。しかし、人口密度が高い庶民の住居や生活空間では、そうもいかない。空き地や、道端、川などに打ち捨てられた屎尿は、自然の浄化能力を超えたものになっていたであろう。

そのような状況を伝える絵巻がある。東京国立博物館に収蔵されている『餓鬼草紙《がきぞうし》』と呼ばれる絵巻で、街角で老若男女が排便しているところに、伺便餓鬼《しべん》が群がっている姿が描かれている。伺便餓鬼とは、人間の屎尿を食いあさる餓鬼のことである。壊れた築地壁や網代壁に戦火で荒廃した平安末期の姿を垣間見ることができる。地面には紙片が描かれ、すでにトイレットペーパーが使用されていたことが推測される。紙片と共に散乱している木片は、チュウギあるいは糞篦《くそべら》と呼ばれるもので、この木片で排便後の尻を拭いていた。排便をしている人の足元をよく見ると、当時の庶民のほとんどが日頃は裸足か草履であったにもかかわらず、高価な高下駄をはいている。この高下駄は、路面がすでに屎尿で溢《あふ》れているため、足元や着物を汚さないように履いたものであろう。人々は路地などで、ところ構わず勝手に排便していたわけではなく、特定の排便場所、つまり公衆便所と共通認識している場所を使用していたと考えられる。

『宇治拾遺物語』には、京の四条の北に、「糞の小路」と呼ばれている道があったとしている。しかし、時の帝（村上天皇）は、糞の小路ではあまりに言葉が汚いため錦小路と改めるように命じたとある。この錦小路は、かつては具足小路と呼ばれており、おそらく史実は、鎧甲《よろいかっ》冑《ちゅう》などの具足を商う通りが、錦を商う通りに変わったことから、具足と糞をかけてできあがった説話と推測される。しかし、先の『餓鬼草紙』に描かれた姿と重ね合わせてみると、当時の庶民が道ばたで抵抗感なく排泄し、糞が散乱した京の情景が見えてくる。

餓鬼草紙（部分）
所蔵：東京国立博物館
Image : TNM Image Archives

このように、平安時代においては、身分や生活様式に応じてトイレに求める快適さにも差異が見られる。しかし、共通する点は特にトイレの設備を重視し整備を行おうとする意識が希薄であったことだろう。貴族の邸宅における「おまる」の使用は、ある意味、その場しのぎ的な方法ともいえる。また、路上での排泄も、とりあえず自分の生活圏から少しでも離れた場所に遠ざけ、不快感を和らげようとしている状況ともいえる。

⑤リサイクルする上での快適さ（鎌倉時代～江戸時代）

日本において、身分や個々人の経済的格差、都市部や農漁村など各地域の風土、人口の過多などの違いによって、これまで述べてきたような、様々な形態のトイレがその特性に応じた形で使用されてきた。そのようなトイレが鎌倉時代になると全国的に漸次画一化されていくことになる。屎尿を穴や壺、桶《おけ》などに溜め、それを汲《く》みだす「汲み取り便所」の登場である。

水洗式や「おまる」、路上での排便が、屎尿を1か所に溜めておく方式に変わっていったのは、水質の汚濁による環境問題や都市部での衛生問題、あるいは快適さの追求や利便性を求めた結果ではなく、肥料として利用するためである。屎尿を肥料として使用することは、地域によっては鎌倉時代以前にも行われていたと考えられる。しかし、鎌倉時代も末期になると麦を裏作とする二毛作が見られるようになった。従来の肥料は草を刈って田に敷き込む刈敷や草木を焼いて灰にした草木灰など遅効性の元肥《もとごえ》が中心であった。そのため、二毛作が広がるにつれて、新たに屎尿を追肥として使用する農業技術が広い地域に定着していったと考えられる。

戦国時代の1563年に来日したイエズス会宣教師ルイス＝フロイスは『ヨーロッパ文化と日本文化』（岩波書店）の中で「われわれは糞尿を取り去る人に金を払う。日本ではそれを買い、米と金を支払う」と記している。また「われわれの便所は家の後ろの、人目につかないところにある。彼らのは、家の前にあって、すべての人に開放されている」とも述べ、商品としての屎尿を積極的に回収している様子が伝わってくる。

江戸時代に入ると、屎尿のリサイクルシステムは進化を遂げ、江戸などの都市部で組織的に回収された屎尿は近郊農家に運ばれ、その流通過程において莫大《ばくだい》な富が発生した。人々は富を生むトイレを、臭く、汚く、不快で管理しにくい廃棄物を集積する場として扱うのではなく、排泄時はもとより回収時においてもなるべく合理的で、きれいに、美しく保ち、総合的な快適さを求めるようになってくる。そのようなトイレの状況を、明治初頭の1877（明治10）年に来日したエドワード＝モースはその著『日本人の住まい』（八坂書房）の中で「便所といえども、日本家屋では、芸術的感性ある日本の職人はこれに注意を払っている」「便所は、アメリカの大都市における富裕階級の多くの家屋で使った経験に比べると、そのような不快源が原因で困惑することはアメリカでの経験ほどひどくなく、まして使用上あぶないことはほとんどない」「キリスト教国の多くの村々に、はたしてこれに類似した便利な設備があるかどうか、ひとつ公正無私に想い起こしてみると良いのである」などと述べている。

⑥近代衛生の快適さ（明治時代〜）

明治新政府の誕生は、江戸時代に完成した屎尿のリサイクルシステムとそれに基づくトイレの快適さに混乱と大きな変化を生むことになった。明治に入り徳川家の静岡移封と諸大名の帰国により江戸東京の人口が１２０万人から58万人に激減した。この人口の激減は、多くの空き地を生み出し、そこにはゴミが打ち捨てられ、不衛生な都市の荒廃をもたらすことになった。人口減は、屎尿の供給不足のみならず、その回収や清掃を行っていた人々の生活を脅かし、変化と混乱を生み、機能不全になっていった。

江戸のリサイクルシステムが崩壊していく一方、19世紀の欧米諸国で文明度のバロメータとなっていた公衆衛生の問題が重要な政策課題になっていった。江戸時代には清潔を保っていた便所の不潔や発散する臭気も大きな問題であり、特に河川や港湾から遠く、搬出に手のかかる山の手地域が深刻であった。１８７４（明治7）年には「市中従来便所ノ臭気甚シク不潔ナルヲ以テ外国式ノ街頭便所ニ改造」したいと東京府に建言が出されている。

東京を清潔に保つには、人々に新たな秩序観を形成していく必要があった。政府は1872（明治5）年に今日の軽犯罪法にあたる「違式詿違《いしきかいい》条例」を公布した。これは、営業・交通・風俗など広範な市民生活への規制をかかげるもので、この中に清掃・衛生行政にかかわる以下の禁止条項が含まれていた。

第27条　河端下水等へ土芥瓦礫《つちごみかわらいし》等ヲ放棄シ流通ヲ妨クル者
第38条　居宅前掃除ヲ怠リ或《あるい》ハ下水ヲ浚《さら》ハザル者
第41条　下掃除ノ者蓋ナキ糞桶ヲ持送スル者
第46条　踈忽《そこつ》ニ依リ人ニ汚穢《きたなき》ノ物及ビ石礫《いしすな》ヲ抛棄《なげなつ》セシ者
第49条　市中往来筋ニ於《おい》テ便所ニ非《あら》ザル場所へ小便セシムル者
第50条　店先ニ於テ往来ニ向ヒ幼穉《こども》ニ大小便ヲセシムル者

違式詿違条例は邏卒《らそつ》（巡査）が取り締まりにあたり、罰則が課せられる強制力を伴う法であった。公衆衛生に関しての意識が芽生えるなか、明治時代に入って初のコレラの流行が1877（明治10）年に見られた。コレラはすでに江戸時代にも流行が見られ、その後も周期

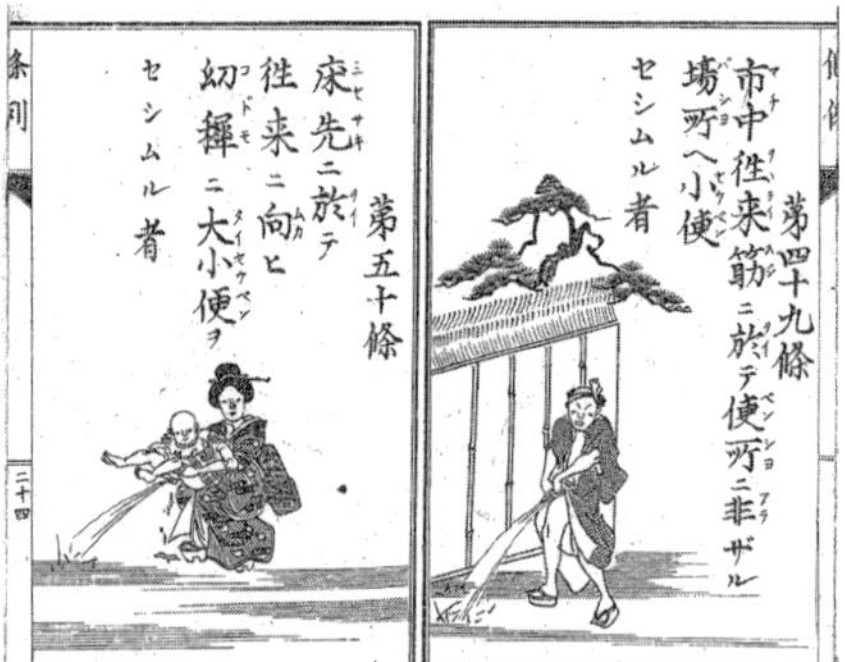

違式詿違条例
出典：細木藤七編『違式詿違条例』洋々堂、1878年

的な流行を繰り返していた。コレラの流行は、新政府に公衆衛生確立の重要性を痛感させ、衛生行政に転機をもたらした。以後、科学的な見地に基づき、伝染病や寄生虫による健康被害を根絶していくことがトイレの快適さに求められる要素となり、大正・昭和・平成と、各種改良便所・水槽便所（浄化槽）の考案・普及、下水道の建設が進められていくこととなる。

⑦快適なトイレとは

日本において、人々がトイレの快適さを何に求めていたのか、その歴史を概観してきた。各時代で求めた快適さをその時代のみに限定して捉えてしまうと、今日私たちがトイレの快適さに求めている姿とは異なるように見えるかもしれない。かつて公衆便所は4K（汚い・暗い・臭い・怖い）とされ、その使用が躊躇《ちゅうちょ》される場所であった。4Kの克服が近年のトイレの改善運動であったが、それは本節で小見出しとした各時代で求める快適さのキーワードを具現化したものといえる。まず「安全であること」、そしてトイレの個室内や便器を清潔に明るくすることにより「汚れを防ぐ」ことである。さらに下水道などを用いて汚物を「水に流し」、トイレから「離し、まとめる」ことによって、下水処理場や浄化槽で「近代衛生」の思想に適《かな》った処理をし、そこで発生した汚泥などを「リサイクルする」ことへの挑戦であった。

　このように今まで私たちが追い求めてきた快適なトイレとは、決して先人たちが求めた歴史的蓄積から乖離《かいり》する、あるいはその方向性を異にするものではないといえる。彼らが築き上げてきた快適トイレに対する想いを再考し、次世代のトイレを考える上での糧とすることを忘れてはいけないと考える。

（森田英樹）

（注１）この糞石が人間のものであるのかは断定に至っていない。
（注２）水が常に流れているため、この方式は水洗式と呼ぶよりも、水流式トイレと表現したほうがよいかもしれない。

〈参考文献〉

■大田区立郷土博物館編『考古学トイレ考』大田区立郷土博物館、１９９６年
■黒崎直『水洗トイレは古代にもあった』吉川弘文館、２００９年
■山田幸一監修『便所のはなし』鹿島出版会、１９８６年
■李家正文『厠まんだら』雪華社、１９６１年
■李家正文監修『図説 厠まんだら』㈱ＩＮＡＸ、１９８４年
■東京都編『東京市史稿 市街篇 第56』臨川書店、２００２年復刻
■東京都編『東京都清掃事業百年史』東京都環境公社、２０００年

コラム

日本初の公共トイレ

江戸時代には屎尿《しにょう》が肥料として重要視されていたため、屎尿回収のためにも江戸の町なかに公衆便所（公共トイレ）が見られた。1777（安永6）年の『酉《とり》のおとし噺《ばなし》』には、笑い話と共に公衆便所の挿絵がある。場所は江戸本町通り。本町通りは家康が江戸入府時に最初に町割りしたエリアで、常盤橋から伝馬町、さらに奥州へと続く街道である。そこは薬屋・菓子屋・呉服店などが軒を連ねる目抜き通りであった。

　絵には2連式の扉のないトイレが描かれており、2人の男が用を足している。また、1779（安永8）年の万句合《まんくあわせ》に「小便を樽《たる》詰めにする柳原」という川柳がある。浅草橋南岸の柳原は、古着販売の露店が立ち並び、多くの庶民が集まった場所である。夕方には私娼《ししょう》である夜《よ》鷹《たか》が出没し、男たちが訪れた場所でもあった。この地におそらく、古い油樽などを地面に埋め込んで小便所とした施設をつくったのである。

　当時これらの屎尿は、屎尿取扱業者のあいだではその品質によって、

最上等品　勤番（大名屋敷勤番者のもの）

『酉のおとし噺』挿絵

出典：花咲一男著『江戸かわや図絵』太平書屋、1978年

上等品　辻肥《つじごえ》（市中公衆便所のもの）
中等品　町肥（ふつう町屋のもの）
下等品　タレコミ（尿の多いもの）
最下等品（囚獄、留置場のもの）

の5段階に区別され、なかでも公衆便所の屎尿は上等品にランクされ高値で取引されていた。

明治に入り、新政府は1872（明治5）年に外国からの要人を迎えるにあたり、賓客の目にふれる街道や市街地が「みぐるしい」「恥ずかしい」ことがないように、6か条からなる「道路清掃方」を全国各府県に対して布告した。そのため、単に道路掃除だけではなく、不潔で悪臭を放つ市中の便所の存在も大きな問題となっていった。そこで東京府では1874（明治7）年には各大区区長から、市中の従来便所の臭気甚だしく不潔であるため、外国式の街頭便所に改造したいと、その雛型《ひながた》と共に建言が出され、街頭便所の洋風化に着手した。この街頭便所は先に紹介した「小便を樽詰めにする柳原」と詠まれた柳原土手に3か所ほど設置された。しかし、「在来の便水所模様替」と書かれた雛型を見る限り、どの点が洋風、外国式なのかは残念ながら読み取ることができない。

「在来の便水所模様替」

出典：東京都編『東京市史稿 市街篇 第56』臨川書店、2002年復刻

一方、文明開化によって外国との窓口となった横浜においても、立小便の姿や、町なかに散乱し悪臭を放つ屎尿は衛生的にも、また体面上

も早くから問題視された。県は1872年には、町会所の費用で町の辻に83か所の公同便所を新設させた。この路傍の小便所は、4斗樽を地面に埋め込んだ簡単なものであった。その後、甕《かめ》の埋め込み式にしたり建屋にしたりと改善が見られた。しかし、管理が行き届かず、小便は溢《あふ》れ悪臭を放ち、不衛生な状態となってしまった。

　そのような中、当時、住吉町で薪炭商を営んでいた浅野総一郎（日本のセメント業の先駆者、浅野財閥を築く）は、県令野村靖の許可を受けて公同便所の改善に乗り出した。その数、1879（明治12）年には63か所におよび、汲《く》み取った屎尿は近郊や千葉県に船で輸送し巨利を得た。浅野は、朝4時に起き市中の便所を回り、屎尿が溢れる恐れのあるところを手帳に記してはすぐに清掃にあたらせ清潔を保ったという。

（森田英樹）

〈参考文献〉
■渡辺信一郎『江戸のおトイレ』新潮社、2002年
■楠本正康『こやしと便所の生活史』ドメス出版、1981年
■李家正文『厠まんだら』雪華社、1961年
■東京都編『東京市史稿 市街篇 第56』臨川書店、2002年復刻
■浅野総一郎・浅野良三『浅野総一郎』大空社、2010年復刻

２―下水道整備と水洗トイレの普及

①水洗トイレ設置を前提としなかった下水道

１８８８（明治21）年、政府は東京を首都としてふさわしいまちにするために、わが国初の都市計画となる「東京市区改正条例」を公布した。この条例は近代的な上下水道計画を盛り込んでいた。明治時代は開国以前には経験したことのないコレラに悩まされた時代であった。最盛期には年間16万人が罹患《りかん》し、そのうち11万人余が亡くなった。死者があまりにも多い過酷な現実に国民は震撼《しんかん》した。致死率の高さで言えば、現在の新型コロナウィルスよりも恐怖感はさらに深刻であったかもしれない。その対策として、水道・下水道整備が重要視されたのであった。

上・下水道計画は工部大学校お雇い教師の英国人Ｗ・Ｋ・バルトンの指導の下に策定された。バルトンは下水道に関連して水洗トイレを受け入れないことにした。当時、屎尿《しにょう》は農村還元されており、貴重な資源を下水道に取り込む必要はないとの判断からであった。しかし、計画は出来上がったものの、財政難のため水道事業のみが先行することとなり、下水道事業は延期され、まさに幻の計画と帰してしまったのである。

ところが、明治も30年代に入ると東京の市街化は急速に進み、東京市は新たに東京大学の中島鋭治教授に下水道計画の策定を嘱託した。中島教授は欧米諸都市の例に倣《なら》い、水雪隠《せっちん》（水洗便所）の受け入れは差し支えないとして、下水道に受け入れることを決断した。とはいえ、下水道の建設には膨大な費用を要するため、その設置は極めて緩慢であった。また、下水道が整備されても、水洗トイレそのものがよく知られていなかったこと、および家計への負担が大きかったことなどから、水洗トイレの普及は伸び悩んだ。

そこで、東京市は図（次頁）のような簡易型水洗トイレを推奨した。これは、洗浄水に雑排水を利用する経済的で興味深いアイデアであった。市はパンフレットを作成し、キャンペーンも行ったが、あまり普及はしなかった。汲《く》み取りが当然だと思われていた当時、トイレを水洗化する意味が十分に浸透していなかったからであろう。

東京大学　中島鋭治教授

ウィリアム・K・バルトン

②戦後のトイレと下水道

太平洋戦争の終わりが近づいて来ると、米軍は日本への占領政策を考えはじめていた。米軍が最も危惧したことは、占領後、敗戦を認めない人たちによる治安の悪化ではなく、日本における衛生状態の悪さから、米軍兵士への伝染病感染をどう守るかということだった。米軍が上陸作戦によって南方諸島を制圧したときに、米軍を驚かせたのは日本軍兵舎の不衛生さ、中でもトイレがあまりにも不潔であったことだという。そして、終戦により日本に進駐してきた連合軍は、汲み取った屎尿を積んだトラックや荷車などをハニーカーと呼び、これらが街なかを走りまわるのを不衛生の象徴として極端に嫌っていた。

その一方で、昭和20年代後期に米国から化学肥料がもたらされると、農家は扱いやすく、寄生虫問題もなく、また速効性の高いこの肥料に飛びついた。その結果、屎尿は農地という

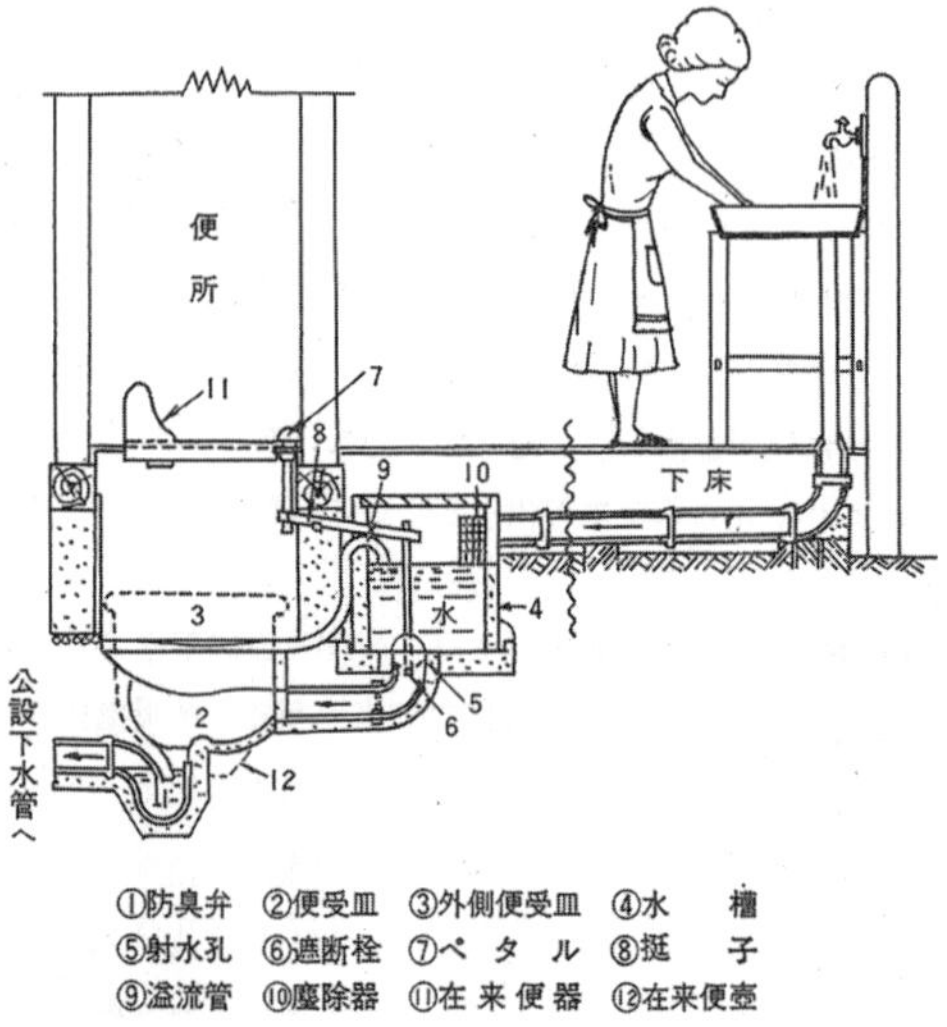

簡易型水洗トイレ
出典：『東京都下水道局報』昭和49年２月号

処分地が減少し、その行き場を失ってしまった。やむなく、東京では下水処理場内に屎尿消化槽を設置し、消化汚泥を肥料会社に売却したが、全体から見れば少量で、根本的な解決にはほど遠かったのである。

昭和30年代に入ると経済が急速に成長しはじめ、都市への人口は急増につぐ急増という状態となった。問題は移住してきた人たちをどう受け入れるかであった。これを深刻に受け止めた政府は日本住宅公団を創設し、団地を造成してこれらの人々の受け皿としたのである。いわゆる公団住宅が造られた。公団住宅の目玉は、内風呂、システムキッチン、水洗トイレを備えたことであった。これは、占領軍キャンプでの米国式生活を羨望の眼で見ていた日本人もようやくそのような近代的な生活スタイルを手に入れたことを意味していた。そして1959（昭和34）年には、東京へのオリンピック招致が決まった。すると、隅田川の汚濁、道路網の未整備、住宅の貧困など、東京を海外と比較して見る視点が開けてきた。公団住宅が取り入れた新しい生活スタイルを知った人々はもう後へは引けなくなった。俄然《がぜん》、水洗トイレの設置や清潔な街並みの前提となる下水道整備への市民からの要望が劇的に膨らんでいったのである。昭和30～40年代に東京都が行った都政要望のアンケートでは、下水道整備が常に上位5番以内に入っていた。

このような状況下で、国も下水道整備に本腰を入れはじめた。1963（昭和38）年に「第

1次下水道整備5か年計画」を策定し、下水道事業を国家重点施策とし、下水道事業を行う地方公共団体への財政措置を強化したのである。第1次計画の主たる重点目標は「浸水からの防除」であったが、1967（昭和42）年からの「第2次5か年計画」では「都市環境の改善を図り、もって都市の健全な発達と公衆衛生の向上とに寄与し、合わせて公共用水域の水質保全に資する」ことが謳《うた》われた。つまり、蚊や蠅《はえ》のいない街にし、トイレの水洗化を図って河海の水質環境を守ろうとしたのである。中でもトイレの水洗化は、1958（昭和33）年に旧下水道法が廃止され、同年新たに公布された新下水道法は下水道供用地域ではトイレの水洗化を義務づけたことから、公共団体は水洗トイレ設置への補助や低金利融資制度を設けて、その普及の後押しを行った。以後、下水道普及の急伸とともに、水洗トイレの普及も加速したのであった。2021（令和3）年3月現在、全国の下水道普及率は80%、浄化槽利用も含めた水洗化率は91%に達している。今や水洗トイレはあって当たり前の時代になった。

しかし、昔から今にいたるまで、屎尿は資源であることに変わりはない。たとえ、下水道に排出することになっても、最終的には資源として活用する視点を見失ってはならないであろう。

（谷口尚弘）

3 ― 水洗トイレの発達

①トイレの起源とその後の変遷

第1節で見たように、日本で見つかった最古のトイレ遺跡は今から約5500年前の縄文時代。この頃から人々の定住生活が始まり、排泄《はいせつ》物のにおいや衛生上の問題により排泄場所を特定するようになったことから、トイレが誕生したと思われる。しかし、トイレといっても当時は野原や湖・河川に直接排泄する原始的なものであった。

鎌倉時代から江戸時代になると、糞尿《ふんにょう》を農作用の肥料として活用するため、貯糞汲《く》み取り式トイレが始まり、本格的なトイレとして使われるようになった。また、明治時代になると、日本でも近代的な水洗トイレが設置されるようになった。

水洗便器が初めて国産化されたのは1917（大正6）年で、東洋陶器（現TOTO）がヨーロッパ型といわれる小型の腰掛便器としゃがんで使用する和式便器を製造した。後に賓客用として大型の腰掛便器も製造された。

当時の日本は下水道が整備されておらず、一般の人は水洗トイレの仕組みすら知らなかったため、需要を喚起するのは容易ではなかった。しかし、1923（大正12）年に発生した関東大震災の復興事業、その後の下水道整備など都市の近代化、住宅建設ブームをきっかけに、水洗トイレも拡大していった。

②トイレは和式便器から腰掛便器へ移行

昔の日本のトイレはしゃがみ式の和式便器が普通であった。和式便器に比べ、腰掛便器は楽に用が足せるだけではなく、施工が楽で、万一便器が詰まった場合の処置も簡単でメリットが多い。しかし、和式便器に慣れ親しんだ日本人には腰掛便器に対する違和感があり、「出るものが出ない」と言って、腰掛便器への切り替えはなかなか進まなかった。

それを変えたのが１９６０（昭和35）年、日本住宅公団（現ＵＲ都市機構）による公団住宅への腰掛便器の全面的採用であった。公団住宅で育った子どもたちが大きくなるにつれ、トイレは腰掛便器の採用が増え、ついに１９７７（昭和52）年には腰掛便器の出荷が和風便器を上回るようになった。この流れは時代とともに加速し、現在ではほぼ１００％の住宅で腰掛便器が採用されるようになっている。

③便器に給水するタンクが徐々に低くなり、トイレがスッキリ

水洗便器が住宅に普及しはじめた昭和初期までは、天井近くの高いところに給水タンクを

設置するハイタンク式トイレが普通であった。しかしその後、施工やメンテナンスが楽となる、給水タンクを低い位置に設置するロータンク式が登場。1955（昭和30）年には、タンクのふたを手洗器として活用する手洗い付きロータンクも誕生した。

このようにメリットの多いロータンク式であったが、壁強度が必要で、外観も雑然としていることから、給水タンクをじかに便器が背負うスタイルのタンク密結型便器が誕生し、今ではこのタイプが主流となっている。

その後、1967（昭和42）年には給水タンクと便器が一体となったワンピース便器、1993（平成5）年には給水装置を便器本体に内蔵してタンクをなくしたタンクレス便器も登場し、時代とともに給水タンクが低くなって、トイレを広く感じる空間に仕上げることが可能となった。

④便座の多機能化とその後の進化

日本の冬のトイレは寒く、冷えた便座に座るのを避けるため、昔は布製のカバーを便座に被せて使用するのが普通であった。しかし、この程度では不十分なため、1966（昭和41）年にはヒーターを内蔵した暖房便座が登場した。また、1969（昭和44）年には用便後の局部を洗浄できる温水洗浄便座が登場した。

１９８０（昭和55）年に発売された改良型温水洗浄便座「ウォシュレット」を機に温水洗浄便座の急速な普及が進み、今では日本のほとんどの住宅トイレに温水洗浄便座が設置され、新しいトイレ文化をもたらした。

温水洗浄便座は最新技術を搭載した家電商品としても流通し、快適性と環境負荷低減を目指して今も日々進化し続けている。

⑤最新のトイレのキーワードは「UD&ECO」、そして「SDGs」

トイレは生活に欠かせない重要な空間であるため、性別や年齢に関係なく、誰にも使いやすいユニバーサルデザイン（以下、ＵＤ）でなくてはならない。そこで、日本のトイレは、和式便器から腰掛便器への切り替わり、温水洗浄便座の普及、汚れにくく掃除のしやすいものへの改良が行われ、時代とともにＵＤ度がアップした。

一方、社会の発展とともに水不足が日常化したため、１９７６（昭和51）年には節水便器が登場した。水は貴重な資源であることから、その後も日本では便器の節水化が進み、最新の便器の洗浄水量は３・８ℓで、昔の便器に比べて実に5分の1以下の量になっている。洗浄水量の削減は水道料金を低減するだけではなく、電気消費量などの下水処理に要するエネルギーを少なくすることにつながることから、CO_2排出量削減の効果をもたらす。

節水便器、手洗いに使った水を便器の洗浄に再利用する手洗い付きロータンク、大小切り替え式便器洗浄、小用時の排泄音を消すトイレ擬音装置、節電タイプの温水洗浄便座、自己発電式のトイレ用機器など、日本人の持つ「もったいない志向」が生んだ水まわり商品が環境（ECO）問題の改善に役立っているのである。

このような、トイレの「UD&ECO」への取り組みが「SDGs（持続可能な開発目標）」の目標6「安全な水とトイレを世界中に」をはじめ、複数の目標達成に貢献。この分野で、日本の最新トイレが世界をリードしている。

（山谷幹夫）

4—トイレの建築計画

(1)——トイレの人間工学

トイレを考える場合、使用者側にとって心理・生理・身体面の負荷がなく、一連の排泄《はいせつ》動作が自然な動きで行え、五感・温冷感覚・平衡感覚などを含めて不快感がなく、心地よくて安全・安心で、使いやすいなど、総合的に捉えなければならない。これには人間工学の考え方が役に立ち、日常の清掃、点検、補修作業者についても同様な捉え方が重要になる。

「ひと」は「ひと・もの・空間」などと関わりをもって生活を営む。この「もの・空間」づくりには、「ひと」を中心に「もの」・「空間」との関わりを明らかにすることが前提となる。

人間工学を応用したトイレづくりには、どのような使い手を対象とするか、すなわち、医学的見地、五感、形態的特徴（体格）、発揮力などの能力、ＡＤＬ（日常生活動作）、年齢別、成長や老化による変化など、多様な「ひと」をうまく整理して捉える必要がある。

「人間工学」とは「ひと」のもつ「能力」とその「限界」を明らかにし、「もの」や「空間」

づくりの条件をこの限界内に納めることである。「もの」では、人体寸法（ヒューマンスケール）、身体や関節などの動きの範囲（体幹、上下肢）、諸能力、動作特性などに適合させて「もの」の寸法・形状、重量、材質、操作方法などの条件を、「空間」では、動作特性に適合させて、床面積、天井の高さ、平面形、内装材、色彩、採光・照明、設備機器の選択・配置などの条件を使用人数や使用時間などを考慮して総合的に検討することである。

建築空間を「ひと」中心に「もの・空間」を総合的に捉えたものに「ESTEM」図がある。これをもとにトイレの場合を想定して整理したものを図

図1　ひと中心の視点によるトイレの構成要素

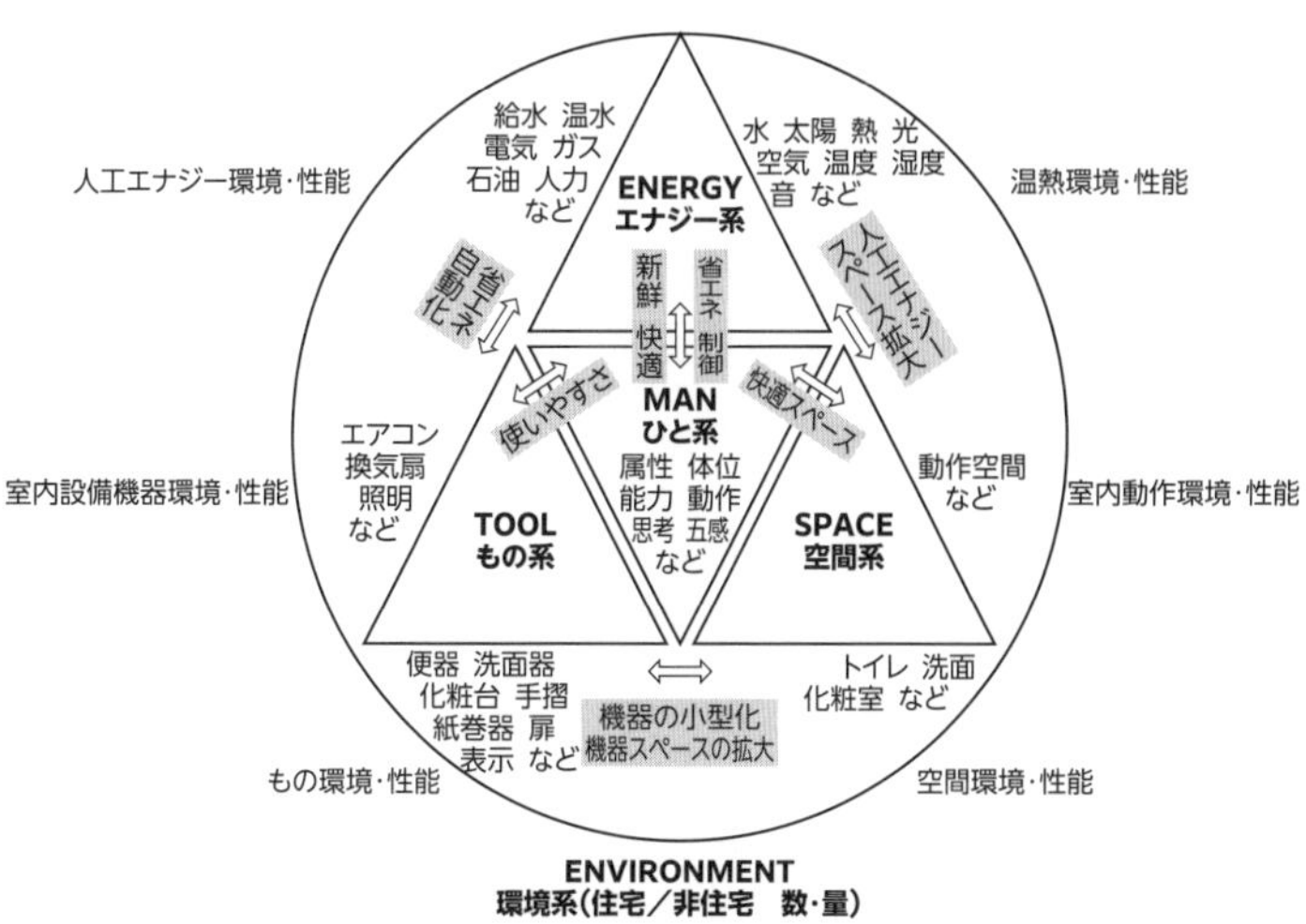

出典：岩井一幸・奥田宗幸『図解 すまいの寸法・計画事典』（彰国社、1992年）所収「1.3.1 人間系を中心にとらえた生活の構造（ESTEM図）」より筆者作成

１に示す。これは「ひと系」を中心に「もの・空間・エナジー」系を位置づけし、これらを「環境」系としてまとめたもので、東京大学生産技術研究所池辺陽研究室による提案である。住宅の寸法計画や住宅の工業化を総合的に進めるツールとして重要な意味をもつ。「ひと中心」の考え方は、人間工学の原点であり、今日のユニバーサルデザイン、バリアフリーデザインに言及できる。

「人間工学」は、健常者、障害者と二極的に分けるのではなく、あらゆる人を対象とする総合学問である。バリアフリーデザインやユニバーサルデザインはハンディをもつ人に重きをおくが、「共用品」の考え方はこれからの環境づくりに役立つ。１９９９年、障害のある人もない人も共に同じテーブルについ

図２　トイレにおける共用品（Accessible Design）の考え方

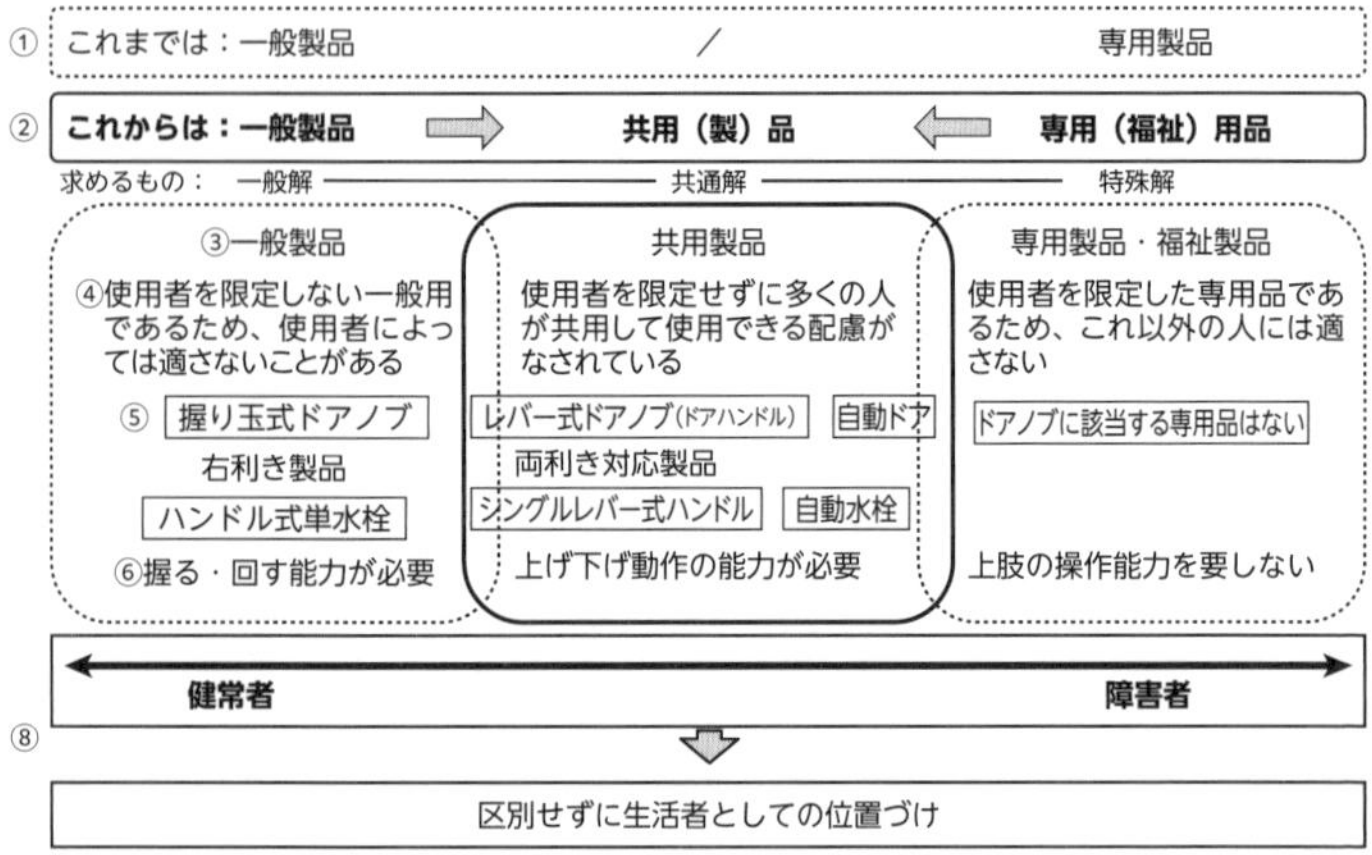

出典：公益財団法人共用品推進機構「共用品・共用サービス」より筆者作成

て解決策を出すことに重きをおいた「共用品」(財)共用品推進機構)の考え方が提唱され、トイレ環境の整備に役立つ。これを基にトイレにおける共用品の考え方について手を加えたものが図2である。

トイレ設計の基礎は、排泄を科学することである。たとえば排尿についてみると、男性と女性では尿器の構造の違いから尿の出方に大きな違いがみられる。男性の尿道は16〜20cmと長く、尿道に曲がりがあり、尿道口から1〜2cm手前にくぼみがある。尿は尿道口の1〜2cm先に尿の90度のよじれがみられ(図3)、これは、表面張力の影響といわれている。女性の尿道は4〜5cmと短く、尿道口が広いこともあり尿は散水型になる。尿の漏れ止めは、外尿道括約筋が担うが、女性にはないため尿漏れが生じやすい。

女性が立ち姿勢で排尿に慣れてくると尿道を自分の意志でしめられるようになり、飛ばし方などの調節ができるようになる。古代ギリシャではこの姿勢での排尿が行われていた。

(上野義雪)

図3　男子の尿道先端からの排尿

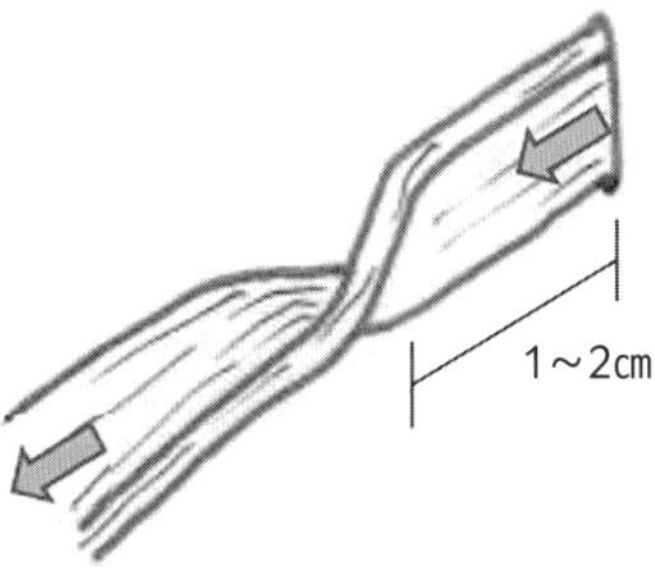

出典：筆者作成

(2)――トイレの計画（空間・仕様）

①気持ちよく使えるトイレをつくる、基本的な要件

あらゆる用途の建物や場所にトイレは存在し、多様な人が利用する。多様なトイレに多様なニーズがあるわけだが、気持ちよく使えるトイレを計画するにあたっての考慮点は共通である。基本的な要件としては、まずは、「安全であること」「清潔であること」。そして、機能として欠かせない、「待たせない」「広さの確保」「多様な人々への対応」である。各々の用途のトイレで優先順位は異なるが、これらの内容を基本としては押さえておきたい（表参照）。

計画にあたって事前に把握するとよいことは、利用者数である。空気調和・衛生工学会による「衛生器具の適正個数算定法」では用途別に所要器具数が明記されているが、トイレの使用状況も変化し、実態とは異なることも多い。利用状況調査を行い実態を把握すると、より適正な器具数が算出できる（算定方法の一例は、第4章第3節(2)の「高速道路のトイレ」を参照）。

トイレはあらゆる人が使い、老若男女、性（トランスジェンダーなど）や身体および残存能力（車いす使用、視覚障害、聴覚障害、オストメイト（注）など）、物理的な状況（荷物携帯）、行為（パウダー、ストッキングの履き替えなど）により、スペースや機器など、様々な条件が異なる。これら

トイレ計画の視点

項目	内容	ポイント
基本的な要件		
①安全であること	・周辺の人の目がある ・死角をなくす ・滑りにくい素材の選定 ・段差をなくす	・人通りのある道路に面してつくる ・エレベータホール脇などにつくる ・内部が見渡せる（※1）
②清潔であること a.においがない	・十分な換気 ・清掃性が良い建材の選定	・自然通風の確保 ・機械換気 ・においがしみこまない、目地の少ない、大判タイル ・小便器の床は汚垂れタイルを選定 尿の飛び散りによる垂れこぼれが多いので、そこからにおいが発生するのを防ぐため ・水拭きが可能でにおいを拭きとりやすい建材
b.明るい	・自然光は活用する ・適切な明るさの確保	・窓は可能な限り設置する ・照度基準でトイレの明るさを把握 （JIS Z 9110：2010「照明基準総則」参照）
③待たせない	・適切な器具数	・その場所にあった器具数の算定
④広さの確保	・全体でスムーズな動きをつくる ・人の動作に合わせた広さ	・待つ→排泄→手洗い→パウダーの動作の流れをスムーズに計画する（※1） ・人間工学的寸法を基本とした広さを確保する（※2）
⑤様々な人への対応	・老若男女、性や身体および残存能力、物理的な状況、行為などによる違い	多機能トイレ、男女共用トイレ、大きめトイレ、手摺・ベビーチェア・ベビーベッド付個室、オストメイト対応機器付個室、子どもトイレなど
付加価値的要件		
①空間のデザイン	・トイレ空間の基本的機能を施した上で、利用者の心に伝わるトイレとする	・色彩や質感 ・形状　など
②プラスαの居心地	・心を癒される場所とする ・付随したニーズへの対応	例：光、香り、音楽、など パウダーの充実 子どもトイレ　など

※1　内部が見渡せる
スムーズな動線計画

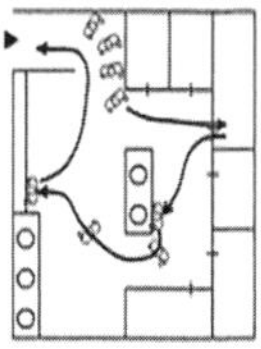

※２：トイレの必要寸法（単位：ミリ）

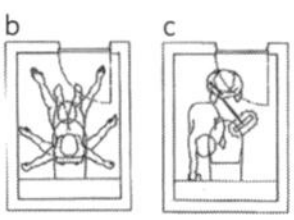

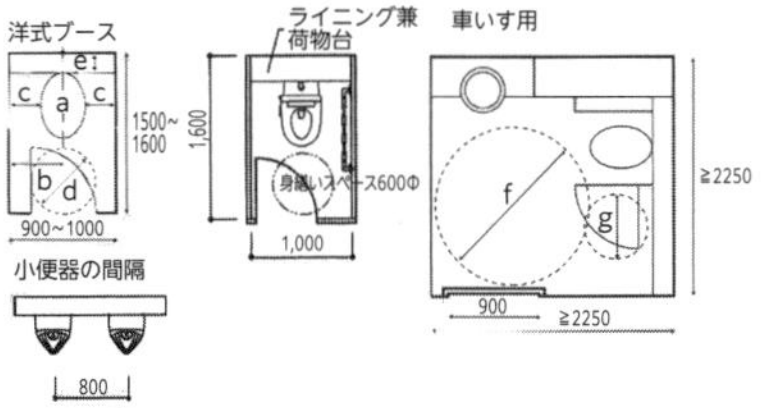

［寸法］
a：便器の寸法
b：人の手の届く寸法（紙巻器・
　サニタリーボックス・洗浄ボタン）
c：清掃できる寸法
d：立ち居振る舞いの寸法（600mm程度）
e：荷物置き台の寸法
f：車いすの回転寸法（1,500mm程度）
g：介助者のスペース（600mm程度）

の利用を想定して、多機能トイレ、男女共用トイレ、大きめトイレ、手すり・ベビーチェア・ベビーベッド付き個室、オストメイト対応機器付き個室、子どもトイレなどを、用途や状況に合わせて設置していくと、より多くの人が使いやすいトイレとなる。

②清掃を考える

清潔さの持続のためにも、計画時から清掃について考えることは重要である。清掃の担当者にヒアリングを行い、計画に反映させていく。利用者の動向を最も身近に感じているのも彼らであり、参考になることも多い。清掃の内容や効果は、第５章第２節を参照されたいが、その程度によって、選定する建材や機器、安全性への寄与とも関係してくる。たとえば、１日もしくは２日に１回の清掃となるような公園や街角の公共トイレでは、堅牢で汚れが付きにくく落としやすいという視点が最優先となるが、１日数回巡回清掃ができる商業施設では、清掃性も鑑みながらデザイン性の視点も取り入れて選定しても対応できる。

③基本を満たした個性は、付加価値の快適さに

多様な施設で多様な利用者に、快適なトイレを感じてもらうには、安全で清潔という共通の基本的要件は欠かせないが、より積極的な快適さは、個々のトイレの個性、つまり付加価値

値としても計画できる。たとえば、街角の公共トイレでは何より安全と清潔が第一優先であるが、商業施設はそれらをより持続させやすいので、付加価値のある快適なトイレをつくることも可能である。

トイレは狭い。建物の中で最も近くに建材を感じるし、触れることも多い。建材の質感や色彩による心理的影響は大きい。身近な什器《じゅうき》備品と同じように利用者の印象を変えることができ、快適さにつなげることができる。

狭く仕切られた空間の明るさも大切にしたい。全般照明による均一な明るさだけではなく、局部照明と間接照明を利用することで明るさのメリハリをつけ、落ち着いた雰囲気や華やいだ雰囲気のなかに快適さを提供できる。

また、一つの施設の中に多様なトイレがあっていいし、一つのトイレの中に多様な仕様が混在してもいい。異なる仕様のブースが点在するトイレもつくられている。さらに、大人の健常者と障害者への対応だけでなく、子どもへの対応も大きな付加価値になる。子どもの成長段階に対応した、子ども専用のトイレがつくられ、子どもに選ばれる快適さを提供している例も増えている。多様なトイレがあることは、総合的にみんなが使えるトイレを提供できることにもつながる。

清掃対応の面でも清潔さの保持へのプラスの工夫例として、小便器の汚垂《おだ》れタイル部分に定期的に水を撒くシステムを取り入れたものや、トイレメンテナンスコリドー（ブース内のゴミ回収やペーパー補充用の専用通路）を設けているトイレもある。

求められる快適なトイレの視点や度合い、内容は様々である。それぞれのトイレづくりの目標に合わせて、基本は押さえながら、必要とする項目で満足度を高めるべく計画することが大事である。一人一人に個性があるように、一か所一か所のトイレにも個性があってよい、と思う。「みんなちがって、みんないい」。金子みすゞの言葉を思い出す。

（浅井佐知子）

（注）病気などで臓器に機能障害を持ち、腹部に排泄のための孔（ストーマ）を造った人工肛門《こうもん》、人工膀胱《ぼうこう》所有者のこと。排泄物はそこに装着したパウチで受ける。

5 トイレの設備環境

(1)——給排水衛生設備の役割

①トイレの設備

トイレには他の部屋よりもたくさんのものが取り付けられている。トイレに入ると自動的に明るくなり、空気も動く。照明設備と換気設備が働き出している。冷暖房がされている場合もある。照明は電気設備の一つで、換気と冷暖房は空気調和設備に区分される。個室では便器が迎えてくれる。どこからか届けられたきれいな水が流れ、汚れた水はどこかへ消えていく。ペーパーホルダーや荷物掛けもある。手洗いには給水栓や水受けがあり、鏡で身だしなみのチェックもできる。これらは、まとめて給排水衛生設備と呼ばれている。

②設備と人体

設備は建物のなかでどのような役割を持っているのだろうか？　建物を人間に例えてみる

とわかりやすい。柱や梁《はり》などの軀体《くたい》と呼ばれる構造体は人間では骨格や筋肉にあたる。壁や屋根、床などの内外装は皮膚に対応する。そして、建築設備は内臓や神経にあたる。主な建築設備には給排水衛生設備のほかに空気調和設備と電気・情報設備があり、給排水衛生設備は循環器や消化器系統、空気調和設備は呼吸器系統、電気・情報設備は神経系統に対応できる（図1）。

③都市設備との接続

建物の中での私たちの暮らしを衛生的で快適なものとし、また利便性を高めながら、環境負荷が大きくならないようにする役割が建築設備にはある。宇宙船や潜水艇は外界と接続することなく生活できるようにつくられているが、普通の建物は周辺環境や都市設備と接続することで機能するようにつくられている。上水道や下水道は大切な都市設備の一つである。

建築設備は、外からのエネルギーや資源を取り入れて変換し、私たちが快適に暮らせるよ

図1　人体と建物

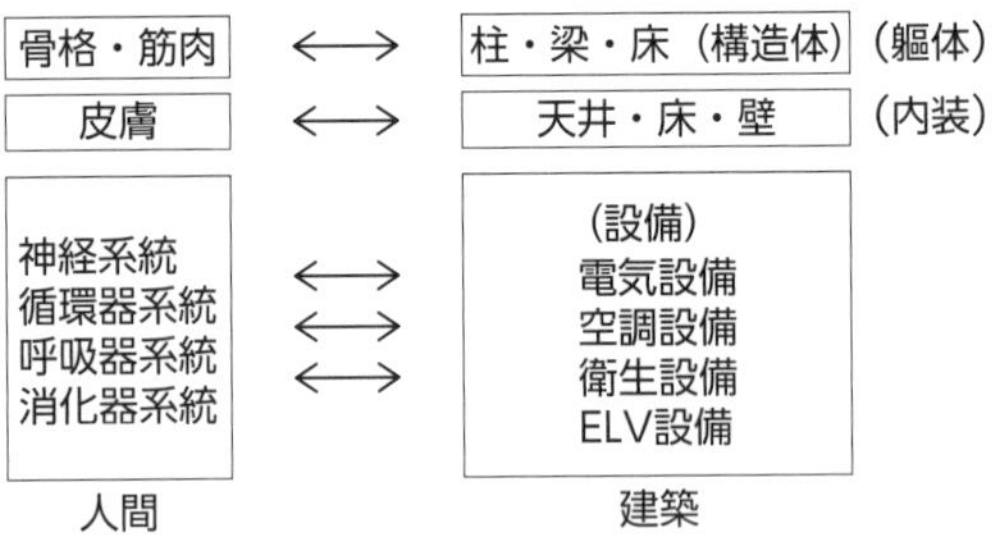

出典：文献1

うにする供給側の設備と、私たちが消費することで排熱や廃棄物となったものを速やかに建物の外に排出する処理側の設備に分けることができる（図2）。

④給排水衛生設備の目的と構成

私たちは一人あたり1日に214ℓほどの水を使って生活している。このうちトイレの洗浄水が2割を占めている（次頁の図3）。このほかに4割を占める入浴や炊事、洗濯、洗顔でも水を使う。こうした水を利用するときの衛生的環境の保持と利便性の確保が、給排水衛生設備の目的である。

主要な設備としては、給水設備、給湯設備、衛生器具設備、排水・通気設備がある。建物が建てられる場所によっては井《い》水《すい》設備や浄化槽が含まれる。環境負荷の低減を目指して排水再利用や雨水利用に関する設備が設けられることもある。

図2　供給側の設備と処理側の設備

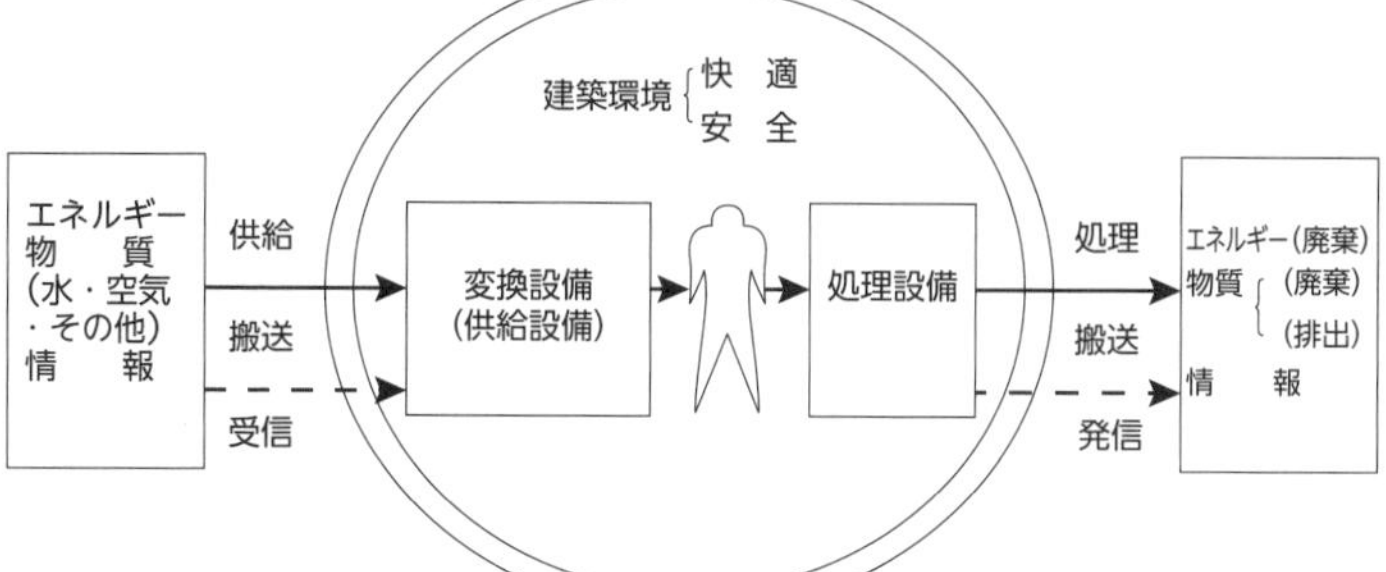

出典：文献2

⑤衛生器具設備の役割

設備は目立たないように働いているものが多いが、衛生器具設備は私たちと直接ふれあうなじみの深い設備で、給水器具、水受け容器、排水器具と付属品で構成される（図４）。トイレの主役である便器は水受け容器に区分され、ペーパーホルダーは付属品になる。これらの衛生器具を便所・台所・浴室などで組み合わせて設置し、衛生環境を構成・維持するための設備が衛生器具設備である。

衛生器具の最も大切な役割は、給水・給湯設備の汚染を防止することである。このほかに省資源のために節水、リサイクルに対応していたり、様々な利用者の利便性を確保するユニバーサルデザインがされていたりすることも大切である。

こうした役割に対応するために衛生器具は３つの条件が求められる。①清潔であること：吸水性や吸湿性がない滑らかな表面で汚れが付きにくいと良い。②汚染を防

図３　家庭で一人が１日に使う水の量

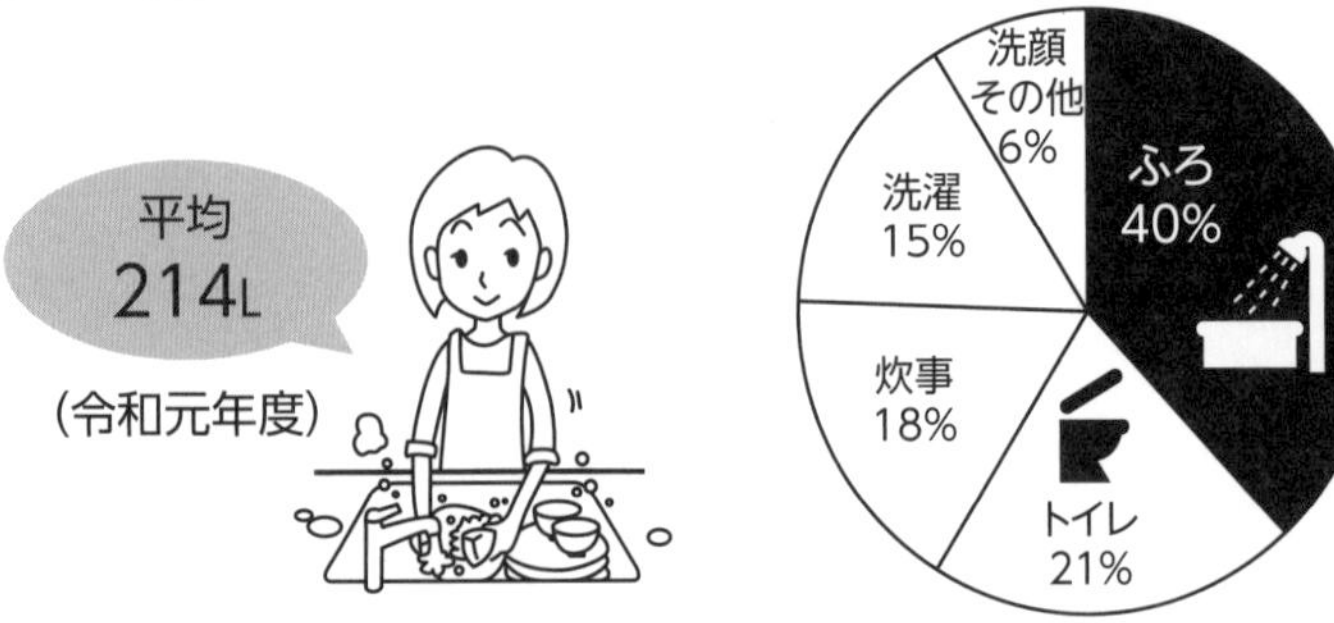

出典：文献３

止できること：給水・給湯系統への逆流が起きない仕組みが必要である。③耐久性や耐摩耗性があること：特に不特定多数の利用がある公共トイレでは破損しにくいことが求められる。

（小松義典）

〈参考文献〉
(1)日本建築学会編『建築設計資料集成　総合編』丸善出版、2001年
(2)日本建築学会編『建築設計資料集成　設備計画編』丸善出版、1977年
(3)東京都水道局「平成27年度一般家庭水使用目的別実態調査」「平成30年度生活用水実態調査」

図4　衛生器具設備の構成

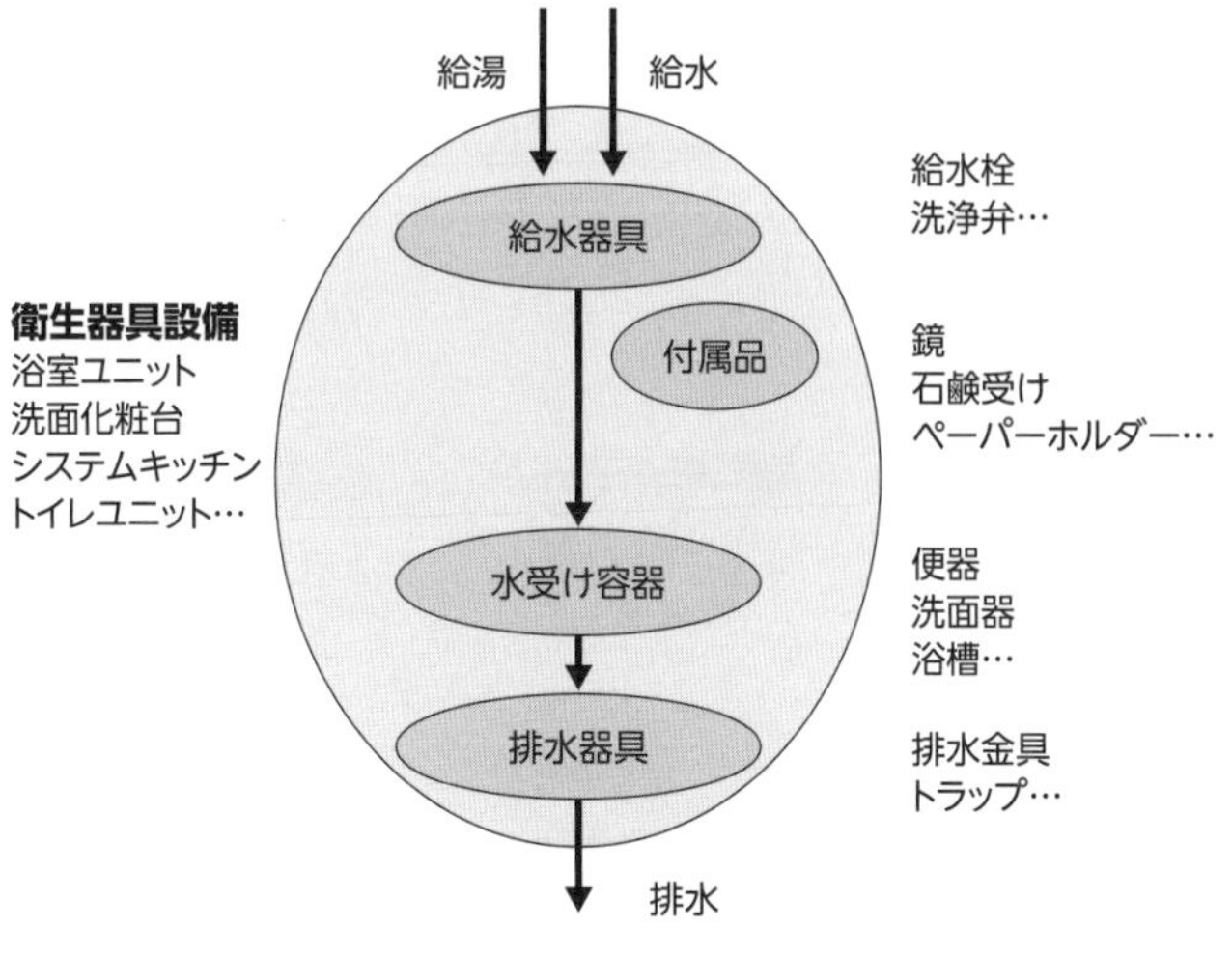

(2)――機器と備品

①大便器

1970年代は、下水道整備と共に洋風便器化が進んだ。この頃の高級便器はサイホン作用を使って汚物を吸引する「サイホン式」で、溜水《りゅうすい》が多いため便鉢が汚れにくく、臭気も発生しにくいが、おつり（跳ね返り）が多く、多くの水量を必要とした。一方、普及便器は汚物を洗浄水で押し流す「洗落し式」で、溜水が少ないため便鉢が汚れやすく、臭気も発生しやすいが、少ない水量で洗浄できた。

1990年代からは節水化が始まる。すでに海外には使用水量6ℓ程度の製品もあったが、日本品質として満足できる性能はなく、高性能を維持したまま節水するために、様々な洗浄方式が考案された。サイホン式の溜水を少なくし、洗浄水を旋回させて汚物を排出させる「セミサイホン式」や、「ネオボルテックス式」

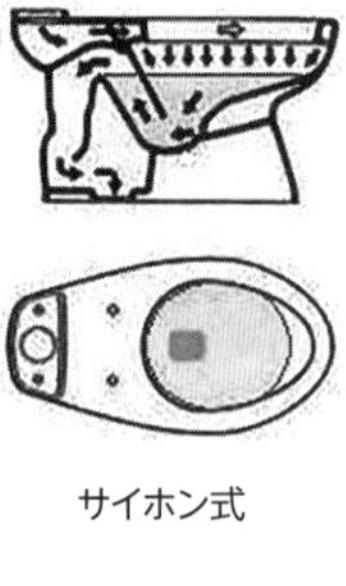
サイホン式

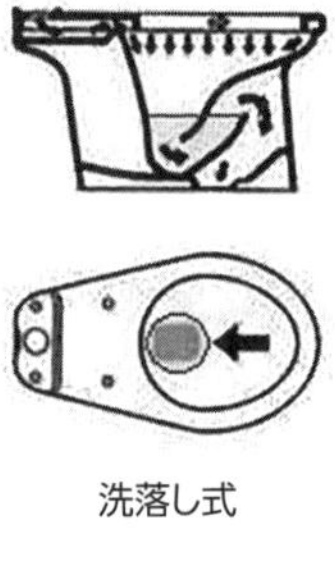
洗落し式

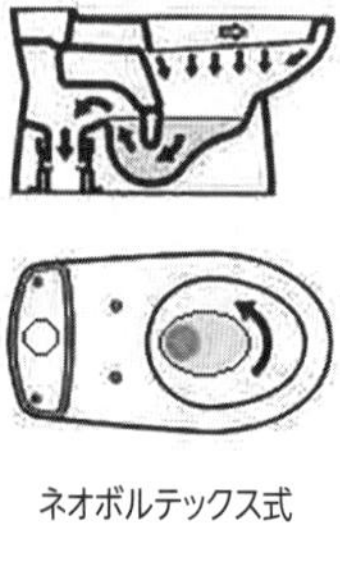
ネオボルテックス式

などで、現在ではこの旋回流で汚物を排出させる、使用水量5〜6ℓの商品が主流となっている。

また、排水位置（排水芯＝壁から排水管の中心までの距離）200㎜への集約が進み、以降便器の主流になった。さらに排水ソケットのアジャスター部を切断・調整することで、様々な排水位置（排水芯）に対して、床下の配管工事を行わずに取り付けられる「アジャスター式排水ソケット」が商品化され、リフォーム工事を容易にした。

2000年代からは、O157による食中毒発生などを背景に、清潔性向上の時代となる。細菌・水アカ・キズが付きにくい「抗菌・防汚加工」、ホコリ溜《た》まりや凸凹が少なく掃除がしやすい外観形状や、掃除しにくいフチ裏をなくした「フチなし式」などが開発された。

大便器給水方式としては、公共トイレでは水圧を利用して連続使用が可能な「フラッシュバルブ式」が、住宅トイレではタンク貯水を利用して大口径の給水管が不要な「タンク式」が現在も多く使われている。一方、新たな給水方式として、タンク貯水を使わず水圧を利用することでローシルエットなデザインを実現した「タンクレス式」や、

フチなし式

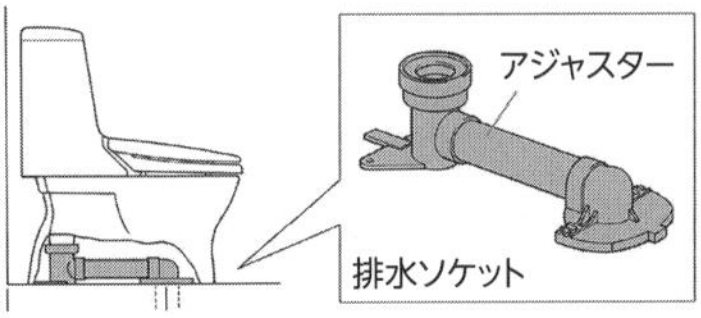

アジャスター式排水ソケット

大径口の給水管を使わなくても連続洗浄できる「新タンク式」などが開発された。

②小便器

1980年代までは、トイレの床はタイル貼りで、水を流して掃除する方法が一般的だった。特に掃除頻度の多い公共トイレでは、床掃除が容易な「壁掛式」が多く使われたが、この壁掛式はリップ（タレ受け）が高く子どもが使いづらいため、リップの低い「床置式」と併設された。また当時は使用マナーも悪く、便鉢にはゴミやタバコの吸い殻が投げ込まれ、汚水があふれそうな状況も多く、目皿を取りはずせば排水路が掃除できる「トラップ着脱式」が発売された。

1990年代からはユニバーサルデザイン（誰もが使いやすいデザイン）への取り組みが進む。同時期に建設された「新東京都庁」には、壁掛式のリップ高さを、子どもでも使用できる高さまで下げリップ先端を鋭角にして近づきやすくすることで、

床置式と壁掛式の併設

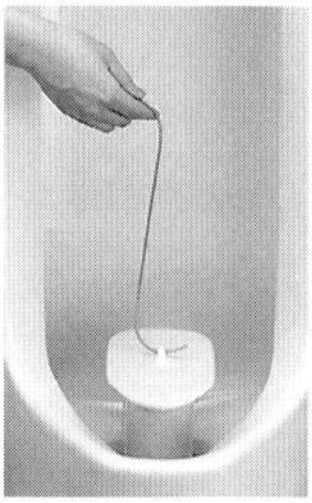

トラップ着脱式

新東京都庁用

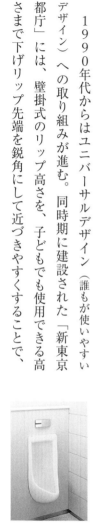

「尿ダレ」をこぼさないよう工夫してある。現在では主流となっている「低リップ式」の原形となる商品が設置された。その後も清掃・清潔性の改善は続き、掃除しにくいリム裏をなくして、スプレッダーから放射状に噴出した水で便鉢を洗う、「スプレッダー式」が一般化した。

小便器給水方式では、小便器本体にセンサーバルブ部が内蔵された「センサー一体形」が発売され、施工者はセンサーバルブ部を壁に埋め込む工事から解放された。また水圧により水力発電した電力でセンサーバルブを作動させる「発電式」や、使用頻度や使用時間を測定して、状況に応じて洗浄水量を自動調整する「超節水式」も考案された。

③洗面器

古くは「壁付式」が住宅用にも公共用にも使われていたが、住宅用として１９６０年代に日本住宅公団がキャビネットの上に洗面器を置いた洗面台を考案し、その後、鏡や収納などをセットした現在

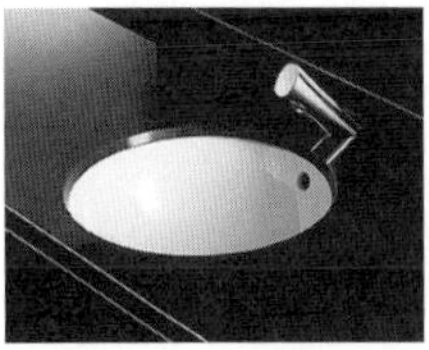
アンダーカウンター式

壁付式

スプレッダー式のセンサー一体形

低リップ式

の「洗面化粧台」へと進化した。一方、公共用としては人造大理石カウンターに陶器ボウルが連立された「カウンター式」が主流となり、ボウルの取り付け形態により、「アンダーカウンター式」「オーバーカウンター式」「フレーム式」などに分かれた。

最近では、カウンターの上に高意匠性な洗面ボウルを置いた「ベッセル式」や、カウンターとボウル部を一体化させて、接合部の汚れをなくした「ボウル一体式」も、樹脂材料と製造方法の進化とともに増えている。また、水たまり汚れが発生しやすい水栓の水平取付面がなく、垂直背面に水栓を取り付けた「壁付水栓」や、コロナ禍を背景に、手をかざせば水が出る非接触式の「自動水栓」が急速に広まっている。

（中村祥二）

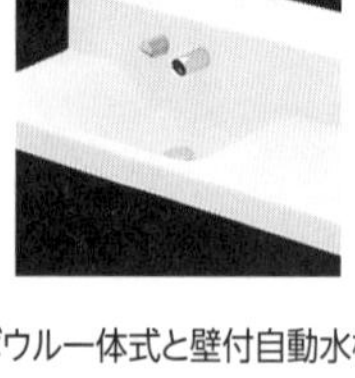
ボウル一体式と壁付自動水栓

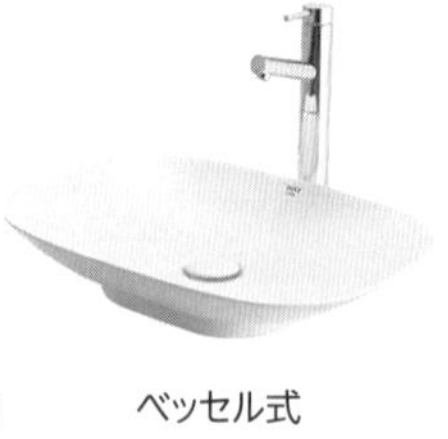
ベッセル式

(3)――トイレの換気

① 換気の目的と必要換気量

換気の目的は、人や機器など様々なものから発生する汚染物質、不用な熱・水蒸気、臭気などを室内空気と共に排出し、汚れた室内空気と清潔な外気を交換することである。換気は汚染物質を希釈する効果があり、居室の必要換気量は汚染物質の室内濃度が許容値以下になるように定められている。

トイレは、居室に付属する継続的には使用しない室（付室）に該当する。付室が対象とする汚染物質は様々であるが、トイレの場合は臭気が対象となる。トイレの必要換気量は、換気回数で5～15回／hが推奨されており、住宅居室の0・5回／hと比べて大量の換気が必要になる。換気回数とは、1時間当たりに室内空気が外気と入れ替わる割合で、換気量（㎥／h）を室容積（㎥）で割ったものである。他の付室に比べてトイレの換気回数の推奨範囲が広いのは、清掃状況や床仕上げ材などの違いにより臭気の発生状況が変化すると考えられているからである。したがって、トイレの運用状況に応じて適宜換気量を調整することが望ましい。

②自然換気と機械換気

換気の方法は自然換気と機械換気に大別される。自然換気は風力と温度差を駆動力として開

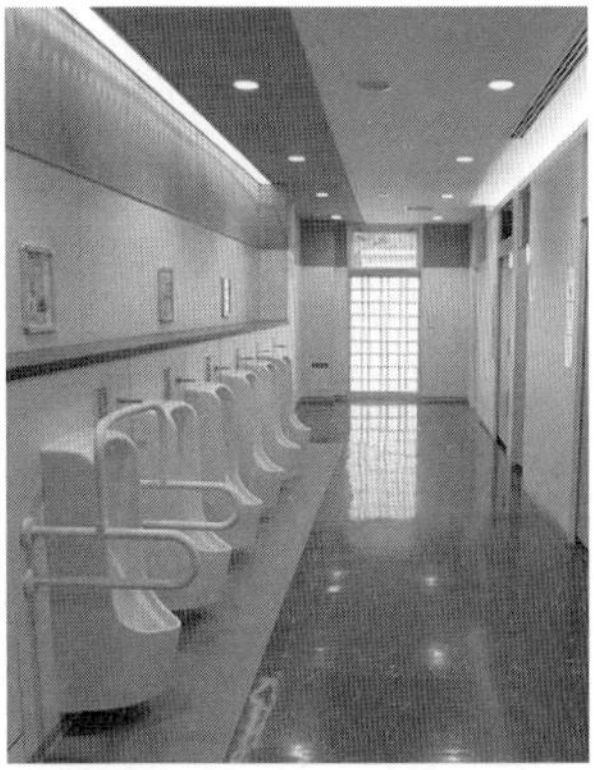

機械換気の公共トイレ

床仕上げは長尺塩ビシート（乾式）で、清掃が容易で、臭気が発生しにくいようになっている（筆者撮影）

口部などにより換気を行うが、換気量の変動が大きい。機械換気は送風機（ファン）を用いる強制換気であり、換気量は安定しているが、設備費と運転費が必要になる。家屋が独立していない公共トイレや比較的規模の大きな公共トイレでは、機械換気が採用されることも多くなってきている。

③機械換気の分類

機械換気は３つの換気方式に分類される。第１種換気方式は給気側と排気側に送風機を用いる機械給排気である。室圧を正圧または負圧に設定可能であり、換気量を精密にコントロールできるが、設備費と運転費が割高になる。第２種換気方式は機械給気・自然排気で、室圧は正圧になる。第３種換気方式は自然給気・機械排気で、室圧は負圧になる。トイレは室内を負圧に保ち、臭気が他空間に流出しないようにしなければならないため、第３種換気方式が多く用いられるが、公共トイレでは換気量確保の目的で第１種換気方式が採用される場合もある。

換気方式の種類

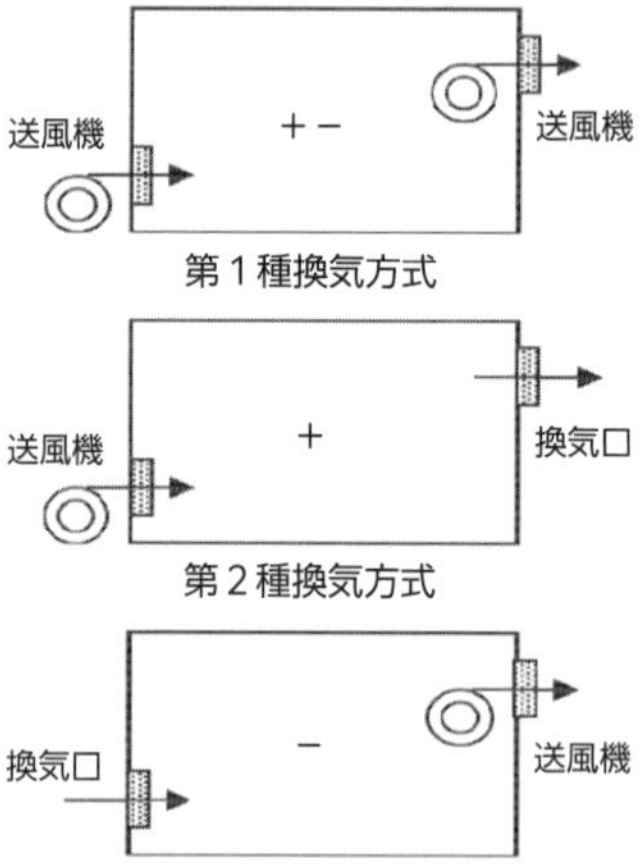

出典：SHASE-S102-2021

④全般換気と局所換気

　換気の対象により分類される。住宅の居室、事務所の執務室や学校の教室など、汚染源となる人などが空間に存在し、位置の特定が困難な場合は、室全体に供給空気が行き渡るように全般換気方式が採用される。一方、住宅のレンジフードのように、コンロ周辺から局所的に熱や水蒸気などが排出される場合は、効率よく排気をするために局所換気方式が採用される。

　これまでトイレでは全般換気方式が広く採用されてきたが、公共トイレでは局所換気方式を採用して換気効率を向上させているものも見られるようになった。

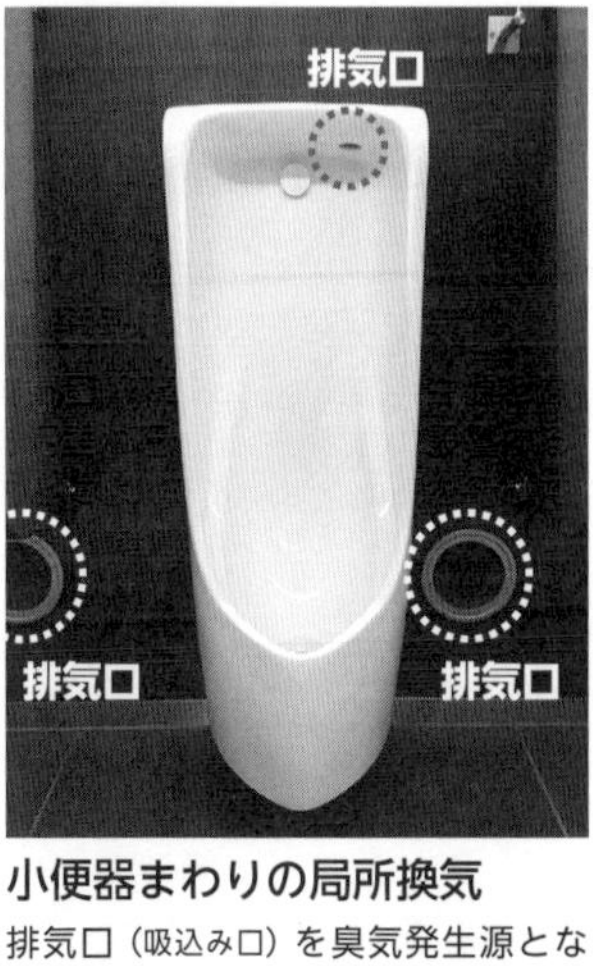

小便器まわりの局所換気

排気口（吸込み口）を臭気発生源となる汚垂れ石付近や小便器に設置することにより、効率よく換気を行っている（筆者撮影）

トイレ前に設置された空調されたロビーゾーン

ロビーの天井部から自然給気された外気は、ロビーのエアコンにより冷暖房され、手洗ゾーン、トイレゾーンを経由して屋外へと排気される第３種換気方式となっている（筆者撮影）

⑤快適で省エネルギーな公共トイレ

近年の公共トイレでは、手洗ゾーンの前室として空調（冷暖房）された空間を設置したり、トイレ空間自体を空調したりする空調トイレが見られる。前述のようにトイレは大量の換気が必要であり、温熱環境と省エネルギーを高い水準で両立させることは難しい。解決策としては、臭気を効率良く排気することにより換気効率を高め、換気量を減らすことが有効である。

ほかには、全熱交換器や消臭フィルターなどの利用も考えられる。全熱交換器に関しては、トイレは居室よりも緩やかな冷暖房空間であり、地域によっては室内外の温度差が小さくなり、熱回収効果が期待できない場合もある。消臭フィルターに関しては、消臭効果やメンテナンスについての検証が必要である。快適で省エネルギーな公共トイレが求められている。

（鳥海吉弘）

〈参考・引用文献〉

■ 空気調和・衛生工学会「SHASE-S-102-2021 換気規準」

コラム　温水洗浄便座（ウォシュレット）の誕生秘話

温水洗浄便座のさきがけ

東南アジアでは用を足した後に水でおしりを洗い、欧州では洗浄器「ビデ」を使用して用便後におしりを洗う習慣がある。

日本でも大正時代にビデが商品化されたが、大便器の横にビデを設置するだけのトイレスペースがないこと、日本人には手を使っておしりを洗う習慣がないこともあり、普及しなかった。

この課題を解決できる衛生的でコンパクトな便座があれば、きっと清潔好きの日本人に普及するのではないかと考え、アメリカで医療用として販売されていたおしり洗浄機能のついた「ウォッシュエアシート」をTOTOが1964（昭和39）年に輸入販売した。これが、日本における温水洗浄便座のさきがけとなった。

その後、便器と温水洗浄便座が一体になったコンソールタイプや国産のシートタイプの温水洗浄便座が発売されるなど、徐々に温水洗浄便座への関心が高まっていった。

また、当時のウォッシュエアシ

日本で販売されていた「ビデ」

ウォッシュエアシート（輸入品）

ートは温水温度が安定せず、噴射する角度も悪く、完成度はまだ低かったが、出荷数は少しずつ増えていった。

　時代とともに日本では住宅の建設が進み、住宅の新たな魅力を追求する中で、建築設備の改善策として温水洗浄便座が注目されるようになっていた。一方で、和式便器よりも腰掛便器の出荷が上回るようになり、温水洗浄便座が普及する環境が整いつつあった。

　そこで、ＴＯＴＯではウォッシュエアシートの抜本的改良品の開発を決意して、ウォシュレットの開発を始め、それが今日の日本のトイレ発展につながったのである。

改良品の開発は手探り状態でスタート

　いかにして温水を局部に的中させるか、噴出する温水の温度は何℃がよいかなど、基礎データが不足していたため、商品開発は、その被験者実験から始まった。社員モニター約３００人に協力してもらい、最適な洗浄ポイント、洗浄強さ、洗浄温度などを調査、そこで得られたデータをもとに商品開発を進めた。この調査

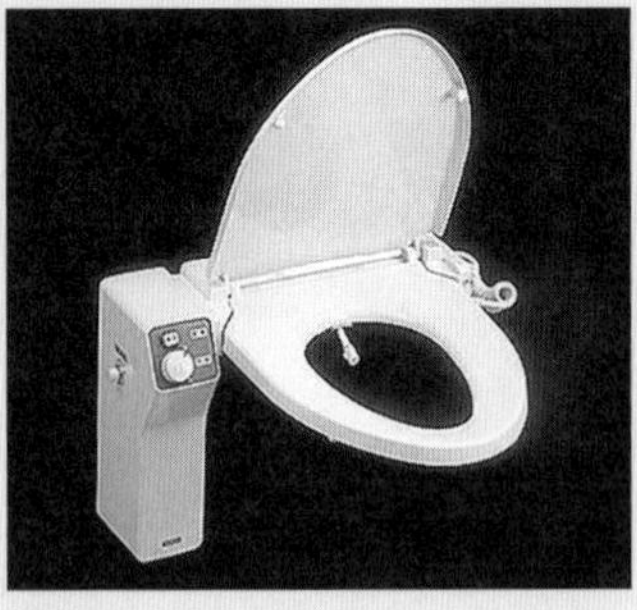

初代ウォシュレット

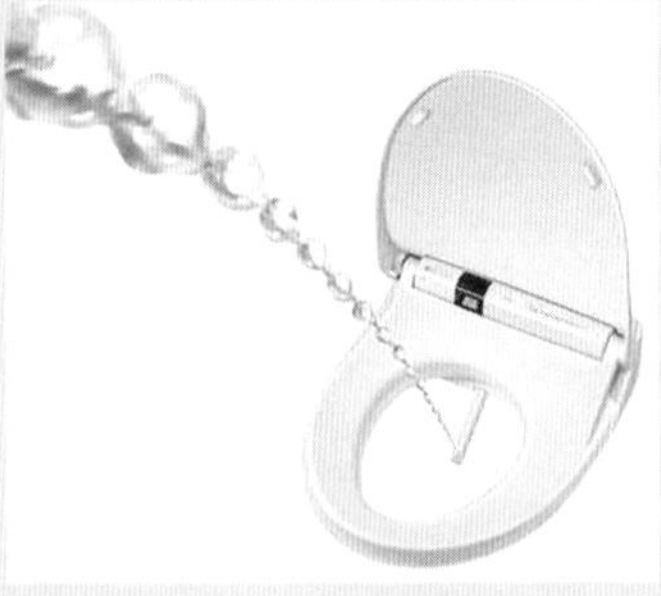

高性能コンパクトウォシュレット

で得られた基準は今も受け継がれており、その確かさが温水洗浄便座の今日の普及につながっている。

商品開発での最大の難関は温水温度をいかに安定・維持させるかであった。

通常の制御部品を使った温度管理は水に濡《ぬ》れることのある便座の部品としては問題があり、風雨にさらされることの多い交通信号機をヒントに特殊樹脂でコーティングされた制御部品を使うことで問題を解決した。

苦労の連続であった認知活動

苦労して開発された改良型の温水洗浄便座は、「ウォシュレット」と命名して1980（昭和55）年に発売された。名前は、「洗いましょう」の意味の「レッツ、ウォッシュ」を逆さにして決まった。

しかし、発売直後は、おしり洗浄をしたことのない日本人にその良さはなかなか理解されず、認知活動は苦労の連続であった。

1982（昭和57）年に当時としてはセンセーショルな「おしりだって洗ってほしい」というTVCMを始めると、夕食の時間帯であったことから苦情が殺到し、その対応に多くの時間を要したが、商品の有効性を説明する機会になり、急速に認知度が向上することになった。

また、体験トイレへの誘導も行い、一度使うと止められなくなる商品の良さを知ってもらうことにより、温水洗浄便座の採用が増加した。

時代とともに進化し続ける温水洗浄便座

当初の温水洗浄便座は、「おしり洗浄」「おしり乾燥」「暖房便座」の3機能のみであったが、消費者ニーズに応えるために、「ビデ洗浄」「消

温水洗浄便座の一般世帯普及率

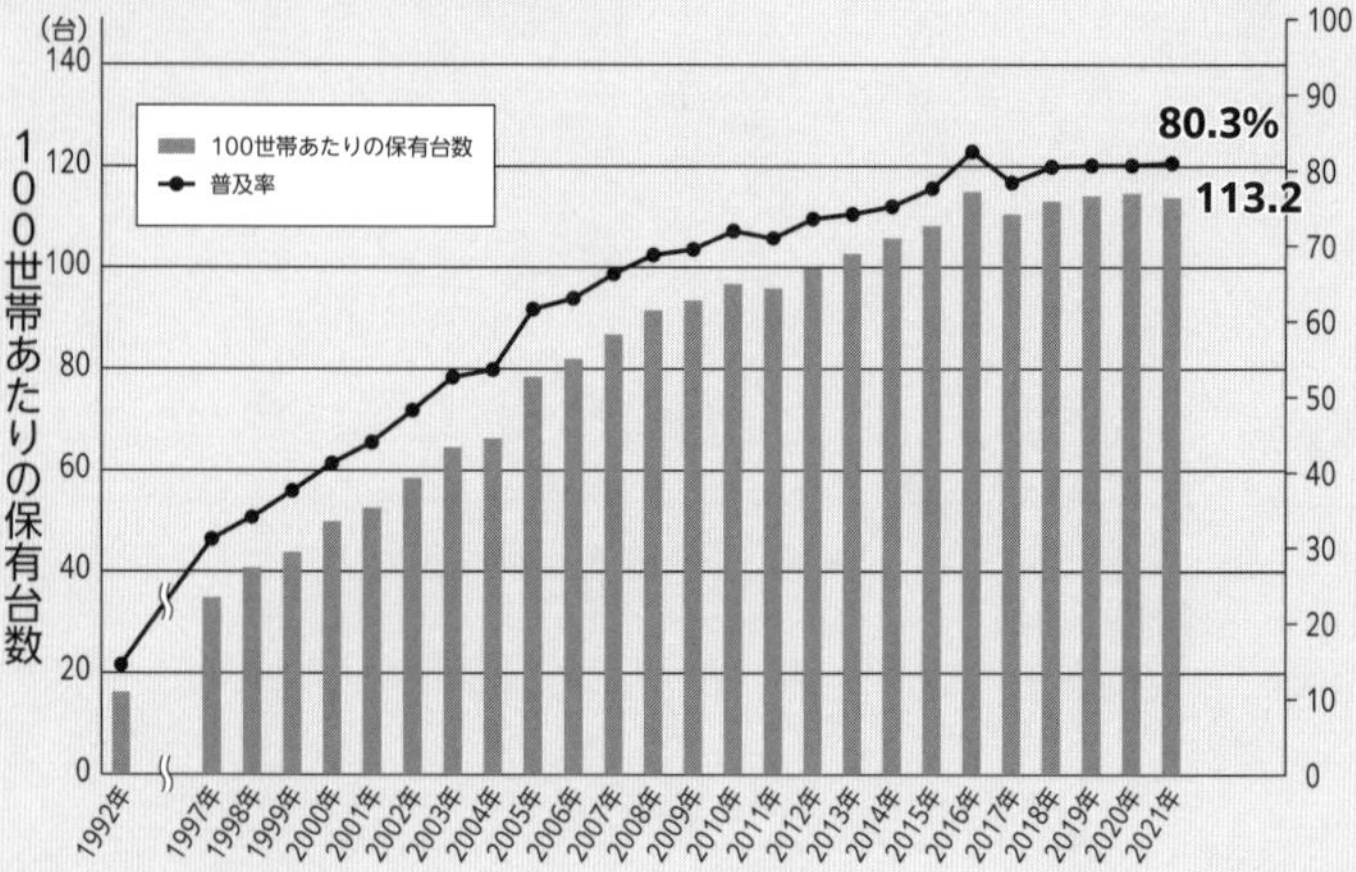

出典：内閣府「消費動向調査」

臭」「リモコン操作」など、時代とともに機能が追加されて便利になっていった。

また、節電、清掃性を高めたコンパクトな温水洗浄便座の開発により、１９９９（平成11）年には水玉連射を特長とする高性能な商品も登場した。

近年は便器との一体化が進み、便器と連動させることで付加価値がさらに高まっている。

このような経過とともに、日本では温水洗浄便座の設置が進み、世帯普及率は実に80％以上に達している。住宅で普及した温水洗浄便座は、オフィス・商業施設・ホテルなどの不特定多数の人が使用する建物でも普及し、日本のトイレには必要不可欠なアイテムとなったのである。

（山谷幹夫）

第3章

社会の変化を反映する

1　人と社会の多様性に調和した公共トイレ

①多様性とは何か

今日ほど、日本社会で人々の多様性が社会的行動の規範として論じられるようになった時代はなかったように思う。どちらかといえば、日本は国際的にも閉鎖的であり多様性を論じない社会、同一コミュニティの社会であった。過去の長いわが国の歴史をみても、多様な文化や歴史、とりわけ少数者の文化や歴史を尊重してきたとは言い難い。

その結果、これまでの様々な少数者を含む多様な人々への差別や偏見が内側に包含された大きな負のマグマが一気に噴出し、今まさに変革に向かいはじめたと言えるのかもしれない。その一つの起爆剤が2021年開催の東京2020オリンピック・パラリンピック競技大会（以下、東京2020大会）であった。正しく言えば、東京2020大会はその負のマグマを内包したままの準備であり、開催であったのかもしれない。五輪憲章である「多様性と調和」は、大会後に広く周知されているようにも思うのであるが、私たちの未来の社会を本当に照らすものになるのか否か、一人ひとりのこれからの行動にかかっているのである。

東京2020大会における象徴の一つといえるのが、性的マイノリティのカミングアウトであり、大会はそのことが普遍化された時代を示したものと言える。オリンピック大会でカミングアウトして参加したアスリートは過去最高の186人に達した。パラリンピック大会では36人に達し、いずれもリオ2016大会の3倍であった。筆者らはそのような数字を予測していたわけではなかったが、国立競技場をはじめ都立の主要競技場には、スポーツ施設で初めての男女共用トイレの整備を実現することができた。アクセシビリティとは一般的には、高齢者・障害者の施設や設備への移動や利用を意味するのであるが、まさにすべての人のアクセシビリティを担保するトイレ整備として具現化したのである。さらに、オリパラ後の国内における次の世界的イベントである2025年の大阪・関西万博では、真に共生社会下での公共トイレが実現しているかに大きな期待が持たれる。

公共トイレの多様性とは、こうした時代背景と極めて密接につながっているのである。心身に「障害」のある人の動作面などに加えて、多様性を問う大半の意味は性的マイノリティ、国籍、あるいは障害のある人の介助者の同伴の有無に依拠している。しかし、多様性とは何かと問うと、その人の違いがわからないこと、いろいろな人やモノの見え方、考え方を全く意識しないで済む状態、社会ではないかとも思われる。少しでも自分と違った人がいると意識する社会、わかる社会は本来の「多様性のある社会」ではなく、差別や偏見を助長している社会ではないかと確信する。

私たちはどうしても多様性の受容といいながら、自分と異なる少数あるいは多様な違いを見つけ、見分けようとする。そして知らず知らずのうちに、自分の優位性を意識し、差別したり区別して、偏見を内面に持つようになる。こうした個人は、いわば多様性を受容している一人とは言えないのである。

②利用者の多様化とニーズの多様化

とはいえ、多様性のない公共トイレを変えるにはどうしたらよいかが本題である。まず公共トイレの利用者を想像することから考える。最も多い利用者はいわゆる障害のない人、車いすを使用していない人である。そして時間帯や施設の用途によっても異なるが、属性的には、交通機関などでは勤労者や学生、旅行者と思われる。日中の市役所などでは高齢な市民の利用が多いかもしれない。高齢者はもはやマイノリティとは言えない時代であるが、性的マイノリティの人は駅や職場でのトイレ環境が重要である。その他、車いす使用者、目が不自由な人、耳の不自由な人、乳幼児連れの人、などなどである。公共トイレの整備の工夫や利用者の多様化はこれらの人々の要望から始まった。

筆者らが関わった東京都のトイレに関するニーズ調査（２０２１年11月実施）では[注1]、認知症、性的マイノリティ、子育て、肢体不自由者、聴覚障害者、視覚障害者、オストメイト、内部障害者、発達障害者・知的障害者、精神障害者などの様々な関連団体を調査対象とした。この東京都の調査を見ると、公共トイレではここ数年で様々な人々のトイレ利用ニーズを捉えることの必要性が高まっていることがわかる。

しかしながら、この間の公共のトイレ整備では、少なくともオリパラまでは事業者や設計者の考え方には大きな変化が起きていない。その要因としては、過去20年間で多機能トイレをはじめかなり良質な公共トイレの整備が進められてきたこと、その経験が設計者や衛生設備メーカーに蓄積されてきたこと、加えて事業者も設計者も空間上、採算上、トイレ利用者の多様性への対応にはあまり関心を示さなくても一定の整備が達成されてきたことが考えられる。

そして今、多様性との調和を掲げたオリパラに「遭遇」し、国や東京都は率先してこれまでの非多様化への懸念を払拭するための整備方針の転換をスタートさせている。公共トイレの各種ガイドラインの改正もこうして始まった。

③法制度、建築設計標準（ガイドライン）で示してきたトイレ利用者の多様性

公共トイレにおける多様化の始まりは、車いす使用者用トイレの整備からである。筆者は1971年秋、杜の都仙台で20代の車いす使用者と学生ボランティアが市内の公共的施設に

車いすで利用できるトイレの整備を求めたことから公共トイレの多様化が始まったと捉えている。(注2)車いす使用者にとって外出時に利用できるトイレがあるかないかは自宅外での様々な日常活動に反映され、特に余暇や就労、就学行動の拡大に決定的に影響する。

２０００年に交通バリアフリー法が制定されると、車いす使用者に加えて今度は乳幼児連れの人や人工膀胱・人工肛門を装着しているオストメイトの人などの設備機器が求められるようになった。背景には、高齢化と同時に男女共同参画時代におけるトイレ環境整備の課題が認められる。

一方で、仙台での動きから50年を経過しているにもかかわらず、今なお通学する学校の教室フロアに車いす使用者用トイレがないために、休み時間に間に合わず授業に遅れたり、学校ではほとんどトイレを利用しないと決めている車いす使用者の声もある。また性的マイノリティの人が性自認との関係で職場の男女別トイレの利用に困っているという話は繰り返し耳にしている。いずれも公共トイレの利用者の多様化に対する施設管理者や事業者の認識不足が露呈していると言わざるをえない。

そこで、国土交通省が監修する「高齢者、障害者等の円滑な移動等に配慮した建築設計標準」(注3)（建築設計標準）ではこの間のバリアフリー法制度の改正に即して、誰もがストレスなく公共トイレが利用できるように、特に障害者用トイレの改訂を繰り返し行ってきたところである。２０２１年３月の改正では、利用者の多様化イコール多目的トイレ、多機能トイレという従来の考え方から、トイレ全体で多様な利用者のニーズに応える設備の分散化をさらに促進することとした。具体的には「多機能トイレ」の名称を削除し、一般男女別トイレ、車いす使用者用トイレ、オストメイト対応トイレを基本とし、乳幼児用設備は車いす使用者用トイレから分離することを基本とした。また施設用途や利用者の想定により可能な限り男女共用トイレを積極的に導入することを推奨している。男女共用トイレの記載は２０１６年の改正で初めて登場したが、当時は性的マイノリティのニーズとして掲載することができなかった経緯がある。今後、一般の男女共用トイレのニーズは性的マイノリティ、高齢者や発達障害者などとの同伴利用などで常態化されていくものと想定される。つまり、外出時にどんな人も困ることなく、気兼ねなく

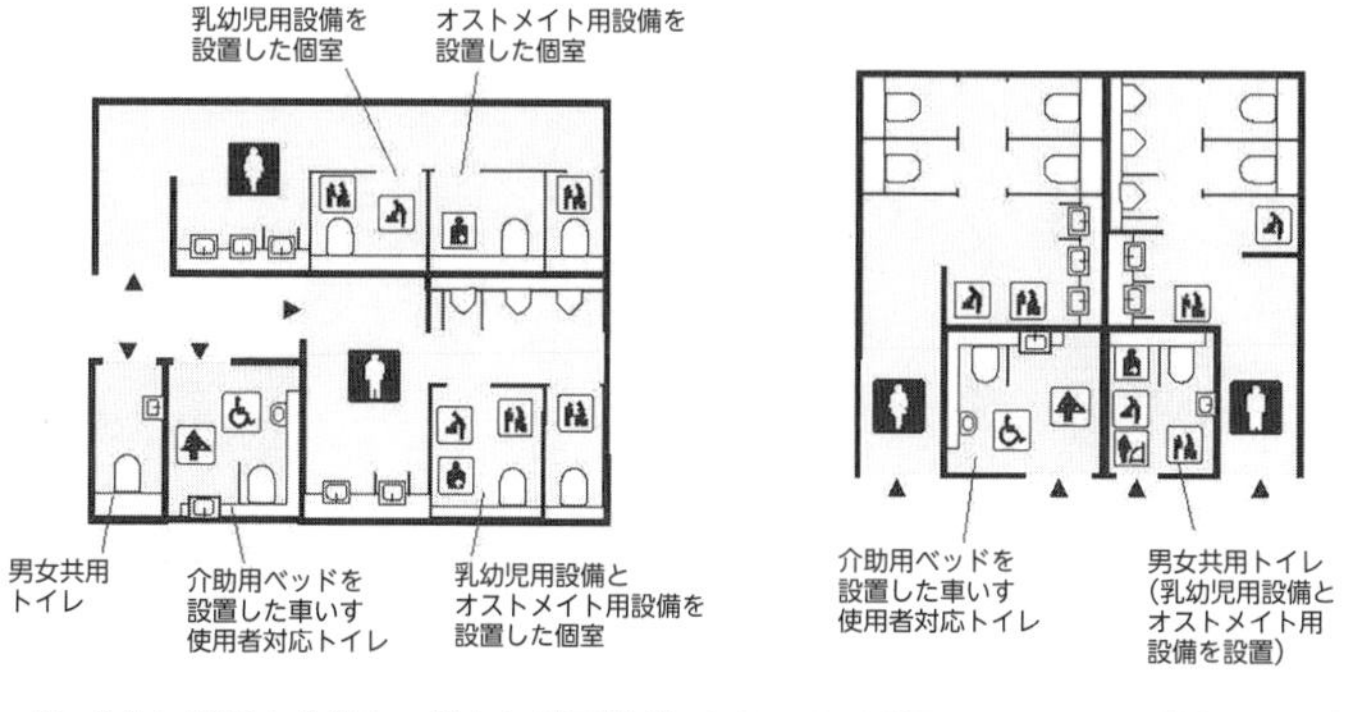

トイレ全体に機能を分散し、様々な利用者がストレスなく利用できるように考慮した公共トイレモデル（注１）

利用できるようにとの方向性である。

89頁の図は多様な利用者が気兼ねなく利用できるように必要な設備を各ゾーンまたはブースに配置した公共トイレのモデル図である。トイレ全体でのユニバーサル化は施設規模や用途によって様々であり、一つの男女共用便房しか設けられない小さな店舗では、一つの便房で車いす使用者もそれ以外の人も利用できるように整備するのはごく自然である。

車いす使用者、乳幼児連れ、オストメイト、性的マイノリティなど誰もが利用できる多機能トイレで、他者に気づかいながら利用している声を、私たちはたびたび聞かされている。可能であれば、そうした気づかいや心の負担を最大限事前に排除しておくことも、「多様性と調和したトイレ」の方向性ではないかと思われる。大切なことは人間として最も守られるべき尊厳を、明確に可視化しておくことという考え方にほかならない。

④多様性を担保するユーザー参画のデザインプロセス

では、どうすれば多様性が担保できる公共トイレが整備されるのか、その有力な手掛かりの一つに「ユーザー参画のトイレづくり」がある。ユーザー参加のプロセスはどんな公共トイレにおいても実行できるとは限らないが、可能であれば公共性の高い立地にある公衆トイレでは障害のある市民や近隣の住民の参画を求めることが重要である。そこで大切なのは、いろいろな意見を聞き図面に落とし込むためには、トイレの利用想定を十分に行い、出された意見を限られたスペースや便房数の中で実現するための十分な検討、そして意見の取捨選択などの判断力である。そのためには、ユニバーサルデザインに精通した専門家や設計者の存在が重要で、構想から竣工に至るまでしっかりとアドバイスを行っていく必要がある。時にはユーザーの意見といえども採用しないことも必要であるからだ。筆者には、かつて神奈川県の県立施設で当事者参画の公共トイレ「みんなのトイレ」づくりで失敗した苦い経験がある。答えは簡単で、計画段階で多くの当事者の意見聴取に立ち会ったものの施工現場でのアドバイスができず、結果的にみんなの意見がそのまま一つの便房に入れられてしまい、使いにくい位置に取り付けられた設備が出現してしまったのである。

当事者参画で車いす使用者、視覚障害者、高齢者、乳幼児連れなど多くのユーザーの意見を収集する場合には、どの意見を採用し、工夫し、集約していくかをしっかりと協議し、設計段階から竣工に至るまで、継続した参画がとても重要である。

さらに言えば、多様な機能を有したストレスのない公共トイレは一つの施設では完結できず、車いす使用者用駐車場と同様、近隣店舗や隣接する他の施設、他のフロアとの総合的な運用を検討しなければならない場合もある。施設利用者の利便性には難が生じるが、立地や多様性を考えるとこうした柔軟な公共トイレ整備も視野に入れておきたい。

いずれにしても、公共トイレの整備では設置主体の理解が重要であり、設計者、多様な市民等が一堂に会するワークショップが実現するとトイレ整備の期待度は格段にアップする。多様なユーザーの経験、設計者、事業主の経験が一体になることで新たなトイレ整備と適切な運用が実現していくように思われる。

⑤公共トイレに期待される今後の変容

１つ目は、国民全体が社会の変革を理解することに尽きるとも思われる。たかが公共トイレともいえるが、まぎれもない私たちの日常である。その日常が東京２０２０大会とコロナ禍を通じて大きく変容しようとしている。トイレにおける個の尊重、個室化の尊重もある面で多様性の証かも知れない。ロンドンのミュージアムで体験した全個室型トイレの波はわが国にも確実に押し寄せている。学校における多目的スペースと同様、車いす使用者用トイレの複合化、多目的化による効率から、改めて個から考える公共施設整備のあり方への問いと解が垣間見られる。多様な個を受容する共生社会の到来である。

２つ目は、事業者、施設管理者、施設設計者の意識変革を促す参画型デザインアプローチである。既存の建築設計のあり方が問われているといっても過言ではない。ユーザー参画の歴史は70年代後半からすでに存在しているが、現代社会に置き換えたときにそのユーザーをどこまで多様に見いだしえているかである。ユーザーには同伴者や見えない「障害」への対応も含まれる。もちろん大多数の一市民も貴重な当事者参画を生み出すことにつながる。このことにより良好な公共トイレの改善を発信することができ、こうした地道な取り組みこそがより良い公共トイレを創造する。

最後に公共トイレの維持管理問題である。公共トイレの維持管理は単純ではないが、いよいよ地域住民やＮＰＯ団体などによる参画が不可避的な時代になっている。そのことにより、平時ばかりではなく災害時への対応でも公共トイレの心地よい持続的な利用につながるのである。多様な個の公共トイレは、災害時の時こそその能力をいかんなく発揮できると確信する。

（高橋儀平）

（注１）東京都保健福祉局『多様な利用者のニーズに配慮したユニバーサルデザインのトイレづくりハンドブック』２０２２年。東京都の福祉のまちづくり条例トイレ整備基準（規則）の改正（２０２１年）に合わせて、区市町村の担当者や設計者、建築主に対して多様な公共的トイレのあり方を提案している。

（注２）髙橋儀平『福祉のまちづくり　その思想と展開』彰国社、２０１９年

（注３）国土交通省「高齢者、障害者等の円滑な移動等に配慮した建築設計標準」２０２１年。東京２０２０オリパラ大会の競技場などで整備された多様なトイレの考え方と実例も紹介されている。

2　女性を取り巻く社会の変化とトイレ

①女性と社会の変化

公共トイレの進化は、女性の社会的活動人口の増加とも関係がある。
戦前は家制度などにより、外で働く女性は少数であった。1945（昭和20）年の新日本国憲法などでは、女性の参政権や男女平等が明確になり、職業婦人が徐々に出現してくる。しかし男性は外で仕事、女性は家庭を守るとの分業の考え方は根強く、女性が社会で活動するための社会的整備は遅れていた。1960（昭和35）年頃になると、洗濯機、掃除機などの電化製品の普及もあって家事労働が軽減し、その一方で労働力として女性の力が求められるようになった。それにそって法整備も進み、1972（昭和47）年の「勤労婦人福祉法」で、働く女性の妊娠、育児などの母性保護が、1986（昭和61）年には男女雇用機会均等法が施行された。

2019（令和元）年には、女子の就業率（15〜64歳まで）は70・9%となり、子どもができてもずっと仕事を続けたい人の割合も多くなっている。(注1) 現在は、男性の家事育児などへの参画が推進され、増えている。しかし、女性が職場や地域社会での生活時間を増加させ、近い将来に男女が平等に家事の負担をする社会が実現したとしても、女性の忙しさはそれほど変わらないのではないだろうか。この動きの中で、女性の体にも心にも、重要な社会的整備の一つとなるのが公共トイレである。

②女性の特徴とトイレ

女性は外出時に使用する公共トイレを、きわめて慎重に選ぶ。身体の構造上から、排泄《はいせつ》の際に身体の露出をしなければならず、男性とは平均的な体格や運動能力が劣っているため犯罪行為に巻き込まれやすい。生理の時もある。よって、安全で清潔な場所であることが選択の最優先となる。また、育児や高齢家族などのケアでも依然として中心的働き手としての立場であることが多い。外出先でケアがしやすいトイレ空間や機器も必要だ。

③女性が外出先で安心して使えるトイレの整備はどう進んだか

⑴女性のトイレへの要望

公共トイレの快適化の必要性が話題に上りはじめた1988（昭和63）年頃に、大型公衆トイレの設計に向けて、女性を対象としたヒアリング行った。その一部を紹介する。当時、日本の公共トイレは、ホテルや商業施設など一部の施設用途を除いて、4K（汚い・暗い・臭い・怖い）と揶揄《やゆ》され、都市の中で嫌われ施設になっていた。マナーの悪さがメンテナンスに追いつかず、汚損のほうが努力を上回り、いつかあきらめの境地に達している感があった。

(1)怖い（安全性について）「女性はまちの公衆トイレに入る時は怖い。安全性に不安があり決死の覚悟で入る」

(2)汚い（汚れと衣服）「和便器が多く、床が水でびしょびしょに汚れているので、ズボンの裾を輪ゴムで止めて用を足す」「スカートが便器に触れるほど狭い」

(3)臭い「トイレでは息を止め、1秒でも早く出る」

(4)化粧の場「手洗い場を化粧する人が占用していて手洗いができない」

(5)育児「2人の子どもを連れていて自分が用を足すときは、1人を立たせ、もう1人は背におんぶする」

(6)介護「高齢者を連れてのトイレでは、待機するためのベンチが欲しい」

などなど、様々な課題を聞いた。

当時、男性にもヒアリングしたが、女性ほどの強烈な意見は少なかった。前記したように女性は、身体上心理上から快適化に対する要望が強い。筆者は、この要望の強さが日本の公共トイレの進化を促したのではないかと考えている。

(2) 女性の公共トイレの改善の経緯

女性が日常に利用する公共トイレの種類（第1章コラム参照）には、職場、交通機関、商業施設、学校、ホテル、公共施設、公衆トイレなどがある。そこでの進化の内容やその程度は各施設で異なっている（第4章参照）。

商業施設での快適トイレづくりが、女性客の来店を促すことは、1900（明治33）年頃の三越の前身、三井呉服店の近代化の時代から始まっている。初田亨氏の著書『百貨店の誕生』によると、呉服店から百貨店への大きな変化の一つは、座敷販売から陳列販売になったことと、もう一つは休憩所ときれいな便所であった。「日本橋に買い物に来る婦人等が一番困るのが御不浄であり、そのことから第1に便所を改良した。……」「休憩所やきれいな便所の設置は、都市の中に長時間にわ

イラスト：竹内直子

たり、来店者をとどめておくことのできる都市施設としても欠くことのできないものである（注2）」。

また、1987（昭和62）年、銀座松屋は、衛生機器メーカーのINAX（伊奈製陶、現LIXIL）と連携して、銀座を歩く女性が求めていたトイレへの要望を形にした（注3）。パウダーコーナーが充実され、従来の均一なトイレから個別化を重視したカラフルで楽しいトイレで、利用者に好評を得た。同じ表情の個室が並ぶ光景に慣れていた我々は、トイレに欲しかったプライバシーが確保されていると感じ新鮮だった。そして、その動きは公共トイレの従来の既成概念を変え、商業施設のトイレのみでなく、駅や公共施設、職場や学校など、他用途の施設が女性トイレを考えるときの参考例となるなど影響を与えた。

銀座松屋コンフォートステーション

⑶女性用トイレに対する様々な改善内容

公衆トイレは安全でないから近寄りたくないという声もあるが、女性が日常多く利用するトイレとしては、駅、商業施設、公共施設、コンビニなどがあり、それらはしだいに快適なトイレに進化してきた。先述したヒアリング調査と比較すると、約35年を経て、完全解決とはいかないが、①洋式化の増加で床のびしょびしょ汚れの減少。②手洗いと化粧コーナーの分離で、落ち着いて化粧のできるトイレが増加。③子育て用の備品として、折り畳み式おむつ替え台、保護者の排泄時に利用するベビーチェアなどの開発。④良質な生理用ごみ捨て容器の開発など、改善が進んだ。

④今からの女性のトイレ

これまで述べてきたように、わが国のトイレを現状のレベルに高めた原動力は女性である。さて、銀座松屋のトイレの誕生から35年を経たが、その間、女性を取り巻く社会環境も変わった。少子高齢化と女性就業率の上昇はさらに進み、様々な課題はあるものの、女性の社会的進出とそれに比例した男性の家事や育児の参加も増えた。

その中で、新しいテーマが加わった。それは、国連が2030年を達成目標としているSDGs。その中の性の平等の項と、厚生労働省による多様な人々との「共生社会」の実現目標である。特にトランスジェンダーの人の不都合さをなくそうと、欧米ではすべての個室が男女共用タイプのトイレが出現しているようだ。今までの目標とは逆ともいえるタイプである。アンケート結果を見ると、多くの女性の意見はＮＯのようだ。しかし、共用タイプを多くすることは、障害をもった人や、子育て中の人、介護者連れの人には有効な場合も多い。

共用タイプは、安全性や清潔性では減衰しがちだから、施設用途や立地などを考慮して設置する必要がある。だが、利用者の選択肢が増えることはよいと思える。これからは、今までの蓄積を大切にしながら、誰もが、快適なトイレを使えることを目指し、わが国独自のみんなが使いやすいトイレの誕生を期待したい。継続的なテーマと、新たに生まれたテーマをもとに、これからの女性が期待すると思われるトイレを左記に記す。

①女性は母親、職業人、地域社会の一員でもある。それら数種の社会的顔に応じて、自らの顔をその場面ごとに整える化粧や、身づくろいなどの空間は、これからも重要だ。

②子どもから高齢者まで、様々な人のケアも担うだろうが、それを行いやすく補助できる環境整備が必要だ。これは女性だけの問題ではないため、設置場所は共用部が適切だ。

③これからのトイレ整備には、課題を他の性の人々とも共有し、環境改善を行う必要がある。

子育てとトイレ

（小林純子）

（注1）内閣府男女共同参画局『令和2年版　男女共同参画白書』

（注2）初田亨『百貨店の誕生』ちくま学芸文庫、1993年

（注3）設計・建築主 銀座松屋、プロデュース 中西元男、設計 早川邦彦、アドバイザー 坂本菜子

3 ― 様々な利用者が求める快適さ

(1) ―― 子育てとトイレ

子ども連れで外出し公共トイレを利用する際は、子どもの年齢や発達状況により利用しやすいトイレや設備は異なる。また、子どもが排泄《はいせつ》するのか、子ども連れの親が排泄するのかによっても、利用するトイレは異なってくる。さらに、親（保護者）1人子1人で外出しているのか、親2人子1人か、親1人子2人以上かによっても、利用しやすいトイレは異なってくるため、様々な状況や組み合わせがあることを念頭に置く必要がある。

①おむつを使用している子どもの場合

新生児は生まれてすぐにおむつを使用する。おむつは成長や発達に合わせてサイズや種類（テープタイプやパンツタイプなど）を変える。寝かせておむつ交換をする場合は、子どもの足元側からおむつ交換をするため、親が立つ位置とスペースが重要である。つかまり立ちができるようになったら、立たせたほうがおむつ交換はしやすい（軟便など便の性状によっては、寝かせておむつ交換をするほうがよい）。したがって、外出先でおむつを交換する場合は、子どもを寝かせておむつ交換が可能な台と立たせておむつ交換が可能な台があるとよい。いずれの場合も転落を防止する必要がある。特に、立たせる場合は台を低くするため、床が汚れていると親は中腰でおむつ交換を行うことになる。そこで、膝をつくなど親の姿勢にも配慮して台の形状や配置を考える必要がある。

その他には、外出先でのおむつ交換後の後始末もあわせて考える必要がある。たとえば、新生児であれば便の量も比較的少ないが、離乳食が始まりしっかり食べるようになる1歳前後では便の量が増える。排便の処理は、おむつ交換後におむつの中の便のみを便器に流してから、使用済みおむつを丸めて袋に入れて捨てる。ここで便が便器に流せないと、使用済みおむつに便をくるんだまま捨てることになる。おむつ専用ごみ箱がないとそれを持ち歩く

立たせておむつ交換する台。親が膝をついておむつ交換ができる（筆者撮影）

ことになり、臭いを気にしなくてはならない。また、衣類を汚したときは、洗う場所がなければ汚れたまま持ち帰る。おむつやおしりふきのほかにも着替えなどを持ち歩いているため、子ども連れの外出は荷物が多くなる。おむつ交換台の近くに汚物処理ができる工夫やおむつ専用ごみ箱、荷物台があるとよい。

子ども用補助便座が備え付けてある。使用の際、便座の上に乗せる（筆者撮影）

②便器を使用する子どもの場合

子どもが便器を使用して排泄が可能になるまでには、個人差はあるが2歳前後でトイレットトレーニングを開始し、3歳頃には便器に着座して排泄が可能となる。一般的な便座の穴の大きさは幼児のお尻の大きさと合わないため、体を支えてあげないと便器内にお尻が落ちてしまう。また、一般的な洋式便器の高さは、子どもには高く、足が床に届かず体が安定しない。自宅であれば踏み台や子ども用補助便座を用意して、安定した姿勢をつくることができるが、外出時には親が排泄中ずっと体を支えていなければならない。このため近年では、子ども用補助便座を備えつけている公共トイレや一般的な便座の上にひとまわり小さい便座が二重になっている便座もある。いずれの場合も便器の高さが高いので、抱きかかえて座らせる必要がある。

また、子どもの場合は、ズボンやパンツをすべて脱がせて便器にまたがる場合もある。したがって服を脱がせる着替え台や、脱いだ服や荷物を置く場所が必要である。一般的な洋式便器とは別に、子どもの体に合わせた高さや大きさの幼児用大便器が子どもにとっても使いやすい。

その他、男児が排尿する場合は、小便器を利用するほうが便利である。一般的な小便器はリップ（小便器の前方に突き出した受け部）の高さが子どもの身長に合わないこともあり、リップの高さを低くするか幼児用小便器を利用するとよい。さらに、小便器前に立つ位置が見てわかるように、床に動物の足跡の絵を描くなど工夫をすると足元の絵に足を合わせて排尿してくれるため、周囲を汚さないで利用できる。これらの幼児用の便器類を設置してある「子ども用トイレ」もある。

一方、トイレットトレーニングを始めると、親にとっても外出時のトイレは大きなハードルとなる。なぜなら、

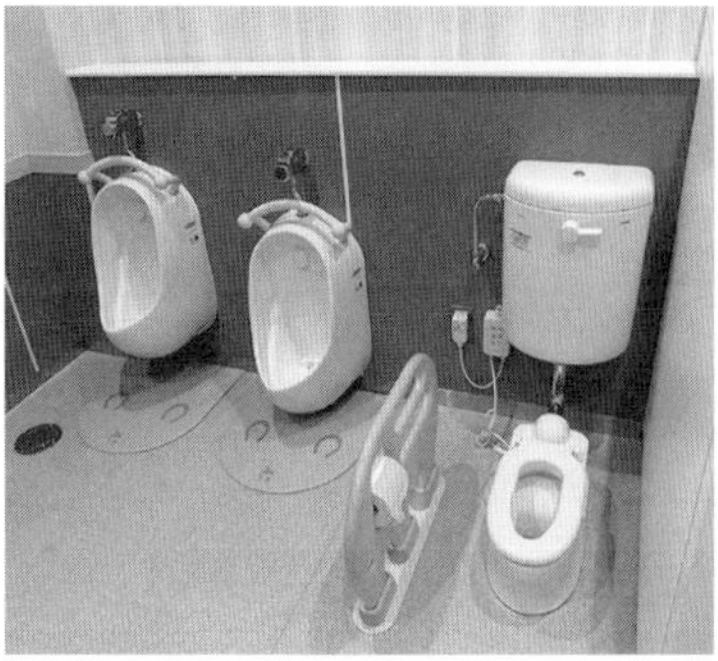
幼児用大便器と幼児用小便器を設置している子ども用トイレ（筆者撮影）

遊びなどに夢中になっていると、トイレに誘ってもなかなか来てくれず、気づいた時にはお漏らしをしてしまうこともしばしばある。したがって、子どもが興味をひくようなしつらえや工夫が施されている子ども用トイレは、トイレに誘導しやすい。

③子ども連れの親がトイレを利用する場合

親1人で子どもを連れて外出する際には、親自身のトイレ利用も合わせて考える必要がある。ベビーカーが入らない狭い個室では、乳幼児を抱っこしたまま親が排泄することになる。そこで乳幼児用いすが設置してあれば、子どもを同じ個室内に座らせておくことができる。その際、親が便器に座って子どもに手が届く位置に設置してあると安心である。一方、乳幼児用いすは対象年齢（生後5か月から2歳半まで）があるうえ、ベビーカー上で子どもが寝ている場合は、抱きかかえていすに座らせることができない。したがって、ベビーカーに子どもを乗せたまま入れる個室や、子どもを2人以上連れても入れる広めの個室が必要である。

子どもの興味をひくトイレの例。個室の扉にバスの絵が描かれている（筆者撮影）

④親と子の性別の違いへの配慮

男性トイレ内にあるおむつ交換台で父親が娘のおむつ交換を行う場合は、周囲からの視線を遮る工夫が、母親が息子の排尿に付き添う場合には、女性トイレ内にも幼児用小便器を設置するなど配慮があるとよい。親子の性別を問わず使用できる男女共用トイレがあるとなおよい。

（植田瑞昌）

乳幼児用いすが設置してある広めのトイレ
（筆者撮影）

(2)――発達障害者とトイレ

①見た目にわからない障害の困りごと

バリアフリーといえば段差解消や点字ブロックなど、ハード面の整備が重視されてきた従来の日本社会では、見た目にわかる障害、つまり社会からわかりやすく理解される障害が優先されて、発達障害など見た目にわからない障害が置き去りにされてきたことは否めない。

発達障害には、自閉症、アスペルガー症候群、注意欠陥多動性障害、学習障害などがあり、発達障害といっても特徴や困りごとは多様である。トイレにおいても、発達障害にトイレ利用で困りごとがあることは気づかれていなかった。しかし、多様な障害や様々な困りごとについて社会の理解とバリアフリー化が進み、見た目にわからない障害も注目されるようになって、発達障害者のトイレの困りごとが調査によって明らかになった。

②発達障害のトイレの困りごと

たとえば、自宅のトイレでは「トイレットペーパーや物を詰まらせてしまう」「温水洗浄便座で遊んでしまう」「水が大好きなため流しすぎてしまう」などの困りごとがあり、公共トイレでは「初めての場所や慣れない場所のトイレは利用できない」「レバーの位置やボタンがいつもとちがうと混乱する」「水の流れる音が怖い」「ハンドドライヤーやトイレ用擬音装置の音にびっくりしてパニックになる」など様々な困りごとがあり、時にはトイレメーカーがちがうと利用できないという声さえも聞く。

公共トイレでは様々な困りごとのために、一人でトイレに入ることができず保護者などの同伴者（時には異性の場合も）と一緒でないとトイレ利用ができない場面も少なくない。音や光、匂いや汚れなど感覚過敏の困りごとにプラスして、初めての場所や不慣れな場所での状況判断の苦手さも伴って、自宅では一人で利用できても、公共トイレは利用できないことがある。そこで利用されてきたのが「多機能トイレ」である。

③正々堂々と利用しづらい多機能トイレ

ただ、残念ながらその多機能トイレで、車いす利用など「見た目にわかる障害」と、オストメイトや異性・保護者同伴利用を必要とする知的障害・発達障害など「見た目にわからない障害」との間で、見た目にわかる障害の人が優先されるべきといった周囲の視線や場の雰囲気から、ヒエラルキーが生じてしまうケースが起きている。具体的には「見た目が普通に見えること」で従業員や周囲から注意される、偏見や好奇の目で見られるなどである。

よって、発達障害者とその家族からは、多機能トイレを利用する際は周囲の目につかないように、見た目にわかる障害に遠慮や配慮をして、ひっそりこっそりでないと使えないとの声も聞かれる。これは、多様な障害や様々な困りごとについて社会の理解とバリアフリー化が進み、多様な障害者が外出しやすくなったにもかかわらず、多機能トイレの整備に機能分散という視点が欠けていたために需給のアンバランスが生じ、多機能トイレに「利用を必要とする人たちが集中してしまったこと」による新たな課題だとも言える。

④機能分散から生まれた男女共用トイレ

しかし、見えにくい障害のある人たちの声が社会に届くようになって新たな課題が顕在化したこと、改正バリアフリー法などの法整備が進められる中で、日本は東京２０２０オリンピック・パラリンピックを契機に、設備と利用者が集中する多機能トイレから、様々な利用者のニーズに配慮した「トイレの機能分散」の考え方へと転換した。その機能分散の考え方の中で生まれたのが、多機能トイレほど広くなく設備が整っていなくても同伴者と一緒に利用できる「男女共用トイレ」である。

その男女共用トイレが、東京２０２０オリンピック・パラリンピックのメイン会場である「世界最高のユニバーサルデザイン」を基本理念として新たに建設された国立競技場でも実現した。実現した理由は、設計から施工段階において高齢者、障害者団体、子育てグループなどが参加した新国立競技場ＵＤワークショップの場で、「同伴者がトイレ利用できない」という切実な声が挙がったからである。

⑤国立競技場を例として、男女共用トイレができた背景と工夫

知的障害や発達障害のある子どもを持つ保護者の中には、自身がトイレを利用している間、子どもが待っていられないとか、時には逃げ出して深刻な迷子になってしまうなどの困りごとがある。また、同伴でトイレに入れたとしても自身のトイレ利用の姿を子どもには見せたくない、親子や親しい間柄であってもプライバシーは守りたいとの切なる思いもある。そこで国立競技場の男女共用トイレでは、同伴者がトイレを利用する際のプライバシーに配慮す

るため、待機者の視線を遮ることを目的として、待機者を囲う形でカーテンが設置された。カーテンは付添者が便器に座った位置からでも扉の開閉がわかる位置にあり、開閉スイッチはカーテンの外側に設置されているので、付添者のトイレ利用中に待機者が不意に出てしまうことを防ぐ仕組みとなっている。そしてさらには、待機者が「待てる仕組み」として、数や棒を数えて待機できる「アイキャッチ」と呼ばれるサインと、待つという動作が落ち着いてできるように「折り畳みいす」も設置されている。

⑥設備だけでなく、わかりやすいトイレ情報も重要

また、国立競技場ではトイレまでの距離が表示された案内や、トイレ入口には遠くからでも見えやすくわかりやすい大きなピクトグラムの表示、そして東京２０２０オリンピック・パラリンピック施設で必要とされるピクトグラムとして新しくつくられた男女共用トイレのピクトグラムも表示されている。発達障害は様々な情報の中で、自身に必要な情報を取捨選択することが苦手な情報処理障害とも呼ばれることから、設備などのハード面だけでなく、わかりやすい案内やピクトグラムなどソフト面の「情報」が、特に初めての場所や慣れない場所のトイレではとても重要になる。

⑦発達障害を手がかりとして考える多様性とトイレ

発達障害にやさしいトイレの整備には課題もある。それはこれらの人々がどの程度いるのかが明確にわからないこと、困りごとが物理的バリアだけでなく解決策の数値化が難しい心理的バリアにあること、そして多様な困りごとに対する多くの解決策を併存させなければならないことだ。

しかし困りごとが多様だからこそ、発達障害を手がかりとすると、ハードとソフト両方の視点で、社会の変化に応じた新たなトイレのあり方が見えてくると筆者は考えている。見た目にわからない障害の人たちも多くいることを社会の大前提の共通理解として、様々な困りごとがあることが認知され、誰一人トイレ利用で困ることがない社会を実現していきたい。

（橋口亜希子）

(3) ―― 認知症とトイレ

①認知症とトイレを考えるきっかけ

毎日のトイレ動作は、意識しなくても身体が覚えている。トイレは見慣れた構造で、どのトイレも同じように配置されているため、安心して使うことができる。しかし、認知症の人は、記憶や認知機能の障害によって、その一連の動作が難しいことがある。それは、認知症の人の側の問題だけではなく、空間や道具、サインが認知症の人にわかりにくい、使いにくいという環境側の問題も大きいと考える。

私が、認知症の人が使いやすいトイレについて考え、それを実現するための活動を始めたきっかけは、アルツハイマー型認知症と診断された母のトイレでの出来事である。認知症の診断のために母に付き添ってある大学病院を受診した。長時間待合室で待たされ、母はトイレに行くと席を立ったが、30分経っても戻ってこなかった。心配になって探しに行ったところ、廊下を歩いている母を見つけた。どうやら、道に迷っていて、元のところに戻れなくなっていたようだ。その病院は、中央に大きな吹き抜けがあり、そのまわりにロの字状に廊下、そして、さらにその外側に、もう一つロの字の廊下がある構造になっている。私でも自分の位置がわかりにくい建物で、母は道に迷っていた。その後も、母と一緒に出かけると、トイレにまつわる様々な出来事があった。男性トイレにちゅうちょなく突入していったり、ある高速道路のサービスエリアのトイレでは、デザイン性の高い薄いドアで、鍵は赤く見慣れない形状だったため、ドアと鍵を認識できずに閉められなかったりもした。

そうした出来事から、今あるトイレは、認知症の人への配慮が不十分であることを教えられた。そこで、外出先で必ず必要になる公共トイレについて、認知症の人やその家族から困りごとと要望を聞くことにした。また、軽度の認知症の人が単独で一般トイレの個室を使用することを想定し、一般トイレの実物大模型をつくり、水を流すボタンや非常呼び出しボタン、鍵を実際に使っていただき、使い勝手について、意見を聞く検証を行った。

②トイレでの困りごと

認知症の人とその家族の団体に協力していただいた「認知症の方のトイレ利用における困りごとに関するアンケート」で、外出先のトイレで困ることを聞いたところ、1位は「トイレの場所を見つけること」、次いで「水を流すボタンやレバーがわからない」で、いずれも4割の人がそのように答えた。また、「おしゃれなトイレ、新しい機能のついたトイレは、鍵のかけ方や流し方が新しすぎてわからない」、「ボタンは各社バラバラで種類も多すぎる。基本操作にしぼって統一してほしい」といった声が多くあった。実際に、間違って非常呼出しボタンを押してしまい、警備員が駆けつけたという経験をした人も少なくない。検証でも、ボタンの種類によって認識しやすさが異なり、あるボタンは、水を流そうと非常呼出しボタンを間違って押すケースが半数あった。

さらに、異性の親子や夫婦が男女別の一般トイレをそれぞれで利用した後にはぐれてしまい、認知症の人が行方不明になるという深刻な問題も起こっている。一方で、夫婦で外出した際、たとえば介助が必要な認知症の妻が女性トイレに入る際に夫が一緒に入り、周囲の女性から怪訝《けげん》な視線を向けられることもある。バリアフリートイレ（多機能トイレ）に入ったとしても、見た目にはわからない若年性認知症の人とその配偶者が一緒に入っていくのを怪しまれたりすることもある。

また、おむつ・紙パンツを利用している人も少なくない。ずっしりと重く、バレーボールほどの大きさになった臭いのある

トイレを出て行方不明に

水を流そうと呼出しボタンを押す

夫が女性トイレで介助

図版出典：野口祐子、西村顕、髙橋儀平『公共トイレハンドブック　認知症編改訂版』2019年
イラスト作成：堀江篤史

使用済みおむつ・紙パンツを持ち帰るのは容易ではなく、外出を諦めるケースもある。

③外出を可能にするための公共トイレ

アンケートで、外出時にトイレを利用する施設を聞いたところ、病院・診療所と答えた人が６割で１位だったが、２位がデパートやスーパーなどの商業施設で４割、３位がレストランなどの飲食店で３割強の人が回答した。病院・診療所は想像できるが、デパートやスーパー、レストランなども少なくなく、当たり前に外出して買い物や食事を楽しんでいることがわかる。

高齢化率の上昇とともに、高齢者世帯も増加し、高齢者の一人暮らしも増えている。当然、一人暮らしの高齢者の中には認知症の人もおり、一人で買い物にも出かけている。また、高齢夫婦のみの世帯も増加しているため、介護が必要になれば、その介護に従事する人も高齢ということになる。認知症の人を認知症の人が介護する場合もある。そのため、使いにくい環境であれば介護者のマンパワーで補うことも難しい。

間違って非常呼び出しボタンを押して警備員が駆けつけてきた、トイレを出て場所がわからず行方不明になった、異性介助で変な目で見られる、使用済みのおむつを持ち帰るのが大変、こうしたことでつらい思いをしたり、尊厳を傷つけられて外出を諦めることがあってはならない。そのために、操作ボタンや鍵、トイレの平面プラン、誘導サインなどのわかりやすさ、また、異性介助者が一緒に入ることができるトイレ、すぐそばで待つことができるベンチ、大人用のおむつ捨てなど、環境の整備が必要である。

認知症の家族を介護している人から、「認知症が進行すると、だんだんと外出できる場所が減って、楽しみなのは近所の公園くらい。公園のトイレが使いやすくないと困る。」と聞いたことがある。認知症の人が一人で、また、介護が必要になっても安心して外出できるよう、その人の尊厳ある暮らしを保障するために、トイレの整備は欠かせない。

（野口祐子）

〈参考文献〉

■野口祐子、西村顕『認知症高齢者に配慮した公共交通施設のトイレの操作系設備に関する調査研究』2017年度ＥＣＯＭＯ交通バリアフリー研究・活動助成（一般部門）報告書、2018年

■野口祐子、西村顕『認知症高齢者の公共トイレの利用実態に関する調査研究―課題の把握と整備方法の検討―』公益財団法人太陽生命厚生財団　平成三十年度社会福祉助成事業及び研究・調査事業研究・調査報告書、2019年

〈オリジナル図版引用〉

■野口祐子、西村顕、髙橋儀平『公共トイレハンドブック　認知症編改訂版』2019年

(4)――トランスジェンダーの実態とトイレ利用について

①性の多様性とトイレ利用

みなさんは、男子トイレ、女子トイレ、どちらのトイレに入ったらよいか迷った経験はあるだろうか。トイレに入る際に、人目を気にしたり、使用することをためらったり、我慢をした経験はあるだろうか。おそらく、ほとんどの人が、どちらの性別のトイレを使えばよいか困ったことはないだろうと思う。

性的マイノリティの中で、トランスジェンダーと呼ばれる人がいる。トランスジェンダーとは、出生時に割り当てられた性別とは異なる性を生きる人、生きることを望む人のことを広く指す。つまり、自身の性別について、何らかの身体違和や、性別違和を感じている人のことを言う。人によって、その違和の度合いや強弱は様々だ。

また、自身の性別が、男性、女性どちらにも当てはまらない、男性と女性の中間くらい、男性と女性、両方の性別を持っているという認識の人もいる。そのような人を、Xジェンダーや、ノンバイナリーと呼ぶこともある。トランスジェンダーの中にも、様々な多様性があり、性はいくつかの要素が複雑に絡み合って、グラデーションのように構成されている。性は男女の2つのみで考えることはできないのである。

たとえば、自身のことを男性と認識しているトランスジェンダー男性（出生時は女性）の場合、本人は女子トイレの使用に違和を感じながらも、カミングアウト（※）していないため、我慢して女子トイレを利用しているケースが考えられる。周囲からは女性として認識されているため、男子トイレの利用は容易ではない。

また、男女どちらでもないと自認しているXジェンダーや、ノンバイナリー当事者の場合、外出先で男女で分けられたトイレ利用の際、周囲の視線を感じたり、指摘や注意を恐れてトイレの利用をあきらめてしまう場面などが想像できる。

これら様々な理由により、トランスジェンダーや何らかの性別違和を抱えている当事者は、自身の望む性別のトイレを利用できないなど、トイレ利用に関する様々な悩みを抱えている。多くの人は、自身の認識している性と利用したいトイレの性別が一致しているため、こういった困難は起きにくい。性は多様であるという考えが広がりつつあるが、トイレのような男女で性別がはっきりと分かれている場面においては、嫌でも自身の性別と向き合わざるをえないのである。

（※）　自身のセクシュアリティを公表すること。

②性別移行期におけるトイレ利用

トイレ利用における困難はほかにもある。トランスジェンダーを含む、性別違和を抱える当事者の置かれている状況や、周囲を取りまく環境は様々であるが、当事者の中にはホルモン療法や手術などの治療によって、身体の性を自身の望む性へ移行させていく人もいる。つまり、ある日を境に突然、自身の望む性別になるのではなく、少しずつ時間や年月をかけて、性別を移行させていくのである。

もちろん、すべての人がこれらの治療を行うわけではなく、何らかの事情によって治療を受けられない人、治療したくてもできない人などもいる。たとえば、トランスジェンダー女性（出生時は男性）の当事者が、性別移行をしていく場合、周囲から男性と認識されている初期の段階では、男子トイレを利用することもあるだろう。ところが、見た目や服装、容姿が少しずつ〝女性らしい〟表現になってくると、男子トイレ利用の際に、トイレに入っている男性を驚かせてしまったり、トイレ利用そのものが難しいと感じる状況もあるだろう。場合によっては、多機能トイレ（だれでもトイレ）などを利用することもあるかもしれない。

トイレが男女別で分かれている場合、トランスジェンダーや性別違和を抱えている当事者は、どちらのトイレを利用すればよいか困ってしまう
所蔵元・提供者：PIXTA（ピクスタ）
イラスト作者：しらた

ほかにも様々な事例があるが、こうした背景から、トランスジェンダーを含む、性別違和を抱える当事者にとっては、性別を問わず、男女どちらも利用できる男女共用トイレや、多機能トイレ（だれでもトイレ）だと利用しやすいという声がある。最近では、トイレの入口を男女で分けない、オールジェンダートイレも広がりつつある。また、トイレマークやトイレサインの色や形についても、様々なタイプが増えてきている。

しかしながら、男女共用トイレや、多機能トイレ（だれでもトイレ）については、トイレに関する様々な設計上の観点から、必ずしもすべての施設で設置することができない。また、男女共用トイレの設置・利用については、衛生面、安全面や防犯などの観点から反対の声もある。

③誰もが利用しやすいトイレのあり方とは

近年、多様性やダイバーシティという言葉を見聞きする機会が増え、トランスジェンダーを含む性的マイノリティの人へ配慮したトイレのあり方に注目が集まりつつある。私たちは普段、何気なく無意識のうちに、容姿、髪型や服装、背丈や外見の身体的

コクヨ株式会社「THE CAMPUS」にあるオールジェンダートイレ

入口から男女で分かれておらず、洗面所が中央にあるタイプのトイレ。各個室も男女共用トイレになっており、多機能トイレも設置されている。

特徴などから、その人が男性か、女性なのかを瞬時に判断してしまいやすい。多様なトランスジェンダーへの理解が少しずつ広がっている一方で、トランスジェンダーのトイレ利用についてでは、まだまだ誤解や偏見などがあることも事実である。

大事なことは、トイレ利用は人間の尊厳にも関わる大切な人権の一つであるという認識と、その人がどんな性であれ、トイレを使いたい時に、安心・安全に使用できることである。トイレのあり方に正解はないと同時に、誰もが利用する身近なトイレを通じて、多様なトランスジェンダーを含めた、いかなる性のあり方も排除しない、誰もが使いやすいトイレのあり方を考えていきたい。

（時枝穂）

〈参考資料〉

■オフィストイレのオールジェンダー利用に関する研究会（金沢大学、コマニー株式会社、株式会社ＬＩＸＩＬ）「オフィストイレのオールジェンダー利用に関する意識調査」２０１８年

■ＴＯＴＯ株式会社・ＬＧＢＴ総合研究所協力「性的マイノリティのトイレ利用に関するアンケート調査」２０１８年

■ＴＯＴＯ株式会社「トイレ入り口まわりのサインの色に関するアンケート調査」２０２０年

(5)――見えない・見えにくい人とトイレ

①見えない・見えにくい人のトイレでの困りごと

国内でもバリアフリー整備が進み、見えない・見えにくい人の外出も増えてきた。外出先でのトイレ利用も当然増えてきている。しかし、彼らの多くは、そもそもトイレがどこにあるのかわからない。どちらが男性用か、女性用か、それがわからない。トイレ内の構造や設備がわからないなど……。そのため、トイレや便器を見つけ、用を足せるのだろうか？　用を足した後にきちんと流せるのだろうか？　トイレという狭い空間で人と接触はしないだろうか？　など様々な不安を抱えており、外出時の大きなストレスとなっている。

うまくトイレに辿《たど》り着き、用を足せたとしても、洗浄ボタンを見つけることができず、便房内の隅々を手探りで探しまくった、という話もよく耳にする。また、小便器と

床や壁など周囲とのコントラストが確保されていないため衛生陶器が発見しにくいトイレ

小便器の間が汚れているところもある。これは便器がうまく発見できず小便器の間で用を足してしまった痕跡かもしれない。

②機能分散化・高機能化に戸惑う見えない・見えにくい人

大型商業施設などで、様々な利用者を想定し、数種類の機能別のトイレを設置した機能分散型複合トイレが現れてきた。このようなトイレは、内部の構造が複雑で、入ったはいいが中で迷ってしまい出てこられなくなるケースも少なくない。また、自動洗浄装置に代表されるように、高機能なトイレ製品が様々な施設に導入されるようになってきた。そのため、流し方がわからない。操作ボタンの機能が多すぎ、洗浄ボタンを見つけることができない。また、洗浄ボタンなどの配置や形状が標準化されているにもかかわらず、デザインや機能優先のためそれが発見しにくいなど残念な状況も生じている。

③見えない・見えにくい人は頭の中に空間をイメージする

見えない・見えにくい人は、何度も利用することで頭の中の地図（メンタルマップ）を描くため、普段から使っているオフィスや学校などのトイレでは、それをつくりやすい。メンタルマップを描くための手がかり(注)の有無はそれをつくり上げるのに影響を与える。そこで手がかりとなる事物を計画的にデザインするなどの工夫や配慮が望まれる。

一方、時々訪れるような施設のトイレはそうはいかない。こちらは、多くの人が直感的にわかりやすく計画することが必要となる。しかし、最近では、商業施設や公共交通施設などで奇をてらったプランのトイレが出現してきた。これは、空間をイメージすることが難しく、見えない・見えにくい人にとってはとても使いにくいトイレである。

④トイレこそシンプルにわかりやすく！

同一建物内では、すべての階で同じ場所にトイレを配置し、たとえば向かって右が男性用、左が女性用、その真ん中にバリアフリートイレを設置する……。さらに、トイレ内は、できるだけ単純な構成とし、洗面エリアと用を足すエリアを明確に分けることでトイレの構造をイメージしやすく、メンタルマップもつくりやすい。また、便房の扉は、使用されていない時に必ず開いていれば、使えるところを見つけやすい。このようなルールづくりをすることで、使いやすさは格段に向上する。

⑤デザインのキーワードは「コントラスト」

見えにくい人への配慮のキーワードは、ずばり「コントラスト」である。たとえトイレを見つけられたとしても、前述のように便器などの設備が発見しにくいとトイレ利用のストレスが高まり、外出時の不安にもつながる。そこでたとえば、カウンターと洗面器、周囲の壁や床と便器や洗浄ボタンなどの設備機器とのコントラストを確保することで、それらを発見しやすくすることができ、利用時のストレスを軽減することができる。

　これはトイレ全体の空間にも応用でき、床と壁、壁と扉のコントラストを確保すると空間全体や扉の位置がわかりやすくなる。さらに、照明を壁際に寄せて設置することで空間の輪郭もわかりやすくなり、トイレ全体の空間構成をわかりやすくすることもできる。[注] このようにちょっとしたデザインの工夫をすることで彼らにとっても格段にわかりやすくなり、使いやすいトイレとなる。

コントラストを確保してわかりやすく（眼科三宅病院）

⑥男女の区別をわかりやすく!　サインのポイント

　サインは、男女を区別する重要な役割があり、発見しやすく、読みやすくする必要がある。そのためには、設置する壁面（地）と盤面（図）のコントラストを確保し、サインを発見しやすくする。さらに、盤面（地）と文字やピクトグラム（図）のコントラストを高め、読みやすくする。このようにサインは、地と図の2段階でコントラストを確保することが重要である。（注）

では、見えない人にはどうであろうか？　最近では駅のトイレを中心に音声案内が普及してきたが、これを必要としない人には不評なことも事実である。そこで、特殊なスピーカーを用い、あるスポットに入ったときだけその音サインが聞こえるという試みを行った眼科病院もある。そこでは、さらに触ってもわかるピクトグラムを採用している。このように視覚だけではなく、聴覚や触覚にも訴えかけるサインとすることで、多様な人が認識しやすくなる。

ここまで述べてきたようなデザイン的な配慮を行うことで、見えない・見えにくい人にも使いやすいトイレとすることができ、彼らのＱＯＬ（クオリティ・オブ・ライフ＝生活の質）の向上にもつながる。

（原利明）

（注）原利明ほか共編著『ユニバーサルデザインの基礎と実践』鹿島出版会、２０２０年

コラム　多目的トイレの呼称の変遷

先頃、「高齢者、障害者等の円滑な移動等に配慮した建築設計標準」の改正にあたり、国交省が発表した「多機能トイレ」の名称を使用しないとする報道を目にした人も多いのではないだろうか。多くの場所で設置が進められてきた「多機能トイレ」の誕生と、その名称が使われなくなろうとしている経緯について解説する。

始まりは「身体障害者用トイレ」

主として車いす使用者が使うためのトイレが設置されるようになったのは、１９６４年の東京パラリンピックが契機とされている。その後、医療・福祉施設を中心に様々な試みがなされ、１９７０年代半ばには車いすが回転できる約２メートル四方の空間に、車いすの座面の高さに合わせて座面を高くした専用便器と移乗動作に合わせた手すりを備えたトイレが定型化し、公共施設などにも設置されるようなった。これらのトイレは当時、「身体障害者用トイレ」略して「身障者用トイレ」とも呼ばれていた。

「多目的トイレ」「多機能トイレ」の誕生

このようなトイレが公共の場所に設置されるようになると、新たな問題が指摘されるようになってきた。広くて利用頻度が少なく、プライバシーが保てる空間ゆえに、用途以外の利用、寝泊りする人や、物置場として使われるなどである。そのため普段は施錠され、車いす使用者が使うためには管理者に開錠してもらう必要がある場合もあった。

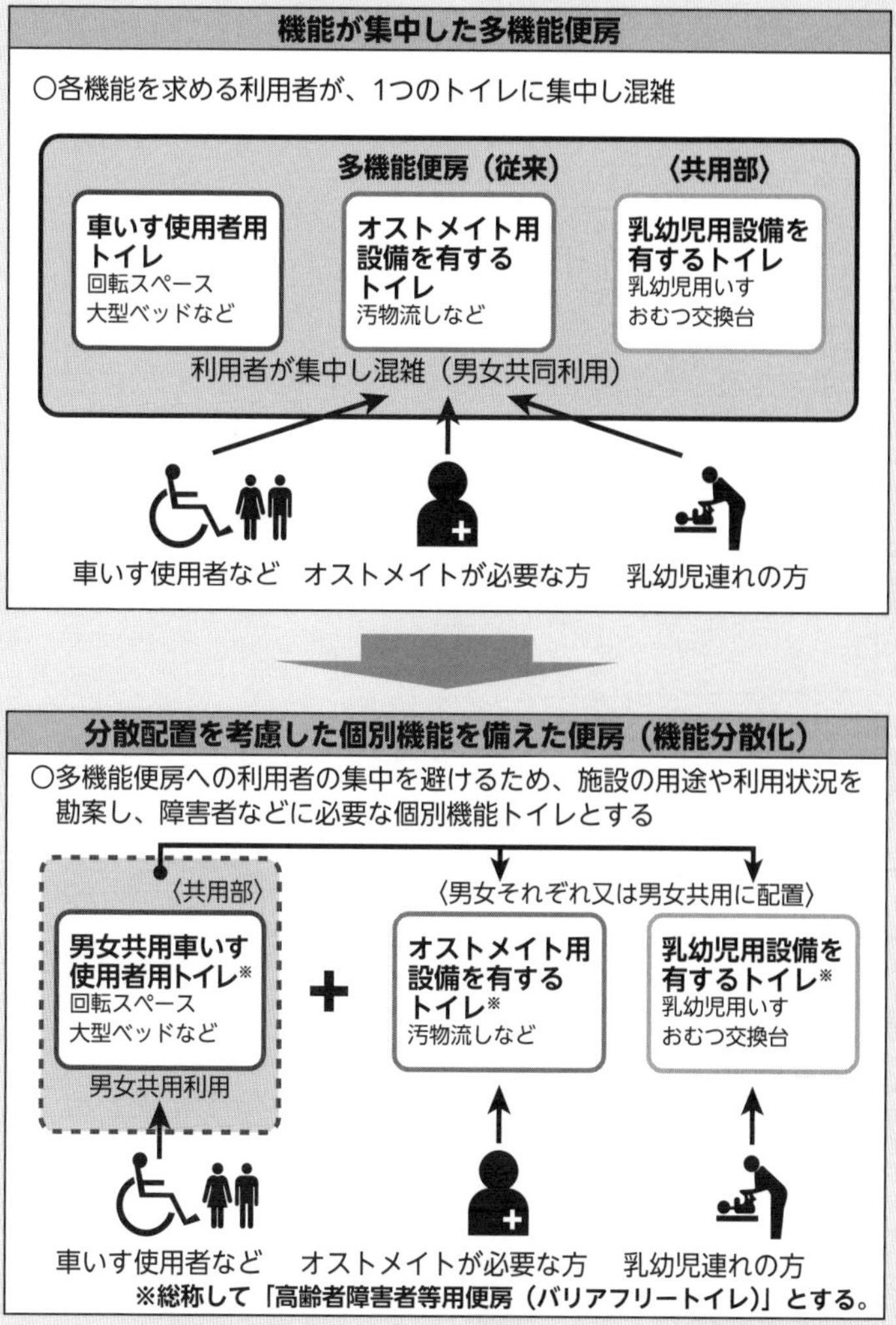
機能が集中した多機能便房
○各機能を求める利用者が、1つのトイレに集中し混雑
多機能便房（従来）
〈共用部〉
車いす使用者用トイレ
回転スペース
大型ベッドなど
オストメイト用設備を有するトイレ
汚物流しなど
乳幼児用設備を有するトイレ
乳幼児用いす
おむつ交換台
利用者が集中し混雑（男女共同利用）
車いす使用者など
オストメイトが必要な方
乳幼児連れの方
分散配置を考慮した個別機能を備えた便房（機能分散化）
○多機能便房への利用者の集中を避けるため、施設の用途や利用状況を勘案し、障害者などに必要な個別機能トイレとする
〈共用部〉
〈男女それぞれ又は男女共用に配置〉
男女共用車いす使用者用トイレ※
回転スペース
大型ベッドなど
男女共用利用
＋
オストメイト用設備を有するトイレ※
汚物流しなど
乳幼児用設備を有するトイレ※
乳幼児用いす
おむつ交換台
車いす使用者など
オストメイトが必要な方
乳幼児連れの方
※総称して「高齢者障害者等用便房（バリアフリートイレ）」とする。

出典：国土交通省「高齢者、障害者等の円滑な移動等に配慮した建築設計標準」2021年3月

一方、１９８０年代後半にはトイレ全般の利用実態の調査研究なども進み、排泄《はいせつ》以外の様々な行為が行われていることもわかってきた。そこで、「身障者用トイレ」を様々な行為ができる空間にして、多くの人に使ってもらうことによって問題の解決を図ろうという考えが生まれてきた。おむつ替えシート・オストメイト用流し・着替え用シートなどを備えた「多目的トイレ」の誕生である。これをヒト視点（使用目的）ではなく、機能で捉えたのが「多機能トイレ」という名称で、両者は同じである。また同様に、「だれでもトイレ」「みんなのトイレ」とも呼ばれる。

機能分散と「バリアフリートイレ」

１９９４年のハートビル法の制定とその後のバリアフリー法での法制化によって、普及してきた「多機能トイレ」であるが、その認知が進み親子連れや外見からは見分けのつかないオストメイトの人など多くの人が使うことで、車いす使用者からは「いつも使用中で待たされる」「健常者が中から出てきた」などの声が聞かれるようになった。それに応えようとするのが機能分散という考え方である。

「多機能トイレ」の個別の機能を一般トイレなどに分散配置して、車いす使用者には改めて専用のトイレを確保しようというのが、冒頭の「建築設計標準」の考え方である。これらの個別の機能を備えたトイレを総称して「バリアフリートイレ」と呼ぶことにしようというものである。

（中森秀二）

第4章

様々な場所の様々なトイレ

1―公衆トイレ

①公衆トイレとは

公衆トイレの定義だが、第1章のコラムにあるように、自治体など公共セクターが法律に基づき設置したもので、誰もがいつでも利用できる道端や公園に設置されたトイレであり、公共トイレの一部である。管理者は常駐しておらず、無料の施設で、単独に建てられ、安全上、道や公園に面した入口から、ドアなしで直接入る計画が多い。そのため、風雨や気温などに直に影響され、ほこりや汚れにさらされやすい。利用者の中には、不適正利用者（宿泊、破壊、焚火《たきび》、犯罪、汚すなど）もおり、安全性や清潔性の維持がむずかしい。

清掃については各自治体が実施するが、管轄数が多く、日常清掃は高齢者事業団への依頼が多い。内容は、約10分で毎日2回が多く、定期清掃や特殊清掃（第5章第2節参照）は実施していない場合が多い。そのため、竣工後しばらくすると、利用者のマナーの悪さに清掃頻度や内容が追い付かず、汚い、暗い、臭い、怖い（4K）の場所になりやすい。女性からは、まちの公衆トイレには近寄りたくないという声さえ聞く。しかし、過去の歴史を見ても、公衆トイレがないと、立小便などが増え、風紀やまちの衛生も保たれなくなる。日本国憲法の

第25条には、「すべて国民は、健康で文化的な最低限度の生活を営む権利を有する」の項があり、また、廃棄物の処理及び清掃に関する法律には、生活環境の保全と公衆衛生の向上が目的で、公衆便所の設置と衛生的な維持管理については、管理者の責務と記されている。

②公衆トイレの役割

現在まち中では、公衆トイレはなくとも、商業施設や、公共交通、公共施設、まちの飲食店などで使用ができる。しかし、公衆トイレは、いつでも希望者全員に使用可能で、外出先で必ず排泄《はいせつ》ができる場所として、いわば最後の砦《とりで》だ。この場所を誰もが、いつでもどんな時にでも、快適に共有できるかは、このまちに安心して住むことができるか否かの評価に通じる。公衆トイレは、我々が健康的で衛生的な暮らしを営むための基本的な装置である。

③公衆トイレはどのように変わってきたか

■1964年東京オリンピックが契機に

当時、海外来訪者に恥ずかしいとの理由で新宿駅や奈良東大

落書きされた公衆トイレ（筆者撮影）

寺前などに有料トイレが設けられた経緯があるくらい、当時の公衆道徳はレベルが低かった。その後高度成長期を潜り抜け、下水道や道路や建物などは開発と新設が進むが、公衆トイレの見直しは後回しになった。

公共トイレの見直しが始まった（1985年頃以降）

日本トイレ協会の発足は１９８５年だが、設立動機も公衆トイレと関係がある。協会の母体であるシンクタンクの地域交流センターが、京都嵐山付近で散乱ごみ調査を実施した際、公衆トイレ前をごみの集積所とした。その時、観光名所のトイレにもかかわらず汚く、ごみもそうだがトイレ改善も必要だと考えたそうだ。研究者、建築家、メーカー、メンテナンス従事者、自治体など様々な人が集まり、排泄について、トイレ文化や今の課題を研究し、提案していくサロンを始めたという。それが日本トイレ協会の始まりにつながっている。

その後

その後の資料がないため、２０１０年に実施した千代田区公衆トイレ34か所の調査から類推する。（注１）　１９８５年以降の改築が34か所中23か所で68％あり、当時、改築が進んでいたとわかる。これは全国的な動きでもあった。それは、日本トイレ協会が１９８５年から現在まで毎年実施してきた「グットトイレ10」や「グットトイレ選奨」の入選作品からも理解できる。(注2)２００４年、同区では公衆トイレの今後の打開策として、有人有料トイレを試みた。この試みの背景には、公衆トイレの整備を進めても、汚損や破壊行為がたえず、メンテナンスが追い付かない現実があり、利用者の評価は低かったためである（第４章コラム参照）。とはいえ、その公衆トイレの有料化も広がっていない。

東京2020オリンピックと公衆トイレ

東京２０２０オリンピックは新型コロナ感染拡大で1年延期になり、翌２０２１年に無観客で開催された。それを目指して、関係する首都圏や観光地では、公衆トイレの見直しが実施された。たとえば、海外観光客の受け入れ環境の第一歩として、洋式化・改修などを補助金制度で促そうとする動きがあった。これに加えて次のような動きもあった。

THE TOKYO TOILET（第6章コラム参照）

これも当初は、東京２０２０オリンピックを目指していた。日本財団が活動の核となり、渋谷区に寄贈する形で公園に繰り広げている公衆トイレである。公衆トイレのまちでの存在の意味や人間の多様化などから、そのあり方や快適化をテーマに、16人の設計者が設計を試みた（筆者もその一人）。現在7割が完成し、従来の公衆トイレのイメージ変革の意図は達成しているが、維持管理についてはなかなか困難なようで、独自の清掃グループをつくって最善を尽くしている（第6章コラム参照）。

④公衆トイレの現状と利用者の要求

以上のように、快適化は全国で試みられてはいるものの、解決は依然として難しい。公衆トイレは国や自治体で管轄されているが、その中でも、公園、街路、河川敷等々でまた管轄が分かれている。整備者と管理者の部署が分かれていることも多い。統括すれば、もっと俯瞰《ふかん》して問題が見えるのではないだろうか。これも、東京オリンピックのための改修を予定し、公衆トイレの今後を考察しようと調査した横浜市の報告書がある（注3）。公衆トイレの現状と利用者の要求を、参考までに以下に記す。

横浜市内のK駅前公衆トイレ（筆者撮影）

・調査場所／横浜市
・調査対象／17か所（都市部や観光地の賑《にぎ》わいのある公衆トイレ）

・築年数／37年～20年

・調査により見えてきた現状

a利用者数・一番多いトイレは、平日1日800人、最少トイレは39人、休日では、最多トイレが1375人で、最少トイレは29人。17か所のトイレ利用者数の合計で、女性の比率は平日で16％、836人。休日は25％の1854人である。17か所中、女性使用者が10％以下であるのは、平日で10か所、休日で4か所もある。女性の利用が少ない。

b多様な利用・車いす利用者は、全両日利用者1万5717人のうち14人、ベビーカーは5人、白杖《はくじょう》は3名、杖《つえ》は25人、シルバーカーが9名である。少数だが多様であるとわかる。こうした多様な利用者に対し、現状のトイレの機能が単一で、追随できていない。

c洋式化・和式が多く、8か所は洋式便器なし。

d広さ・ブースは狭く、立ち居振る舞いがしづらい。

e明るさ・床面照度が100ルクス以下8か所（少し暗めのト

利用者の構成比率（平日）

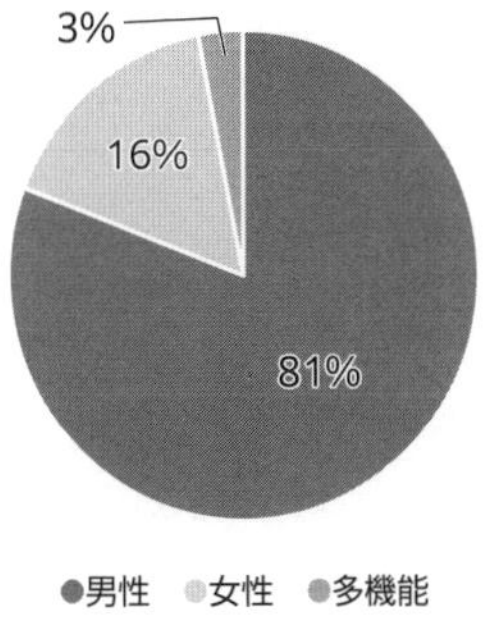

利用者の構成比率（休日）

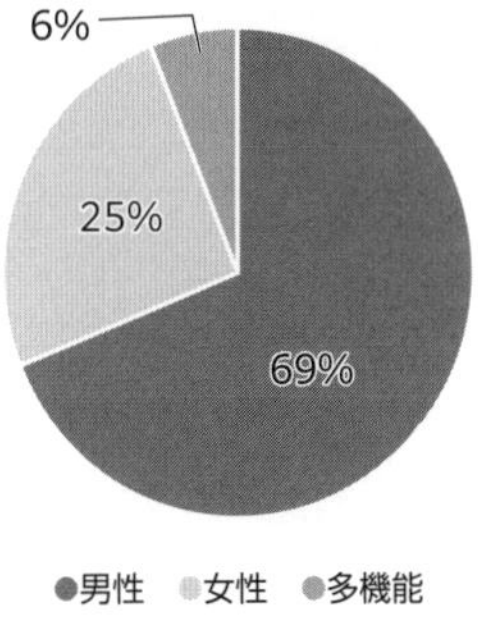

イレが約半数あり）。

ｆユニバーサルデザイン・入口の段差７か所。多機能トイレは10か所で設置。ユニバーサルデザインが未整備。

ｇ付随したニーズ・化粧コーナーなどはすべてのトイレにない。

ｈ安心感・トイレごとに差異が大きい。サインがなく、暗く入口がわかりにくいものもある。

ｉ清潔感の不足・臭いは差異があるがどのトイレにもあり、普通以下が７割。経年の汚れもある（目視）。これらを総合した清掃の評価は中の上である。

ｊ通風・自然換気が少なく、機械換気もされていないために、空気がよどんだトイレもある。

横浜市調査のまとめ・１９８５年以降に改築したトイレ17か所であるが、利用者に対して機器や設備などの設置は整備されているものの、使いやすさの配慮は不足していた。ユニバーサルデザインも不十分であった。女性の利用者比率が低いが、要求を問うと、清潔、安全が抜きんでていた。多様な人々の利用も少なく、ユニバーサルデザインの不足が考えられる。

多機能トイレの利用形態別割合

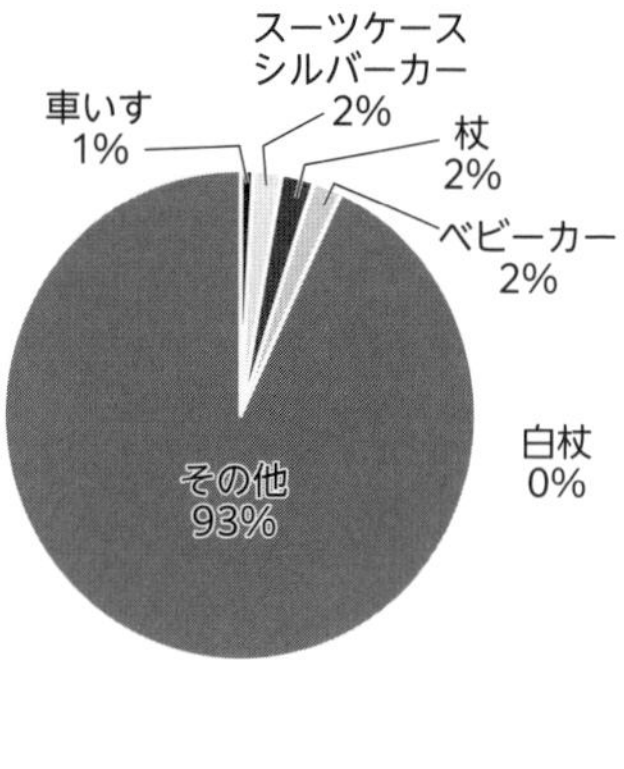

⑤今からの公衆トイレ

公共のトイレの目標には3段階ある。第1章にあるように、第1段階は誰もが使えること。第2段階は安全で清潔なこと（快適トイレ）。第3段階は使いやすく心に安らぎをもたらすこと、である。公衆トイレは前述したように、他所のトイレに比べると快適さを確保しにくい。紹介した横浜の調査の要望には、清潔で安全の要望が抜きんでて多かった（グラフ参照）。この調査では、機器などは設置されているが、取り付け位置などが、使いやすい寸法ではなく、使いにくそうだった。これからの公衆トイレとして、有料化や複合化、メンテナンス強化を併記提案しながら、誰一人残さず、安心して清潔で、使いやすいトイレをつくることが目標とされる。

（小林純子）

（注1）小林純子『公共トイレ改善の取組の評価と実現方策に関する研究』第4章「公衆トイレ」、2014年

（注2）日本トイレ協会編『日本のいいトイレ—快適な公共トイレづくりのための「グットトイレ10」データ、図面・写真選集』地域交流出版、1993年

（注3）「横浜市公衆トイレ調査と提案—横浜市・一般社団法人日本トイレ協会・設計事務所ゴンドラ」2017年

女性が求めている機能・設備

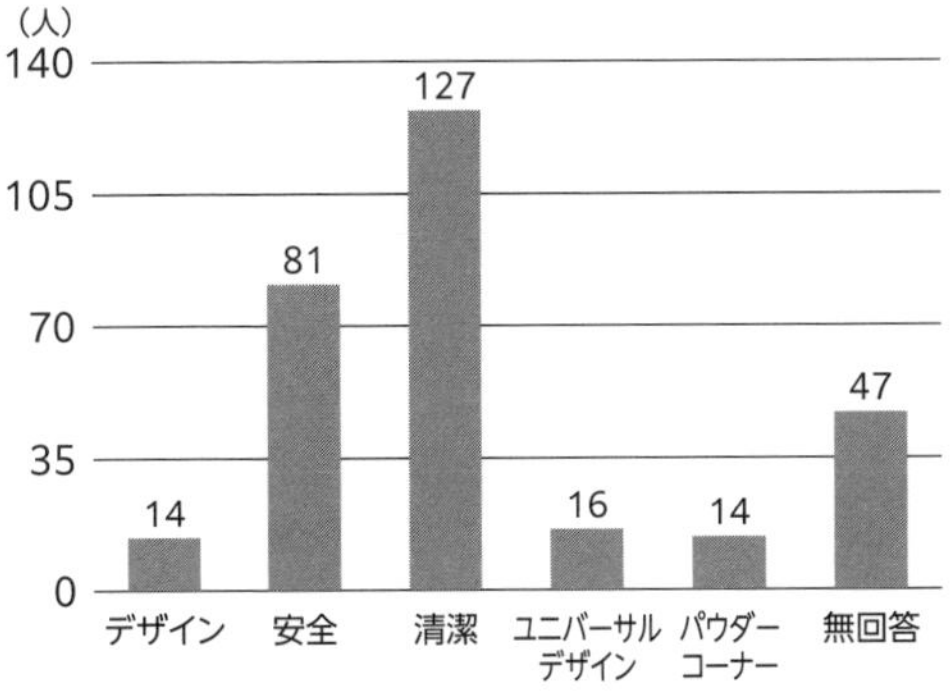

2 — 住宅のトイレ

①住宅のトイレを変えた背景

1960年、日本住宅公団により水洗式和風両用便器が腰掛便器（排泄《はいせつ》姿勢を重視して腰掛便器の名称使用）に変わり、公団住宅の標準部品とされた（52頁参照）。腰掛便器は大小兼用で狭いスペースの有効利用や汚れの減少、衛生面などから採用された。この背景には下水道の普及がある（48〜50頁参照）。

生活者が好むトイレの設《しつら》えができるのは注文住宅であり、これ以外の住宅では、与えられたトイレを使うことになる。トイレにこだわりをもつ人は、入居前に使い勝手などを総合的に確認する必要がある。たかがトイレ、されどトイレである。

トイレで話題になるのは非住宅の場合が多く、住宅のトイレが話題になることはあまりない。この背景は何を意味するのか、考えてみる価値はありそうである。

これから先のトイレ設計の質や精度を高めていくには、これまでの建築計画にインテリア計画や人間工学の考え方を取り入れることが考えられる。

②男性は立って、腰掛けて、どちらで小用をする？

住宅トイレにおける困りごとに男性の立小便がある。自宅を一歩出れば多くの施設の男性トイレには小便器が設置され、子どもから成人、高齢者など多くの男性は小便器を使う。腰掛便器で排便をしながら小用をすることはあるが、腰掛けて排尿をする場合、排尿前後の着衣の着脱動作を考えると小便器のほうが容易であると考えられる。

男性の６割が腰掛けて用を足すというデータ（ライオン２０２１年調査）がある。男性が自宅で小用をする場合、立つか腰掛けるかによって、尿の飛散による便器や床周辺の汚れに大きな違いがみられる。腰掛けて排尿をすると尿の飛散が便器の前渕《ぜんえん》や便座の裏などにみられ、立って排尿をすると尿が便器や便座、床などに飛び散り、便器に落下した尿が尿だめから跳ね返りさらに汚れを助長する。意外と知られていないが、ズボンの内側にかなりの量の尿が飛散して付着する。

男子の放尿曲線

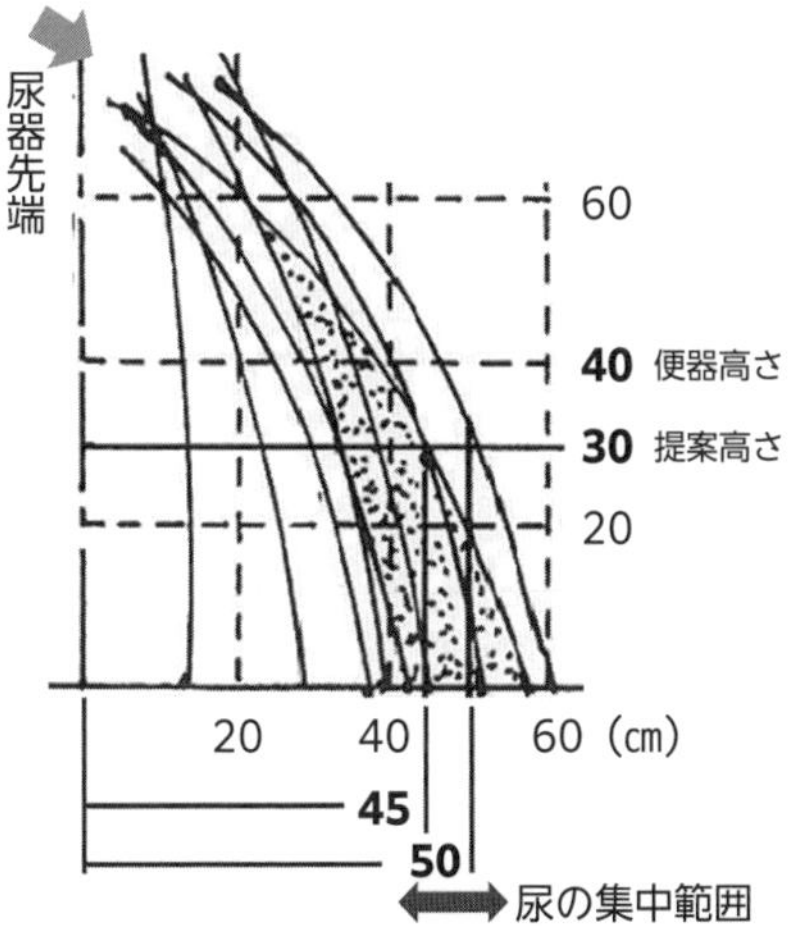

出典：上野義雪「住宅用洋式便器の機能実験」『日本建築学会大会学術講演梗概集（関東）』1988年10月、「図-7 放尿曲線」より筆者作成

男性が腰掛便器に座って排尿をすると残尿がみられる。立って排尿をする場合には、ズボンを膝や足元までおろす必要はなく、短時間で容易に用が足せる。しかし腰掛便器ではそうはいかない。男性が排尿を腰掛けて行うのであれば、便座の長さを長くするなど、便器や便座の寸法・形状を見直すことが望まれる。そして、さっと一拭きできる形状など、人間工学の視点による掃除のしやすさに配慮した、さらなる便器づくりに期待したい。

女子の排尿の場合も便座の裏などに尿の飛散がみられ、これらの対応には、排尿姿勢における放尿曲線の把握による便器デザインが必要になる。

排便においては男女共に肛門《こうもん》管が恥骨肛門筋に引っ張られてつぶれてしまい、スムーズな排便が阻害される。人間は四脚動物から二足歩行に進化したが、排泄に関しては進化がみられず、その影響が今日の排泄動作に支障をきたしている。

③高すぎる住宅用腰掛便器の便座の高さ

子どもや高齢者、成人女子などでは便器の高さ（座る側では便座の高さ）が高いために不安定で力みにくい姿勢をつくる。この改善には、座りに関する人間工学の知識が参考になる。

日本の住宅では室内では素足かスリッパ履き、外出時には靴履きになる。腰掛便器は住宅用と非住宅用と分けてつくられていない。腰掛便器の使用において履物の有無や履物の踵《かかと》の厚さによって下肢の実質の長さが変わり、便座高さの適合具合が変わる。住宅以外のトイレ使用では靴履きにより便座の高さが低めに補正されることがある。

便座の高さが高いと立ち座りは楽であるが、力みにくく排便しにくくなる。そして踵が浮いて排便姿勢が不安定になり、膝裏の圧迫や下肢のしびれなどを発症することがある。

一般的な作業用いすの座面高は40cm程度で、使用者の身長の0・25倍（4分の1）で求められる。便座を含む便器の設計高さは、使用対象者の適合身長を明らかにしていないため、これまでの座り研究の成果をもとに計算すると、身長の0・24倍程度の高さとなる。

私たちの便器に関する研究では、身長165cmの場合に便座の高さを30cm程度に低く抑えると、排便時には力みやすくなり、姿勢が安定して筋肉の負担軽減など、排便がしやすくなることが明らかになっている（図）。現行の便座を含む腰掛便器の高さは、40数cmの高めの高さであり、排便時には腹腔《ふくこう》内圧を高くできず、力

いすの座面の高さと筋活動度

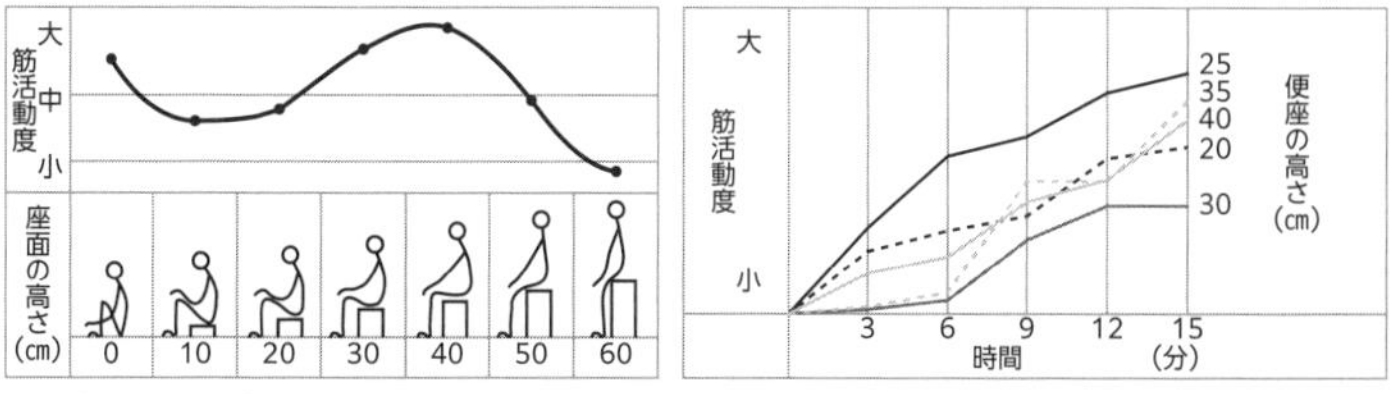

出典：『インテリアプランナー講習テキスト』財団法人建築技術普及センター編集・発行、鹿島出版会製作、1988年、「図3.2.1　座面の高さと筋の活動度」より筆者作成

みにくい姿勢になるため適切な高さとはいえない。43㎝の便座の高さは計算上では身長１７２㎝に適合することになるが、力み姿勢として捉えると排便には高すぎる高さであると考えたほうがよい。

腰掛便器の便座高を30㎝程度に低くすると身長の低い人には都合はよいが、そうでない人には立ち座りがしにくくなり、立ち座り用の手すりが役立つ。手すりは高齢者専用の補助具ではなく、我々にとって不意の動作時の手掛かりとなることがある。

男性が高さの低い腰掛便器で立って排尿をすると、尿の飛散がより広範囲に広がるため、腰掛けて使用することが男子の排尿姿勢の前提になるかも知れない。

④そして住まいのトイレの課題

これまで住宅に小型でよいから小便器の設置を住宅メーカーなどに提案をしてきたが、残念ながら実施されていない。住宅面積や小便器の清掃などの理由から採用に至らないものと考えているが、素手で手入れをしたくなるような小型で機能的でデザイン性のある小便器が誕生するならば、小便器導入の可能性が見えてくるのではなかろうか。

近々のトイレの課題として、トイレの使用中に大地震が発生した場合、どのように対応するかがある。自宅のみならず、外出先でこのようなことが発生したらみなさんはどのように対応しますか。またその備えをどのようにしておきますか。

日本では大きな地震がいつ発生してもおかしくない。筆者はトイレ使用時に地震が発生しても慌てないように心がけている。パニックになっては正常な判断は難しくなることの下準備である。そして自宅のトイレには、懐中電灯、ラジオを置いている。また、出張の場合には、ミニ懐中電灯、携帯ラジオ、場合によっては携帯用洗浄具を持参することもある。

（上野義雪）

3　公共交通のトイレ

(1)――駅のトイレ（ＪＲ東日本の事例）

①駅のトイレはどのように変わってきたか――『鉄道建築ニュース』で振り返る35年前のトイレ

突然だが、和式トイレを覚えているだろうか。まだうちは和式だよという人もいるかもしれない。しかし公共トイレで和式トイレを見かけることは少なくなってきた。この35年で一番変わったことと言えば、主流が和式トイレから洋式トイレになったことかもしれない。駅のトイレも同様で、洋式トイレは車いす用トイレのみで、一般のトイレはすべて和式トイレだった。和式から洋式へは一気に変わったのではなく、少しずつ割合が変わっていったのが現実である。

5K

駅のトイレは汚いのが当たり前、できれば使いたくない、というのが当時の利用者の普通の感覚であった。駅のトイレは5Kと揶揄《やゆ》されていた。汚い、臭い、怖い、壊れている、混んでいる、である。老朽化していて、しかも混雑しているため、清掃しても追いつかず、トイレの使われ方も雑になりまた汚れる、という悪循環を繰り返していた。

駅の隅っこの目立たないところにひっそりと

そんな駅のトイレは当然、駅の中でもどこにあるのか探すのが大変な位置にあった。案内サインも小さいため位置がわかりにくく、日陰の存在といった扱いであった。

②駅のトイレを快適にするために

お客さま第一という考え

それが大きく変わっていったきっかけは、1987（昭和

目立たないトイレの入口

62）年の国鉄分割民営化、いわゆる国鉄改革である。この日を境に国鉄はＪＲという民間会社になり、お客さま第一を掲げるようになった。利用者へのサービス向上を一番に考え、社員、車両、駅を変えていこうということになった。駅をきれいにするということは、駅の中で一番汚いトイレをきれいにするということになる。当初は幹部社員自らがトイレ清掃や塗装などを行ったりしたが、そのうちに全面的に改修工事をしてトイレをきれいに整備するようになっていった。

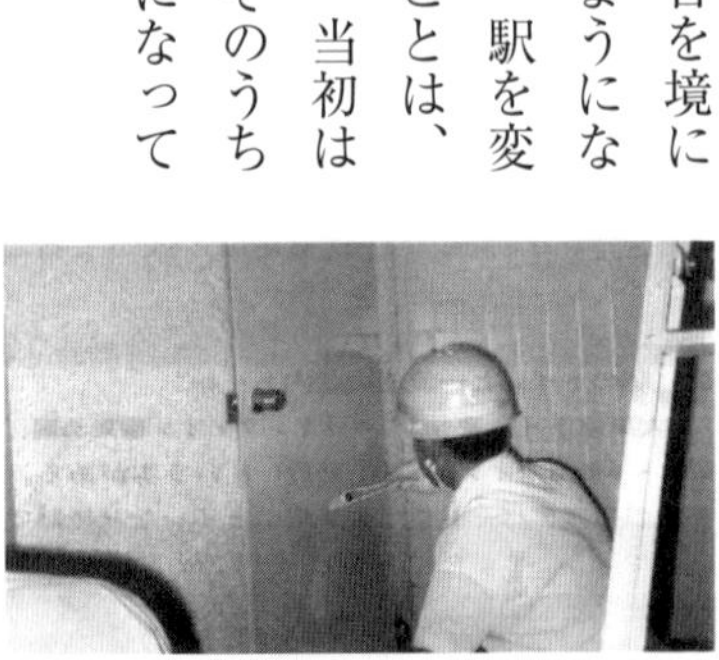
トイレブースの扉を塗装中
出典：『鉄道建築ニュース』1987年10月

トイレのサービス（トイレットペーパー！）

皆さんは、トイレットペーパーのないトイレを想像できるだろうか。しかもそれが当たり前だったということも。そう、駅のトイレにはトイレットペーパーがなかった。30年前までは紙がないのが普通だった。ではどうするか。自分で持っている紙を使うか、トイレの入口にある販売機で紙を買うかしていた。

それが、利用者の視点で見ると、紙がないのは不便、おかしい、ということになった。それまではトイレは収入が得られる場所ではない、お金をかけられない場所という位置づけであった。赤字経営だった国鉄末期（昭和50年代）はいかに経費を削減できるかということが重要事項であり、トイレにもできるだけ経費かけないようにしていた。

初めは一部の優良トイレだけにペーパーを設置していたが、徐々に設置するトイレを増やしていき、現在はトイレットペーパーを置くことが標準になっている。

③今、私たちが使っているトイレは快適か？

マニュアル（快適さを維持するために）

ある程度トイレをきれいに整備していくと、整備するのに気を付けなければならないポイントがわかってくる。また設計者によって考え方が違うため、トイレによって整備の方法がかわってくることも出てきた。そこで、駅トイレのサービスレベルの向上と均質化を目的にマニュアルを制定し、運用している。

5Kの対策として検討したこともマニュアルにまとめている。「汚い、臭い」については、床タイルの目地や換気方法での工夫、汚れにくい便器など、「壊れている」については、トイレブースの材質、「混んでいる」については、利用実態調査をもとに

（左）正面に販売機／（右）販売機

した適正な器具数算出方法を掲載している。

多機能トイレ（様々な人が快適に使えるように）

２０００（平成12）年に交通バリアフリー法（現バリアフリー法）が制定された。それまで車いす使用者用トイレとして設置していたトイレを、さらに高齢者や乳幼児を連れた人、オストメイトの人など通常トイレでは使用が難しい人に使っていただくトイレとして整備することになった。

わかりやすく目立つトイレ

前述したように、昔の駅トイレは駅の隅っこの目立たないところにひっそりとあるのが普通だった。それが、キレイに整備されるようになるにつれて、だんだんと目立つ場所に目立つように設置されるようになった。駅の中での邪魔者が市民権を得たような感じである。バリアフリーの考え方から多機能トイレを設置するようになったことも、駅トイレがどこにあるかをわかりやすく案内することになった要因である。トイレをお客様サービスとして提供するために、現在ではわかりやすく案内するためのデザインにしている。

トイレの使われ方も変わってきた

５Ｋの頃のトイレは用を足したらさっさと立ち去っていくのが普通だった。長くいたくないトイレであったのも事実である。５Ｋが解消されることで快適なトイレとなったことや社会情勢が変わってきたことで、用を足す以外のことで使われるようになっている。おそらく個室でスマホを見ることは誰でも経験があるのではないだろうか。ほとんどの便器が洋式トイレになってきたこととも関係しているだろう。これが和式トイレだったら……。スマホを取り出すことも大変だし、いつまでもしゃがんでいられないし、ということで用を足したらさっさと出ていこうと思うだろう。

また、２０２０年からのコロナ禍により、鉄道の利用の仕方も変わってきている。ＷＥＢ会議、テレワークなどによる働き方の変化により、今までの通勤通学が変わったため、トイレの利用者数も変化している。昔の５Ｋとは違う課題として、検討していく時代になってきた。

トイレファサード

④駅が変わってきた。トイレはどうなる？

エキナカ

大宮駅にエキュートができたのが２００５年。それまで駅にあった店はキオスクかそば屋か駅弁屋くらいだった。エキュートは洋菓子・和菓子・惣菜《そうざい》などを売る店が何店舗もあり、まるでデパートの地下食料品売り場のようである。そのうち、デパ地下にちなんでエキナカといわれるようになった。

エキュートは駅の改札内にあるので、電車を乗り降りするお客さまを対象にしているが、エキュートのトイレは、それまでの駅トイレとは違い、駅ビルのトイレと同様にエキュートの店舗空間と同じようなおしゃれな空間演出をしている。

また、エキュートを利用することで駅の滞在時間が長くなるため、トイレの器具数についても、エキュートがある駅トイレについては、店舗としてトイレの必要器具数を考慮した算出方法としている。

電車に乗るだけではない駅（BEYOND STATIONS）

２０２１年にＪＲ東日本は「Beyond Stations 構想」を推進していくことを発表した。従来の「交通の拠点」という役割を超えて「暮らしのプラットフォーム」に転換していくことで、駅という場所が、電車の乗り降りだけはない、まるで一つの街のような場所になっていくことになる。改札内で閉じていた駅空間が、開かれた空間に変化していくのに伴って、駅トイレもどのような形がいいのか、考えていかなければならないだろう。快適化によるトイレ滞在時間の増加や、駅利用者数の変化によるトイレ利用者数の変化も、これまでとは違う新たな影響が出てくると思われる。

時代の変化に応じて駅が変わり、トイレも変わった。これからも駅トイレは変わり続けていくことだろう。

（仲川ゆり）

(2) ―― 高速道路のトイレ（ＮＥＸＣＯ中日本の事例）

①休憩施設のトイレはどのように変わってきたか

日本の高速道路の歴史は、１９６３年7月の名神高速道路（栗東《りっとう》ＩＣ～尼崎ＩＣ）の開通を皮切りに、１９７１年に東名高速道路が全線開通し、２０１９年3月31日現在、日本の高速道路の総延長は９２０４㎞に達している。高速道路は、一般道路のように一時停車することができないことから、連続運転で疲労した利用者に休憩などを提供するため、約50㎞間隔で休憩施設（サービスエリア（ＳＡ）・パーキングエリア（ＰＡ））が設置され、そこにはトイレが整備されている。

休憩施設のトイレは、利用者にとって重要な交通空間の一つである。とりわけ長時間移動を行う場合には、いったん高速道路内に入ると、休憩施設以外にトイレは存在せず、トイレの整備状況が利用者の行動の大きな制約条件となることも少なくない。さらに、休憩施設のトイレは、単に排泄《はいせつ》するための場所としての位置づけにとどまらず、長時間移動による肉体的および精神的な疲労、ストレスを軽減させるための施設としての役割を担っている。

休憩施設のトイレは、１９６３年の名神高速道路建設時に端を発しており、当時の設計者により建築設計が試されたが、設備面などに関しては当時の一般公衆トイレと差異がないものとなっていた。その後、名神高速道路や東名高速道路の休憩施設建築・維持管理で得た経験や知識を積み重ね、社会的ニーズ、ＣＳ（顧客満足度）、環境への対応、コストの課題などを踏まえた新たな建築設計が形成されてきたが、利用者からは４Ｋ（汚い・暗い・臭い・怖い）と揶揄《やゆ》され、けっして評判の良いものではなかった。

このような背景を踏まえ、休憩施設のトイレの改善にいち早く踏み切ったのが、日本道路公団民営化後の中日本高速道路株式会社（ＮＥＸＣＯ中日本）であった。休憩だって旅行や移動の一部、だからこそ、利用者に快適に気持ちよく休憩施設のトイレを利用してほしい。そんな想いで、NEXCO中日本のトイレプロジェクトは始まった。

②今、私たちが使っているトイレは快適か？

トイレの施設の改善、清掃の工夫など現場改革、においの原因究明など、トイレプロジェクトの取り組み事例を以下に紹介する。

混雑緩和（最適トイレ数）

ゴールデンウィークや夏休みなど、長期連休中は特に混雑してしまう休憩施設のトイレ。トイレの便器数を算出する場合、一般的には空気調和・衛生工学会の算定法を適用するが、休憩施設のトイレにおける混雑は、団体の利用者がトイレに到着した時に発生するため、同算定法の適用が困難である。

このため、「2分（利用者の声を踏まえて設定した許容待ち時間）以上お待たせしない！」をコンセプトに、トイレブースに設置したセンサーから、トイレ利用状況のデータを集め、そのビッグデータを独自のロジックで解析。多すぎず、少なすぎない、「行列が

できない最適なトイレの数」を算出することができた。

混雑緩和（空間計画）

最適トイレ数を整備しても、混雑してしまう場合がある休憩施設のトイレ。これらの要因を調査した結果、利用者は入口付近のトイレブースから使用しがちで、そして一度行列ができると、その後ろに並ぶという傾向があり、「混雑時でも使われていないトイレブース（奥のトイレブース）」が存在することが明らかになった。

このため、暗い森の中で迷ったヒトが、森の外に広がる太陽の光を浴びた明るいサバンナを見て、暗い森から草原へ駆け出すという心理効果（サバンナ効果）を利用し、奥のトイレブースへと導く工夫を実施した。

女性用トイレ
奥の個室に人を誘導するため、NEXCO中日本の伊藤佑治氏が"サバンナ効果"を導入。
明
暗

サバンナ効果とは
暗い森で迷った人が、前方に明るい草原（サバンナ）を見つけると、明るい方をめざす。前方奥が明るいと安心して奥へ進んでいく心理のこと。
あ、明るい…

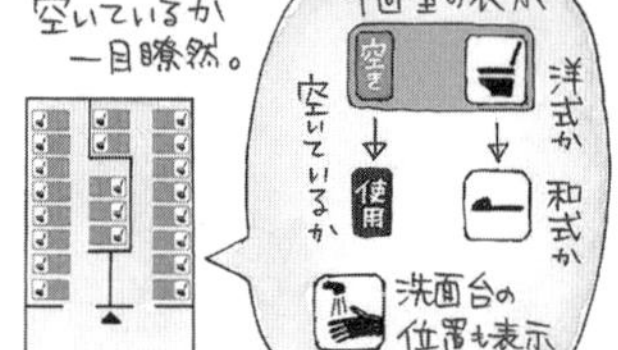
どの個室が空いているか一目瞭然。
個室の表示
空き
使用
空いているか
洋式か和式か
洗面台の位置も表示

さらには、トイレの利用状況を、入口に設置した「満空状況モニター」で視覚化し、リアルタイムで空いているブースに案内できるようにした。これらの結果、トイレ全体がまんべんなく使われ、混雑を解消することができた。

案内用図記号（ピクトグラム）

トイレは、老若男女、万国共通してすべての人に必要なもの。高齢者も、車いす利用者も、そしてコロナ前には年間１３００万人以上訪れた外国人観光客も、必ず利用する。

そこで、トイレに関するサインを統一。できるだけ文字を使わなくても内容が伝わるよう、関係団体やＪＩＳ（日本産業規格）、国際基準に準拠した案内用図記号（ピクトグラム）を採用した。その掲出のしかたも、形状や色彩、明度、視線の高さ、サインの大きさなどの検証を重ね、すべての人の目線を意識して、見やすく、なるべく大きく、識別しやすい色を使って案内することとした。

乾式清掃の採用

従来の休憩施設のトイレは、床に水を流す清掃方式（湿式清掃）だったため、床や壁に磁器タイルを採用していた。

しかし、この清掃方式は、清掃後の床がすべりやすく、利

ピクトグラムを大きくするよりも、色面を
帯状に大きく取ることで、より視認性が
高まり、スペースの節約にもなる。
「帯状のサイン」は、NEXCO中日本が
最初に採用した。

用者の足元も濡《ぬ》らしてしまうというデメリットがあった。

このような課題を解決するため、時代の流れ、技術の進化を踏まえ、床を濡らすことなく清掃する方式（乾式清掃）に変更し、床には防滑性の高いゴムタイル、壁にはケイカル板にビニルクロスなどを採用した。

この結果、利用者からは「匂わない」「濡れない」「清潔感がある」と好評価を得ることができた。

エリアキャスト

清掃中も、必ず利用者が最優先だ。ただ、ピーク時にはなかなか利用者が途切れないこともしばしば。素早く手際よく清掃しないと、いつまでたっても清掃が終わらない。そのため、トイレの清掃員（エリアキャスト）は、驚くほどのスピードで、しかもとてもキレイにトイレを清掃する。

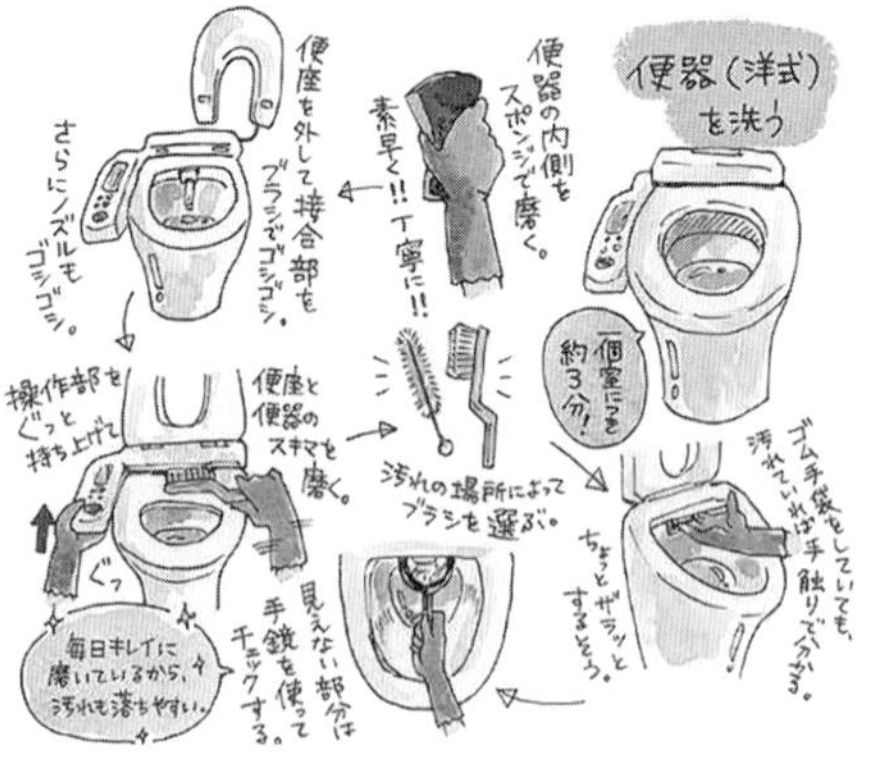
便器（洋式）を洗う
便器の内側をスポンジで磨く。
素早く!! 丁寧に!!
便座を外して接合部をブラシでゴシゴシ。
さらにノズルもゴシゴシ。
一個室につき約3分!
ゴム手袋をしていても、汚れていれば手触りで分かる。
ちょっとザラッとするそう。
汚れの場所によってブラシを選ぶ。
便座と便器のスキマを磨く。
操作部をぐっと持ち上げて
ぐっ
見えない部分は手鏡を使ってチェックする。
毎日キレイに磨いているから、汚れも落ちやすい。

コツは、〝手〟で洗うこと

家庭などでは、トイレ掃除というと柄の長いブラシを使うが、エリアキャストたちは「ゴム手袋＋スポンジ」で便器を直接清掃する。

まず、ダイレクトに手で洗うので、隅々までスポンジが届く。また、汚れているポイントが触感でわかるので汚れを見落とすことがない。その際、スポンジでも取れないガンコな汚れには、小回りの効く小さなブラシで徹底的に擦り落としている。

さらに、仕上げとして、「手鏡」で最終確認。目が届かない裏の裏まで確認して、一切の汚れを残さず隅々までピカピカにしている。また、エリアキャストは、毎年の清掃研修による技術力アップはもちろん、「お招き」と「おもてなし」の接遇研修を実施している。有名テーマパークで人材教育を成し遂げた人や、キャビンアテンダント経験者などを講師に招き、挨拶や気遣いなどホスピタリティの基礎を学び、コミュニケーションスキルの向上を図っている。

トイレ診断

トイレの維持管理は、顕在化するトイレのトラブルを表層的に解決するだけでなく、発生しうるトラブルを予防する必要がある。このためには、事前のトイレ診断が不可欠となるので、厚生労働省の社内検定制度で認定された「トイレ診断士」から具体的なプロの判断基準を学び、エリアキャスト全員のさらなるレベルアップを図っている。

この診断はとても厳しく、臭気から始まり、換気、照度、湿度、不快指数など、見た目の汚れだけではないトイレの総合診断を行い、結果を具体的に数値で示す。これらの診断を年に一度、すべての休憩施設を対象に実施し、トイレを快適で清潔に保っている。

③休憩施設が変わってきた。今後、休憩施設のトイレはどうなる？

前述のように、使いやすいトイレを徹底的に追求した背景には、

「トイレだって旅の一部だ。」

「利用者に休憩施設で24時間365日快適なひと時を過ごしてもらうには、トイレの美化が必要だ。」

という強い思いがあったからである。

普通に使っていたらわからないような細かい気配りや予想外のアイデアの数々。でも、そのすべては、奇をてらったわけではなく、「トイレだって旅の一部」「トイレを気持ちよく快適に利用してほしい」という思いで「トイレを科学」して生まれたものであり、その追求に終わりはない。

NEXCO中日本のトイレプロジェクトは、まだまだ進行中である。キレイで感動すら覚えるトイレ空間を目指して、設備のデザインやアイデアにも、磨きをかけている。利用者が

心からくつろげる休憩施設を目指して。

（山本浩司）

〈参考文献〉
■美化ピカトイレのヒミツ！（ＮＥＸＣＯ中日本　https://www.c-nexco.co.jp/special/toilet/)
■斉藤政喜『ニッポン見便録』椎出版社、２０１６年

(3)――空港のトイレ

空港を利用する時、公共交通の結節点として、鉄道駅など他の交通施設と比べてちょっと違うなと感じたり、同じように空港のトイレも他の交通施設のそれと比べてちょっと違うと感じたりする人は多いのではないだろうか。ここでは、そのような印象をひもとくために、空港トイレの特徴について述べていきたい。なお、ここで言う空港トイレ・空港のトイレとは、空港旅客ターミナルビルのトイレのことである。

①空港のトイレ計画の特徴

空港トイレの配置計画

空港は、保安検査や国際線の場合は出入国手続きがあるため、鉄道などの他の公共交通機関と比べ多くの手続きが存在する。これらの手続きは、チェックポイントとしての役割があり後戻りできないため、下のフロー図で示すように、エリアごとにトイレを設置するよう計画している。

また、空港は大小様々あるが、大きな航空機に合わせて旅客ターミナルビルも計画されるため、概してビルの規模も大きい。そのため、空港のトイレは、空港のどの位置からも1分

空港の旅客フローとエリア区分

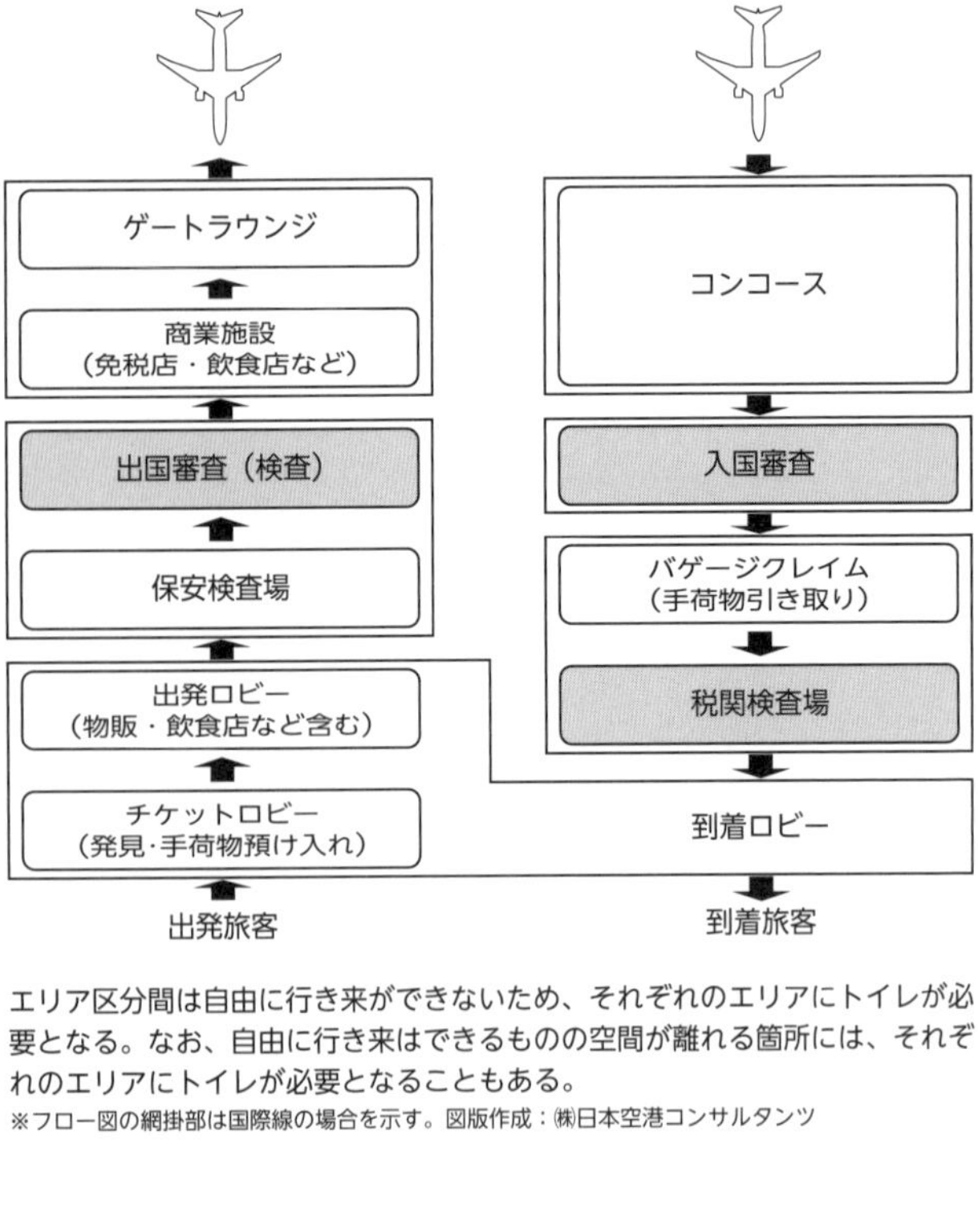

エリア区分間は自由に行き来ができないため、それぞれのエリアにトイレが必要となる。なお、自由に行き来はできるものの空間が離れる箇所には、それぞれのエリアにトイレが必要となることもある。

※フロー図の網掛部は国際線の場合を示す。図版作成：㈱日本空港コンサルタンツ

以内で行けるよう、距離にして約70ｍの範囲内にトイレを設置することを計画目標としている。

このように、空港のトイレは、空港を日常的に利用しない人でも見つけやすく使いやすいトイレとなるように考慮している。

出発エリアと到着エリアの空港トイレ計画

出発旅客は、航空機に乗るまでに様々な手続きがあるため、出発時刻に対し余裕をもって空港に到着する傾向にあるが、人によって空港に来る時間はまちまちであり、空港での過ごし方も人それぞれなので、トイレを利用する人が短時

トイレの配置間隔の例

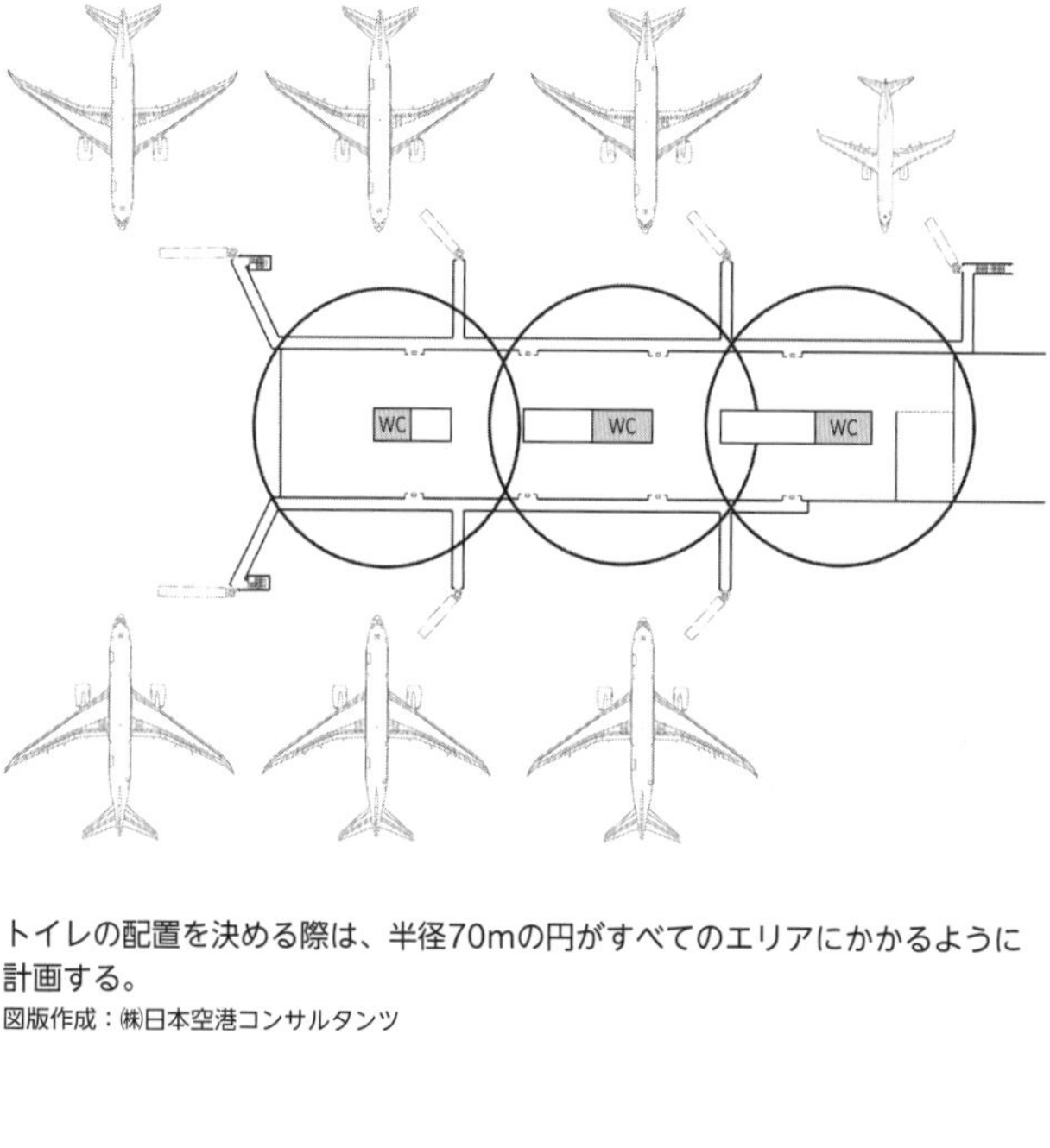

トイレの配置を決める際は、半径70mの円がすべてのエリアにかかるように計画する。
図版作成：㈱日本空港コンサルタンツ

間に集中することはない。そのため、出発旅客が利用するエリアの空港トイレは、百貨店などの商業施設と同じように分散して利用することを想定して規模や便器数を算出する。

一方、到着旅客は、航空機内に一定時間拘束された後一斉に降り、劇場終了時などと同じようにトイレを利用する人が集中する傾向にあるため、航空機の提供座席数の一定割合の人が集中して利用することを考慮した規模や便器数を算出する。

このように空港トイレは、待たずに利用できるよう、エリアごとの特性に合わせた計画を行っている。

航空旅客の特性を踏まえたトイレ計画

航空旅客の特性の一つに、大きな手荷物を持っていることも挙げられる。手荷物を預ける前や受け取った後のエリアのトイレは、大型キャリーケースを持っている旅客が利用することを想定し、トイレブースを大きめに計画する。また、その他のトイレブースも通常の公共トイレより大きくし、小型キャリーバッグの持ち込みが可能な大きさとして計画する。

このように、空港トイレは、各エリアの特徴に合わせ、十分な広さを持った計画を行っている。

②空港トイレができるまで、できてから

空港のトイレも他の公共交通機関と同様に、様々な人が使う施設であり、様々な人の利用を想定して計画・整備が行われる。鉄道会社や道路運営会社は、広範に複数のトイレに対し基準や方針をまとめて策定できるのに対し、空港のトイレは、空港ごとに運営会社が異なるため、それぞれの空港ごとにトイレの整備方針を策定する必要がある。このような状況から、国土交通省航空局では、「みんなが使いやすい空港旅客施設計画資料」を策定し、バリアフリー対策を中心に基本的な基準をまとめているが、さらに使いやすい施設とするために、検討委員会を立ち上げ、独自の整備方針を策定する空港も少なくない。

エリア別のトイレブース計画（出発・到着ロビーの場合）

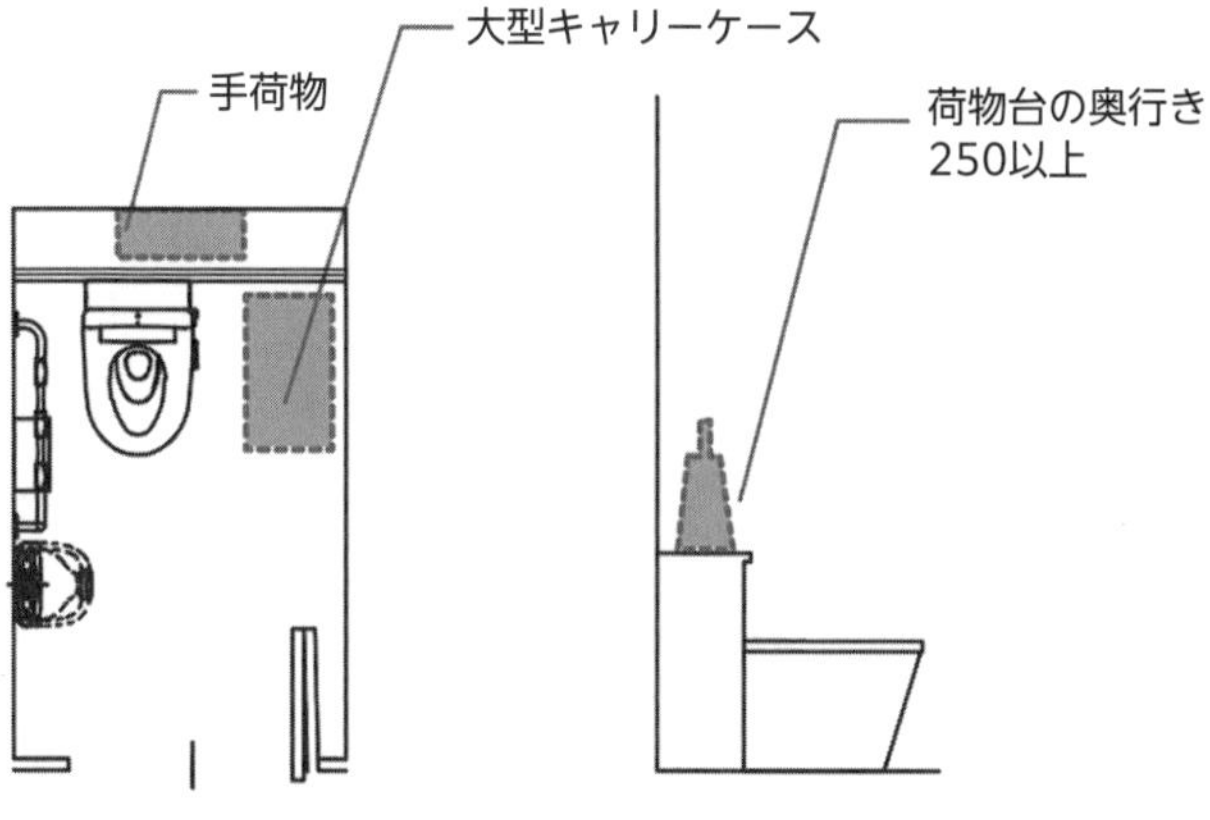

空港はエリアごとに、旅客の手荷物の状況が異なることから、その状況に合わせたトイレブースの大きさや荷物置きの大きさに留意して計画する必要がある。
図版作成：設計事務所ゴンドラ

空港のトイレができるまで――誰もが使いやすいトイレができるまで

新千歳空港を例にとると、国際線旅客ターミナルビルを新たに展開した際、「ユニバーサルデザイン検討委員会」を設置し、ユニバーサルデザイン専門家、各種障害者、外国人などにより様々な協議が行われた。その検討会では、トイレに係る協議会も開催され、76もの整備方針が策定され、それらを反映したトイレのモックアップ（原寸大の形状模型）を作成し、視覚障害者、車いす利用者、オストメイトなどに実際に利用してもらい、様々な問題点を洗い出し、修正を重ね実際のトイレが整備された。すべての人に使いやすいトイレ、と一口に言っても、多大な時間と多くの人々の意見があってこそ実現可能となる。

空港のトイレができてから――いつまでも清潔なトイレとするために

空港は、外国と直接結ばれる結節点であるから、国内だけでなく世界でランキングされる。その一つに、英国の航空サービス調査会社が行っているものがあり、「世界で最も清潔な空港」部門で2021年、6年連続で日本の羽田空港がトップに立った。この審査結果は、トイレの清潔さが大きく影響するとも言われており、ベストテンには、日本の空港がほかに3空港（成田・関西・中部）入っていることから、日本の空港トイレの清潔さは、世界トップレベルであることの証と言えるだろう。実は、ランキング上位に挙がる空港は、航空サービス調査会社に依頼し、様々な改善項目を洗いだしてもらっていることが多い。空港のトイレは、できたあとも第三者機関も利用して常に改善を行うことで、清潔で水準の高い状態を維持している。

また、空港トイレをいつまでも快適に維持するには、このように第三者機関を利用する方法もあるが、海外では、より直接的な手法をとる例もある。日本を含む世界の空港の一部では、写真のようにトイレの出口に評価モニターを設置し、旅客の評価を簡単に集計するシステムを以前から導入しており、常に改善を意識したこのようなモニタリングの実施は、国内の空港以外のトイレでも採用する例が増えてきている。

③空港トイレのこれから

地域の玄関口としてのおもてなしトイレ

空港は、点と点を結ぶ交通機関であるため、その国や地方の玄関口としての役割を担うことも多く、旅客をもてなすことに注力している空港も多い。青森空港では、旅客ターミナルビルのリニューアル工

シンガポールチャンギ空港の評価モニターの例

トイレの出口に評価モニターが設置されており、5段階で旅客が評価する。

事を行った際、各エリアに合ったトイレのコンセプトを設定し、青森県ならではのデザインモチーフを使って旅客をおもてなしするトイレを整備した。

空港という非日常空間――求められる付加価値

鉄道などの他の公共交通機関は、通勤や通学など、日常的な利用が多いが、空港は、国内外の移動を含め、旅行や帰省、出張など日常とは異なる利用が多い。そのため、空港の各施設は、

トイレ別コンセプトの例（青森空港）

項目	到着ロビー	手荷物受取場
トイレ別コンセプト	青森への玄関口である空港の出入口を整え空港全体のイメージを高めるトイレ	青森に到着したと実感できるトイレ
デザインモチーフ	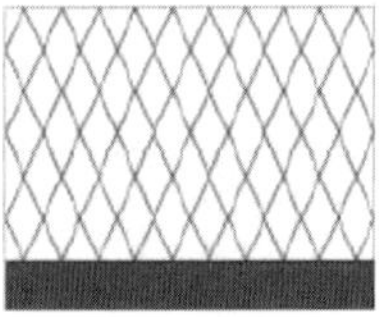 こぎん刺しと藍染	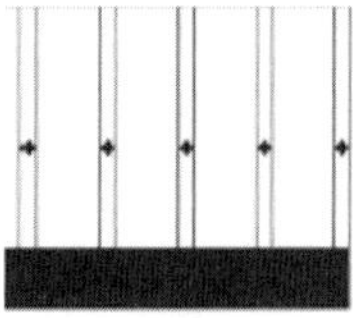 こぎん刺しと青森の色

トイレごとにコンセプトとそれに会ったデザインモチーフを設定し、それに合わせたトイレを実現する。

図版作成：設計事務所ゴンドラ／㈱日本空港コンサルタンツ加工

到着ロビーのトイレ（青森空港）

手荷物受取場のトイレ（青森空港）

日常とは違った特別感が求められることも多く、空港のトイレは、「過不足のない清潔なトイレを整備する」、という段階から、「利用者をもてなす付加価値のあるトイレ」へと変貌を遂げてきており、今後ますますこの傾向は顕著になるだろう。

（山下太郎）

(4)――道の駅

①「道の駅」の誕生とその変遷

「道の駅」は、1993（平成5）年1月、「道の駅」懇談会が建設大臣（当時）に提出した『「道の駅」に関する提言』を踏まえ、国が『「道の駅」の登録・案内制度』を制定し同年4月、全国の103か所が「道の駅」として登録されたことに始まる。

『「道の駅」に関する提言』は、道の駅の共通コンセプトを「休憩・情報交流・地域連携の機能をもった、地域と共につくる個性豊かなにぎわいの場」としており、このコンセプトは30年近く経った現在も、多様な進化と共に十分に機能してきている。

②「道の駅」の機能と施設

『「道の駅」登録・案内要綱』では、道の駅の基本機能は、①道路利用者のための「休憩機能」、②道路利用者や地域の人々のための「情報発信機能」、③文化教養、観光レクリエーションなど地域振興を図る「地域連携機能」の3つとされている。

これら3つの機能を果たすため、すべての道の駅には「休憩施設」「24時間利用できる駐車場とトイレ」「情報提供施設」「地域振興施設」を備えることが必要とされている。

③「道の駅」登録数の推移について

道の駅の登録数は、初回登録103

「道の駅」の目的と機能

休息機能	• 24時間、無料で利用できる駐車場・トイレ
情報発信機能	• 道路情報、地域の観光情報、緊急医療情報などを提供
地域連携機能	• 文化教養施設、観光レクリエーション施設などの地域振興施設や防災施設（感染症対策を含む）

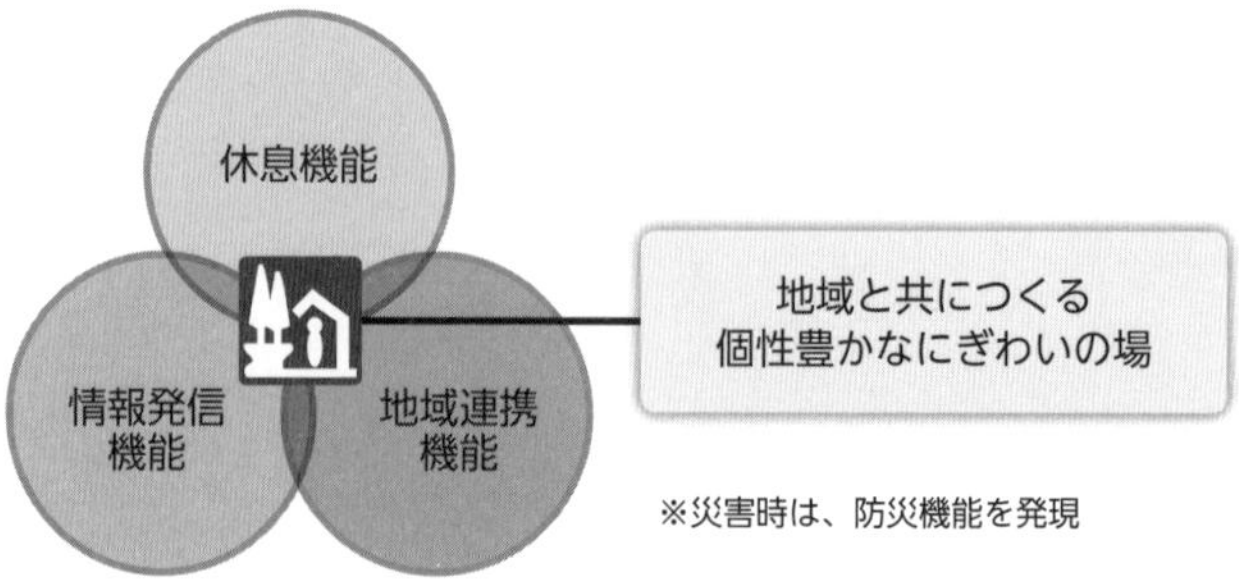

出典：国土交通省ホームページ

駅に始まり、５年後の１９９８（平成10）年３月には４７０駅、さらに5年後の２００３（平成15）年３月に７４２駅と増加、制度創設20年にあたる２０１２（平成24）年度末には１００５駅と１０００駅の大台を超え、２０２２（令和４）年２月の第56回登録をもって１１９４駅と順調にその数を増やしている。

④「道の駅」第3ステージについて

制度発足当初は「通過する道路利用者へのサービス提供の場」を主なテーマ（第１ステージ）としていたが、１０００駅を超えた２０１３（平成25）年からは第２ステージとして「道の駅自体が目的地」となることをテーマとして整備が進められてきた。

「道の駅」の登録数

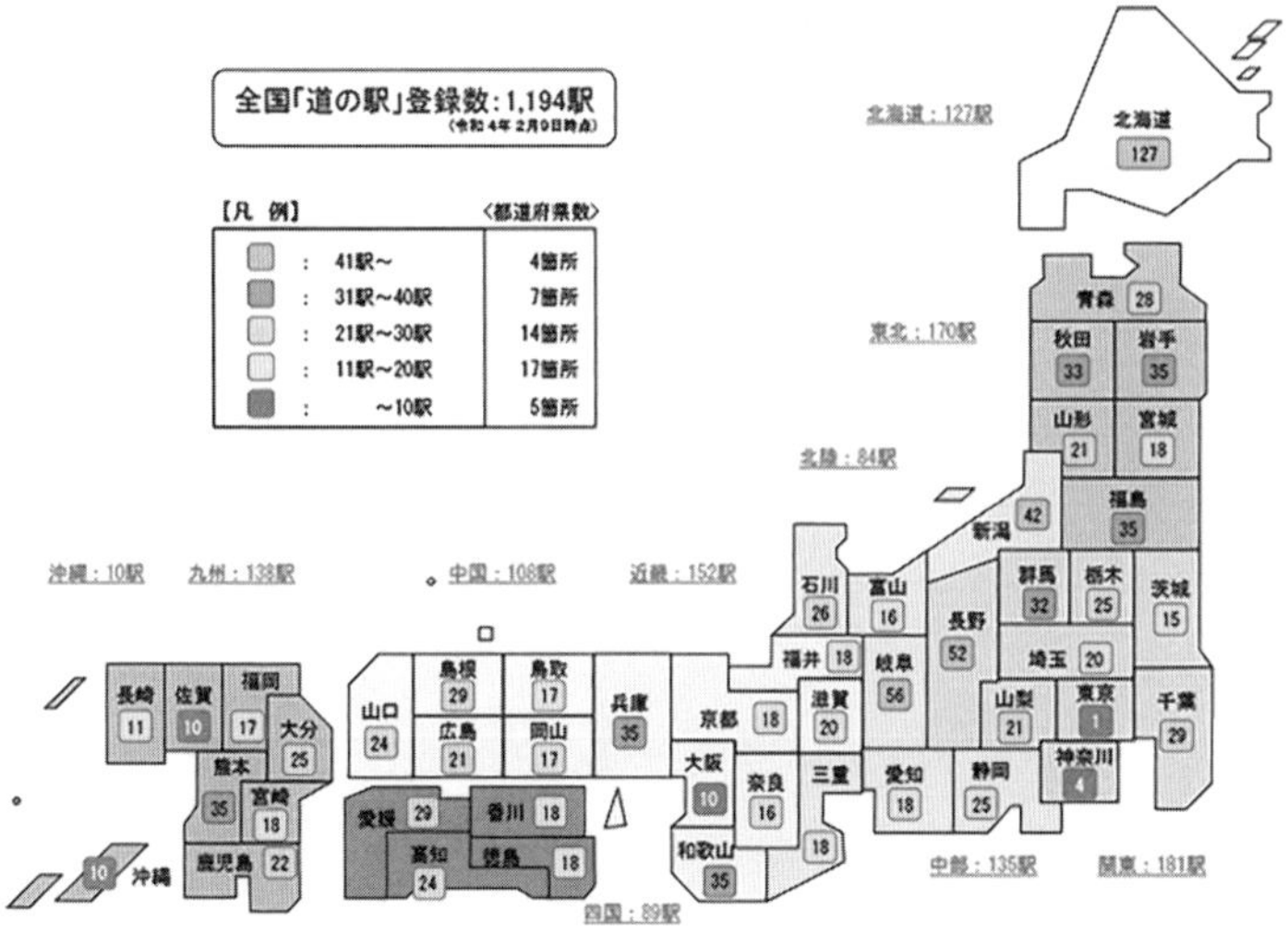

出典：国土交通省ホームページ

国は道の駅に対する地方創生の拠点としてのさらなる期待の高まりを踏まえ、2019（令和元）年11月に『「道の駅」第3ステージの提言』を発表した。

提言では「2025年」に目指す3つの姿として、①「道の駅」を世界ブランドへ、②新「防災道の駅」が全国の安心拠点に、③あらゆる世代が活躍する舞台となる地域センターに、が提示された。

⑤道の駅の現状～コロナ禍と「ニューノーマル」を見据えた進化～

「第3ステージ」に向けての取り組みを始めて間もなく、新型コロナウイルス感染症の拡大により緊急事態宣言が発令される事態となった。これを受けて2020（令和2）年5月、全国道の駅プロジェクト推進委員会と一般社団法人全国道の駅連絡会は、国に対し感染症対策を行いつつコロナ後も地域貢献を継続できるように「ニューノーマル」に対応した進化を目指す提言を行った。

現在は、感染症およびニューノーマルへの対応をしつつ「第3ステージ」実現への取り組みを行っている段階である。

⑥「道の駅」におけるトイレ

「道の駅」におけるトイレは、基本的機能①の『道路利用者のための「休憩機能」』を果たすために必要な24時間利用可能な施設であり、清潔さはもちろんのこと、女性・高齢者・年少者・障害者など様々な人の使いやすさに配慮することが求められている。

その役割は「第3ステージ」を迎えた現在でも変わることはないが、制度発足から30年近く経過した現在、建設後20年を超える施設が多くみられるようになり、設備の老朽化や陳腐化による衛生など境の低下や、子育て環境の変化、新型コロナウイルス感染症への対応など、様々な課題が見受けられる。

⑦トイレ施設・設備の老朽化

「道の駅」の登録数は、2003（平成15）年3月に742駅に達している。ということは700以上のトイレは設置後20年以上経過していることになる。このことから、「道の駅」トイレの老朽化問題は決して見過ごすことのできない大きな課題であると言える。

トイレ施設の老朽化対策として真っ先に思い浮かぶのが、「更新・建替え」である。この「更新・建替え」に取り組んでいる「道の駅」はいくつかあるが、トイレのみに留まらず、「道の駅」全体の整備計画となるため、完成までに年月を要することが多い。

また、保守の範囲内での便器・手洗いの交換や、既存設備のコーティングなどで施設の延命を図る事例もあるが、いずれにせよ、財政面の問題は避けて通れない。

⑧トイレにおける子育て支援

道の駅の利用者には、子育て世代の家族連れも珍しくない。また、制度発足当初と比べても男性が育児に参加する割合も増えてきているといえるだろう。

こうした流れを踏まえて、当連絡会では賛助会員の協力のもと、約１００の道の駅に「おむつ交換台」を寄贈。それぞれトイレやベビーコーナーへ設置され、子育て世代の利便性向上に寄与している。

また、最近では「道の駅」構内におむつをばら売りする「おむつ自販機」を設置し、子育て世代の移動における負担軽減を図る道の駅も見受けられる。

⑨新型コロナウイルス感染症への対応

２０２０年初頭より猛威を振るっている新型コロナウイルス感染症は、その後の社会のあり方に大きな影響を与えた。それは「道の駅」においても例外ではなく、「道の駅」のトイレのあり方も、これまでの「清潔さ」「明るさ」「使いやすさ」だけでなく、自動水栓や自動洗浄システムなどの「非接触化」、抗菌対策やフロアの乾式化などのさらなる「衛生環境の向上」が求められるようになってきている。

⑩まとめ

今後は道の駅のブランド価値の向上のためにも、全国どこの道の駅に行っても一定の衛生管理水準が保たれていることもまた、必要であろう。この課題に個々の「道の駅」が単独で取り組むのには限界がある。国の支援や民間企業の活力、共通の課題を抱える道の駅同士の連携など、広い視野と様々な工夫をもって取り組むことが望まれる。

（桜庭拓也）

(5)——まちの駅

①まちの駅と道の駅

道の駅の制度は１９９３（平成５）年度からスタートしたが、実は１９９１〜１９９２年に筆者が所属するＮＰＯ地域交流センターが事務局となって全国３か所で社会実験を行い、その成果をもとに国が制度化したという経緯がある。２０１９（令和元）年には、地域交流センター前代表の田中栄治に対して、一般社団法人道の駅連絡会より感謝状が贈呈されている。

１９９５（平成7）年、第5次全国総合開発計画にあたる『21世紀の国土のグランドデザイン』が発表され、その中で「地域連携軸の展開」により自立的な地域づくりを促進させることが提示された。道の駅の「地域の連携」機能に注目が集まったが、道の駅は道路の溜《た》まり機能であるため国道に面していなければ登録が認められず、国道沿いに適した土地が見つからない市町村では、道の駅以外の地域連携拠点を整備するしかなかった。そこで、ＮＰＯ地域交流センターでは、１９９８（平成10）年に「連携センター」の実証実験を行い、地域連携軸構築の可能性を検討した。新たなハード整備を行うことは難しいと考え、既存の公共施設内に「まちの情報コーナー」を設けて、地域連携機能を持たせることを試行した。同時に「連携センター」の正式名称を公募し、「まちの駅」を使うことを確定させ、続いてまちの駅のシンボルマークを公募して、選考委員会を設けて選出した。

各地でまちの駅の設置とネットワーク化を進めるべく、１９９９（平成11）年に「まちの駅連絡協議会」を立ち上げ、翌年からまちの駅の認証制度をスタートさせた。当時、まちの駅自体は収益事業ではないため民間の参入は想定していなかったが、株式会社でまちの駅を設置・運営したいという相談を受け、民間初の「まちの駅たかおか」が富山県高岡市に誕生した。さらに、町中にたくさんあったほうが利用者の利便性が高まるという提案が出され、2001（平成13）年に福岡県甘木市と朝倉郡で21の店舗・施設による実証実験が行われ、ネットワーク型のまちの駅がスタートした。2004（平成16）年には鹿児島県全域をフィールドにまちの駅の実証実験が行われ、2006（平成18）年に鹿児島まちの駅連絡協議会が発足した。現在、全国各地に約1500のまちの駅が設置されている。

②Human Station

まちの駅への参加は、公共施設をはじめ各種の商店や飲食店、コンビニ、学校、酒蔵、ミュージアム、その他様々な施設や個人宅まで多岐に渡る。道の駅がまちの駅になっている事例もある。本業が様々なので当然のことながら、休憩スペースの広さはまちまちであり、営業時間もバラバラである。そうした見た目の統一感のなさは、まちの駅のイメージが定まりにくい要因となっている。そこで近ごろは、まちの駅は「自分の地域が大好きで、誇りを持って暮らしている人々がいる場のネットワークである」と説明することが多い。まちの駅の英訳は「Town Station ではなく、Human Station なのである。

まちの駅になることで、地元の人々の散歩途中の休憩＆コミュニケーションの場になったり、会話の中から地域を元気にしようという活動が始まったりした事例も見られる。長岡大学（新潟県長岡市）もまちの駅に認証されているが、鯉江康正《こいえやすまさ》ゼミが長岡市内57のまちの駅を対象に２０１１（平成23）年に行った『「まちの駅」の活動による地域づくりに関する意識調査』では、まちの駅を始めたことによって地域活動への興味や他地域のまちづくりへの関心、さらには自分の地域の歴史や文化の教示意欲が高まったというアンケート結果が報告されている。自らの施設・店舗を開き、まちの駅の看板を掲げることによって交流の輪が広がり、施設運営者（店主・駅長）が自分の地域に関心を持ったり、地域活動に参加しはじめたりすることから、まちの駅は「まちづくり参加装置」と言える。

まちの駅は大きく3つのタイプに分けられる。１つ目は、観光案内所やまちづくりセンター、役所、道の駅などの「多機能タイプ」である。２つ目は、個人商店や飲食店、サービス業などの「兼業タイプ」である。３つ目は、病院や学校、神社やお寺など特殊な機能や役割を活かした「特殊機能タイプ」である。こうした異なるタイプのまちの駅が連携することによって、様々なまちづくり活動が生み出されるきっかけづくりとなっている。

③トイレを貸すこと

全国まちの駅連絡協議会では、毎年「まちの駅全国大会」を開催している。まちの駅仲間が一堂に会して活動報告や意見交換を行うが、これからまちの駅を始めようという人などから、古い建物なのでトイレが狭かったり、和式だったり、温水洗浄便座が装着していなかったりすると、人に貸すのが恥ずかしいという意見が出たりする。自由に話し合う中で、「古い」と「汚い」は違うという考え方や、一輪の花を飾るといった工夫の事例が報告されている。また、小さな商店などでトイレが居住部分にある場合は、貸すほうも借りるほうも遠慮がちになるだろう。まちの駅を始めた後に、バリアフリー化や入口の付け替えなど、来訪者に貸すことに配慮したトイレ改修が行われているケースも散見される。

２０１５（平成27）年、Walk21（歩くことを主体にしたまちづくりを考える国際会議）のウィーン大会において宇都宮共和大学の古池弘隆教授と「まちの駅ネットワークとちぎ」の吉田恵子氏が参加して、「まちの駅」の取り組みを報告したところ、海外の参加者から高評価を得た事項は、①住民主体の活動であること、②誰でも参加できる活動であること、③トイレが無料で使えること、の3点であった。

とはいえ、「トイレだけを貸して」となると日本でもハードルが高いようである。「まちかどトイレ」のような活動では、トイレを無償で提供する協力者を集めることに苦労しているケースが少なくない。まちの駅のようにいくつかの地域貢献機能や役割を受け持ちつつ、その中でトイレも貸すというほうが精神的なハー

まちの駅ロゴマーク

ドルが低くなるのかもしれない。

まちの駅の看板を掲げたことで、トイレ利用者が大勢押し掛けたという事例は一つもない。人口減少が進む中山間地域のまちの駅では、ふだんはトイレを借りに立ち寄る人はまれにしかいないが、選挙期間中はトイレ利用者が急増するという。まちの駅が１００以上ある栃木県鹿沼市内を歩いていると、ここかしこでまちの駅の看板を見かけ、どことなく安心感を覚える。トイレを無償で貸し合うことは、リーダーシップ型ではなく、フォロワーシップ型のまちづくりだと思われる。

（橋本正法）

4 商業施設のトイレ

(1)――商業施設におけるトイレの取り組みとそのアプローチの違い

①はじめに

〝まち〟から人が消えた。新型コロナウイルス感染症により、人の働き方、住まい方、学び方、集い方、遊び方が大きく変わり、新しい生活様式への対応が求められるようになった。直近20年くらいの間、商業施設の同質化、趣味趣向の多様化、急速なスマートフォンの普及による電子決済の拡大などにより、商業施設では実際に足を運んでいただくための差別化戦略に取り組んできた。その象徴たるものの一つが「トイレ」である。ひと昔前は4K（汚い・暗い・臭い・怖い）と言われてきたトイレを〝単に用を足す場〟だけではなく、販売促進のひとつとして機能させることにより売上向上のための集客、滞留時間、回遊性向上につなげていく、この取り組みは日本全国に広がっていった。そこで以下に、商業施設におけるトイレの取り組みに変革をもたらした4つの事例とそのアプローチの違いについてご紹介したい。

②第1期：デパートの快適空間化とトイレを表舞台へ（注1）（松屋銀座、1987年）

～トイレをより良いモノへ～

商業施設のトイレの取り組みに多大な影響をもたらした先駆者は、「松屋銀座」（1925年開店、延床面積5万7100㎡）のトイレ改装だろう。当時、松屋銀座は単なるお買い物をする館ではなく、来店客が帰るまでずっと快適に過ごせるよう、トイレという空間を良いものにしていく必要があると考えていた。買い物という行動を、〝空間のあり方〟と〝時間軸〟で考えるという発想は斬新であり、「トイレはフロアごとにコンセプトを変え、売り場のイメージを反映した特色のあるものにする」との方向性が打ち出された。トイレをより良いものへ、売り場の延長空間として表現することを実現したのである。

～反響を生んだ「コンフォートステーション」の発想と狙い～

1987年4月に完成した3階の女性専用「コンフォートステーション」は、当時大きな反響を生んだ。今でこそ主流になっているが、大きな鏡やいすを備えたレディースラウンジ（パウダーコーナー）やフィッティングルーム、個室ごとに色や形を変えたデザインなど、機能性とデザイン性を融合させた。また、完成してしばらくは開店から30分間に限りトイレ見学タイムとして一般公開するなど、トイレを一躍表舞台へ立たせたのである。

当時の担当者曰《いわ》く、「銀座でトイレと言えば松屋」を目指し、お客様にとっての快適空間化を進めることが松屋銀座の願いだったそうだ。設計した建築家の早川邦彦氏も、「デパートのトイレはかくあるべし、という総合イメージの完成につなげていきたい」と語っており、まさに商業施設のトイレに対するアプローチの方法にヒントを与えてくれた先駆者であり、その後の商業施設へ与えた影響・波及効果は計り知れない。

③第2期：人が中心のトイレマネジメントシステム（注2）（ラスカ平塚店、1994年）
〜女性が活躍する場〝ワンダフルクラブ（WC）〟発足〜

1992年、ラスカ平塚店（1973年開業、延床面積3万2450㎡。以下、ラスカ）にお客様の視点に立って建設

2F「男性用」（松屋銀座）
写真提供：㈱LIXIL

1F「コンフォートステーション」（松屋銀座）
写真提供：㈱LIXIL

的な提案をする場が設けられた。その中で最も多かった提案が「トイレ環境の改善」だったという。そこでラスカは女性社員で結成された〝トイレ環境の改善〟を目的としたプロジェクトチーム「ワンダフルクラブ（ＷＣ）」を立ち上げたのである。

　ラスカのトイレは階段中段の踊り場に設置されており人目も少なく、また来店客の８割が女性のお客様にもかかわらずトイレ面積の男女比は同じだったため、女性トイレがいつも混雑していた。そこで、１９９４年の全館改装の際にトイレを目玉とするプロジェクトへと発展させ、トイレのコンセプトは地域の象徴である「湘南の海」で統一、５か所の改装と６か所のトイレを新たに設置した。トイレというとハードが中心と思われがちだが、実はメンテナンスを中心としたソフトがどれだけ大切かということがラスカの取り組みから窺《うかが》える。そのひとつが「トイレメンテナンス会議」である。

「キッズトイレ」
写真提供：湘南ステーションビル㈱

〜現場との意見交換の場〝トイレメンテナンス会議〟〜

１９９４年全館リニューアルが完成し、「湘南の海」をテーマとしたトイレは話題となり、マスコミ、関係者などが多数訪れ、販促宣伝効果にもつながった。その一方で、利用者が増え、汚される、壊されるなど、想定以上の事象が発生し、造った後のメンテナンスの大切さ、難しさに気づいたという。そこで、1995年から、設備管理者、清掃員、設計者、ワンダフルクラブ、ラスカ役員などで構成されるトイレメンテナンス会議が年4回開催された。トイレに関わるメンバーがこの場で情報共有し、日々発生している課題に対する解決策を模索し、その場で判断して迅速に実行するというプロセスの速さとそれを決断できるメンバーが参加していることが最大のポイントである。この日本初の取り組みは全国のメンテナンス会社や商業施設のお手本となった。

ラスカはその他にも1994年から毎年「トイレアンケート」を実施してきた。アンケートは定点的にラスカのトイレ満足度や利用状況を把握するためだったが、注目されるのが、「トイレ利用目的だけで来館する人」が半数近くを占めていた点である。この結果はまさにトイレが集客力のある場所になりえるということが明確になった瞬間であり、その後、全国の商業施設がラスカを参考にトイレを差別化することで集客装置として機能させることができることに気づき、取り組

「トイレメンテナンス会議」
写真提供：湘南ステーションビル㈱

みが広がっていった。

ラスカの「造ったら終わり」ではなく、「造ってからが大切」というこの発想とその過程を大切にするマネジメントシステムは、以降の商業施設のトイレの取り組みに多大な影響を与えていくのである。

④第3期：市民参加型の取り組みと機能分散（京王聖蹟《せいせき》桜ヶ丘ショッピングセンター、2002年）

はたして世の中にある「だれでもトイレ」は本当に使いやすいのか？

２００２年から始まった京王聖蹟桜ヶ丘ショッピングセンター（１９８６年開業、延床面積10万３４６８㎡）のトイレ改装でそんな疑問が生じた。当時、国やメーカーが推奨する「だれでもトイレ」の設計方針はあったが、本当に誰でも使いやすいのか？　そんな疑問を解決するため、実際に「トイレ利用に関して〝切実な思い〟を持つ障害のある人々と一緒に議論し、その意見・要望を設計に反映してみよう」ということで、市民参加型の取り組みとして、ユニバーサルデザイン会議[注3]を開催した。会議の前に実際に改装前のトイレを利用してもら

「ユニバーサルデザイン会議」
写真提供：京王電鉄㈱

い、外出先でのトイレでの悩みや要望なども含めて議論した。そこで私が感じたことは、「自分が使えるトイレがない場所へは行かない。外出も控えてしまう」ということだった。その時に、障害や使い勝手は百人百様であるため「特定の人を対象とするのではなく、誰もが可能な限り使いやすいユニバーサルデザイン」の発想で取り組むべきだと確信した。数年に渡って実施したトイレ改装は、完成したら検証会と称して、会議の参加者に使ってもらい、そこで出た意見は次のトイレ改装に反映するなど「使う側の立場になって創る」ということを実現した。

また、本当に必要な人が必要な時に利用できるよう、すべてのフロアに「だれでもトイレ」を設置するとともに、右利き・左利きの人が使いやすいよう左右反転させた便器の配置、オストメイト、大人のおむつ替えなど、「だれでもトイレ」の差別化を図った。さらに「だれでもトイレ」とは別に、ベビーカーでも利用できるゆったりトイレや、男性トイレやトイレの外の共用スペースにおむつ替えベッドを設置するなど機能分散にも取り組んだ。この一連の取り組みが評価され、京王電鉄は2004年に「福祉のまちづくり功労者に対する

B館2F「だれでもトイレ」
写真提供：京王電鉄㈱

知事感謝状（東京都知事）」、2006年「内閣府特命担当大臣賞」をいただいた。

人は〝心〟や〝感情〟そして、〝モラル〟を持っている。「誰でも可能な限り使いやすいユニバーサルデザイン」と「使いたい人が使いたいときに利用できる機能分散」を組みあわせ、これからの多様化を実現していけるよう、デザインは〝ココロ〟に、機能は〝カラダ〟に、響く取り組みができれば、これからのQOL（クオリティ・オブ・ライフ＝生活の質）の向上につながっていくだろう。

A館5F「ゆったりトイレ」
写真提供：京王電鉄㈱

⑤第4期：渋谷のシンボルとなる、新たな場へ（「渋谷ヒカリエ ShinQs（東急百貨店）、2012年）

～渋谷の名所を創れ！～

2012年4月、渋谷に新しい進化系レストルームが誕生した。渋谷ヒカリエ（延床面積約14万4000㎡）の商業施設ShinQs（売場面積約1万6000㎡）の〝スイッチルーム〟である。このスイッチルームのデザイン、機能を体験すると、簡単に〝トイレ〟と呼んではいけないのではないかとジレンマに襲われる。なぜ、そのようなジレンマに陥るのか？　スイッチルームを創り上げた過程にすべてが隠されている。

渋谷の名所を創れ！　とのトップの方針で、女性のみで結成されたプロジェクトチームが発足した。渋谷に求められているものとは？　この館に来てもらうためには？　という切り口で議論を重ねた結果、「渋谷には大人の女性がくつろげる場所が少ない」ことに行きついた。そして、自分たちが来てほしい大人の女性のイメージを具現化するため、フロアごとに来てほしい５人の仲良し女性キャラクターを設定し、売り場や商品の構成を考え、レストルームも売り場の一つと捉え、このキャラクターが求める「あったらいいな」を実現することで新しい付加価値のあるサービス機能を充実させた。その新しい付加価値が、「ＯＮとＯＦＦ」「日常と非日常」という気持ちを切り替えるスイッチであり、その空間がスイッチルームなのである。キャラクターには生活・仕事などの背景や好きな言葉があり、どこでスイッチがＯＮ・ＯＦＦになるかを探る

図版提供：㈱東急百貨店

５F「Switch Lounge（開業時）」
写真提供：㈱東急百貨店

ためキーワードも設定した。そうするとおのずとこのキャラクターがスイッチルームに何を求めているのかが導き出され、その機能やデザインをそのフロアに展開すればよい。

フロアごとに違うＢＧＭ（３Ｄサウンド）や香りというソフトにもこだわる。個人的に機能性でいうと３Ｆのエアシャワーブース（花粉除去や消臭効果）はやりすぎなのでは？　と思っていたが、店長曰く、女性は特に仕事中は服ににおいがつく食べ物は控える。でも食べたい。だったら、においを消す装置を導入して、そこでスイッチを切り替えてみれば良いのでは？　女性の切実な思いから導入につながり、それを決断した会社も何かしらのスイッチが入ったのだろう。

３Ｆ「Style up STAGE」
写真提供：㈱東急百貨店

最後にスイッチルームは創り方のアプローチが今までとは全く違う。トイレにどうやって付加価値をつけるかという従来の手法ではなく、売り場の延長線上の新たな空間にたまたまトイレがあるとでも言うべきか。私が訪問した日もスイッチルームから出てくる女性はみんな笑顔だった。ここに住みたいという人もいるという。ぜひ、一度、スイッチルームでＯＮとＯＦＦを切り替えてみてはいかがだろう。

（市川昌昇）

（注1）『第三空間』第6号、株式会社ＩＮＡＸ、１９８９年

（注2）マネジメントシステム：組織がその目標を達成するため、必要な課題を確実に解決することを目的とし用いられる方針、プロセスや手続きの一連の要素。

（注3）参加者：車いす利用者、オストメイト、視覚障害者（全盲、ロービジョン）、理学療法士、アドバイザー（大学教授・専門家）、行政、メーカー、設計者、施主など

(2)——コンビニエンスストアのトイレ

①利便性による快適さの提供

利便性が高いときに快適さを感じることがある（18頁参照）。コンビニエンスストアが提供する快適さは、まさにこの利便性による快適さである。

ある都市の利便性にとって、誰でもが使える公共トイレが適切に整備されていることは、大切なことの一つと考えられている。そのため、古くからその配置や維持管理の方法が検討されてきた。ところが、私たちの都市での生活は変わり続けており、人の流れが大きく変化したり、夜遅くまで賑《にぎ》わう場所も増えたりしている。また、移動手段も電車や徒歩だけではなく、自動車を使う人も増え続けている。こうした変化は、従来の公共トイレの計画時には

想定できていない状況をもたらして、需給のアンバランスを生じている。さらに、日中は良くても、夜間に安心して利用できない状況も少なくない。

人や車が増えると機動的に出店されるのがコンビニエンスストアである。ほとんどの店舗では、来店客用のトイレが設置されている。商圏が小さいために店舗数が多く、夜間も営業しているために、いつでもどこでも利用できる状況が進んでいる。店員や客の目があるために安心して利用できるのも利点である。屋外看板にトイレマークを設置している店舗も増加しており、駐車場がある店も多く、車での利用にも適している。

②店舗の立地

コンビニエンスストアは、全国で５・５万店を超えており、１日１店舗あたり１０００人前後の

都市のトイレの分布（名古屋市、2005年）

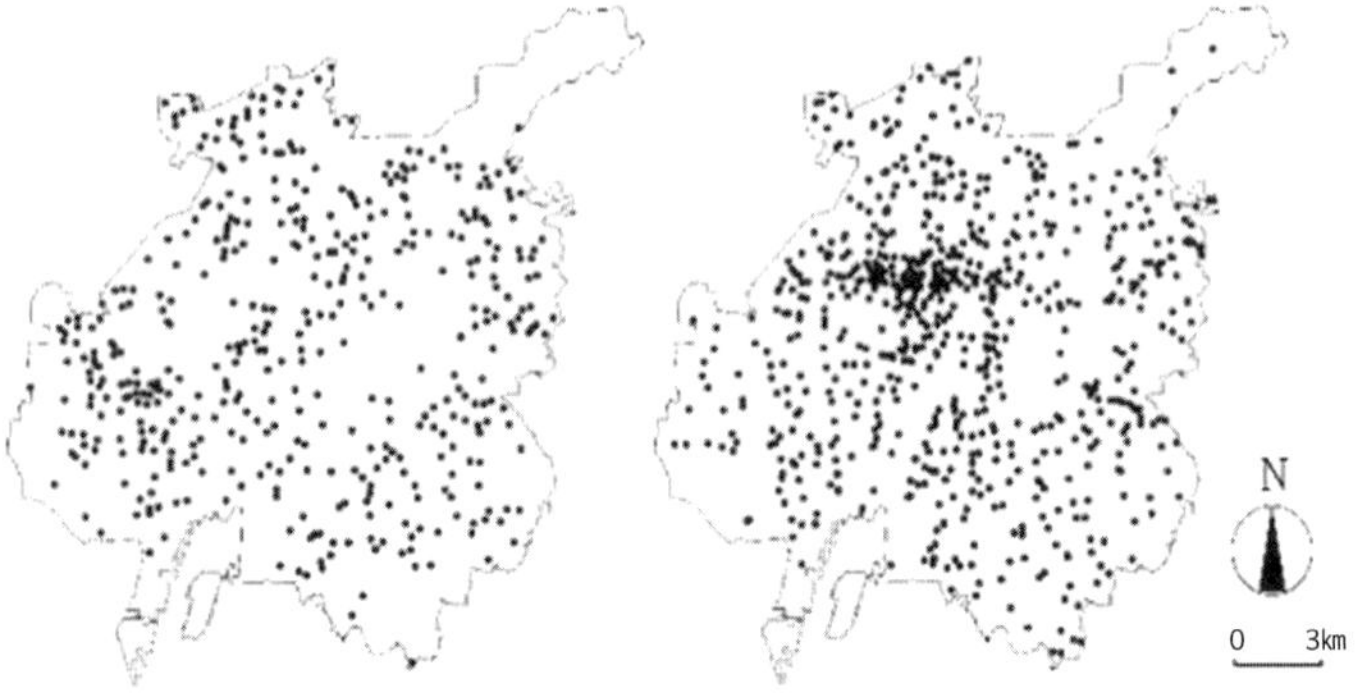

１）トイレが設置された公園　　２）コンビニエンスストア

来店者がいる。立地の目安としては、店舗から半径300〜500mに2000〜3000人の商圏人口が求められている。都心であれば5分ほど歩くと店舗が見つかることになる。

公園などに設置された公共トイレが少ないエリアでもコンビニエンスストアが立地することで、そのトイレが利用できるようになっている。名古屋市域の公園のトイレとコンビニエンスストアの立地からも、このことが確認できる（図参照）。人出の多い中心部に店舗が密集し、公園の少なさを補完している様子がわかる。両者が重なるところではさらに利便性が向上し、快適性も高くなっている。

③トイレの開放

初期のコンビニエンスストアでは、従業員用のトイレを顧客からの申し出に応じて貸し出す対応が多くみられた。その後、店舗側の負担が顕在化することで系列全体でのトイレの貸出の停止がされたり、顧客の不満や要請によって一転してトイレ開放宣言がされたりするなどの混乱もあった。現在では、トイレの提供は来店者への基本的なサービスの一つとされており、繁華街の立地や夜間に安全が確保できないなどの一部の例外を除いて、終日トイレが開放されており、多くの人が利用している。

少し古くなるが、筆者らのグループは2度にわたり名古屋市の全店舗を訪問し、トイレの設置状況と貸出状況の調査を実施している。トイレが利用できる店舗の割合は、２００７年の約8割から、２０１３年には9割に近づいた。また、夜間の閉店やトイレの利用停止などで、トイレが利用できる時間に制限がある店舗は減少しており、24時間いつでも利用できる状況が進んでいることが確認できた。

一方で、トイレの提供は店舗側の負担で行われていることから、貸出の積極性には違いがみられる。トイレを貸し出すことに対する意識は、屋外のトイレサイン設置や店舗内の注意掲示などに表れていることが多い。「ご自由にお使いください」という店内掲示がされている店舗では、屋外サインの設置割合も高い。トイレ提供の負担と来店客数の増加などの利益や期待がバランスしていると思われる。

④トイレの利用実態

コンビニエンスストアのトイレの利用状況はあまり知られていない。1日何人が利用しているのか。深夜にも利用されているのか。女性にも使われているのか、など。いろいろと知りたいことがある。適切な維持

トイレの貸出状況（名古屋市）

	名古屋市の全店舗数	トイレ利用可能		24時間利用可能	
		店舗数	割合（%）	店舗数	割合（%）
2007年	977	776	79	739	76
2013年	1099	957	87	944	86

管理にも利用状況は大切な情報になる。

これについても長期の継続調査に取り組んだ。名古屋市の市街地立地する、男性と女性専用に洋式便器が設置された店舗を調査対象とした。2009年の年間利用者は延べ5万人を超え、1日平均は145人であった。利用者の男女比は、公園（8：2）や鉄道駅（7：3）と同様の傾向がみられた。同じ商業施設の百貨店（3：7）とは大きく異なる。コンビニエンスストアのトイレは、従来の公共トイレに近い利用状況がみられた。他の商業施設のように女性の利用を増やす余地が大きいのかもしれない。

⑤今後のコンビニトイレの展開

女性の利用促進

初期のコンビニエンスストアでは、女性客の比率は3割程度であった。女性の購買行動の変化とともに、近年ではほぼ半数が女性客になってきている。

一方で、トイレの利用率や滞在時間でみると、先行して女性に配慮したトイレが整備されてきた百貨店などに比較して、改善していかなければならない課題は多い。

年間の利用者数と日平均利用者数

	男性	女性	合計
年間利用者数（人）	39,671	13,373	53,044
日平均（人／日）	109	37	145
男女比（%）	75	25	

売り場から直接アクセスできる配置や店員・来店客の目がとどくことで、夜間の利用でも安全と安心が確保されているが、利用への気まずさを感じる女性も少なくない。トイレ利用時に手荷物を持っている割合は、男性の3割に対して女性は8割と多い。個室内の荷物掛けや荷物棚などの需要も高い。前室を含めてパウダーコーナーなどの充実を求める声も多い。

高齢者・障害者への配慮

女性客の増加と同時に、50歳以上のシニア層の利用客の比率も急速に上昇している。従来の約1割から、現在は3割に達しており、さらなる増加が予想されている。

一定規模以上の建物では、「高齢者、障害者等の移動等の円滑化の促進に関する法律」（バリアフリー法）により、車いす使用者用個室とオストメイト対応の水洗器具の設置が義務づけられているが、小規模のコンビニエンスストアは対象建物とはなっていない。このため、自治体によっては、バリアフリーに関する条例などにより小規模の建物を対象建物としている例もみられる。また、店舗の自助努力により、車いす使用者の利用を表す表示がされているトイレも少なくない。さらに、多くのトイレは、手すりが設置されるなどの高齢者や障害者への配慮がみられる。多様な利用者に対する快適さの提供が意図されている。

一方で、出入口の段差や扉、トイレへの経路にあたる売り場の通路の狭さ、トイレや前室の段差や扉、個室の大きさや便器の高さなど、円滑な利用への課題も多数残されている。

提供者と利用者の意識

コンビニエンスストアのトイレは無償サービスの一つとして、利用者にとっての利便性による快適さを大きく向上させている。一方で、提供者の負担は少なくない。設置スペース、清掃や洗浄水の負担に加えて、商品や備品の盗難の危険性もある。近年では、感染症対策の負担も追加された。

集客や利便性のさらなる向上に結びつくトイレを考えていくとともに、「市民トイレ」制度のような方策で維持管理費用に対する公的助成の導入がなされ、さらには民間施設を無償で利用していることを意識した利用者のマナーの向上がみられたときに新たな公共トイレとして持続し、快適さを提供し続けることができるであろう。

（小松義典）

〈参考文献〉

■長尾知佳ほか「コンビニエンスストアを対象としたトイレ利用の実態調査」『日本建築学会東海支部研究報告集44』２００６年、など名古屋工業大学における一連の研究成果。
■「コンビニエンスストア統計データ」一般社団法人日本フランチャイズチェーン協会

5―公共施設のトイレ

(1)―病院のトイレ空間

①「トイレ空間」をどのように置くか

病院の病棟でトイレ空間をどのように置くかを入院患者の利用の仕方から見てみると、公衆トイレのように男女別に1か所にまとめて設置する「集中型」と患者一人ひとりのできるだけそばに設置する「分散型」に分けられる。

日本では、「集中型」が多かった。なぜかというと、必要とする便器の数が少なくて済み、給水や排水用のパイプの全体の長さも短くなるので経済的であること、また、排泄《はいせつ》するときに発生する臭いや音を遮断しやすく、看護師が行う畜尿（検査のために患者さんの尿を集める）作業も1か所にまとめてできて便利だからである。なお、「分散型」のほうが病棟全体の床面積が大きくなると感じるが、「集中型」と同じ面積でベッド数を確保することは設計を工夫すればできる（図1）。一方、健康な人より歩行が難しい患者にとって、トイレが20～30m

先にあると、そこまでたどり着くことは難しい。以前に実施した調査によると、トイレで用を足せる可能性のある入院患者は全体の75%を占めることがわかった。したがって、トイレ空間が近くにあれば多くの人がベッドわきで移動便器を使って用を足す必要がなくなる。

患者がゆっくりと占有できるトイレ空間を持つことは、身体的にも楽で、精神的にも恥かしい思いをせずに病気と闘うことができる「武器」を持っていることと同じである。患者でなくても、トイレの使いやすさは健康を保つために大切である。たとえば、２０１１（平成23）年3月11日に発生した東日本大震災の避難所では、使えるトイレが極端に少なかったので、トイレに行かなくて済むように食事も水も摂らずに我慢した結果、避難した人たちの多くが身体の不調を訴えた。同じことは１９９５（平成7）年の阪神・淡路大震災でも起きていた。

海外の病院における見聞から、１９７４（昭和49）年に「分

図1　「集中型」と「分散型」の面積比較例（S病院設計案）

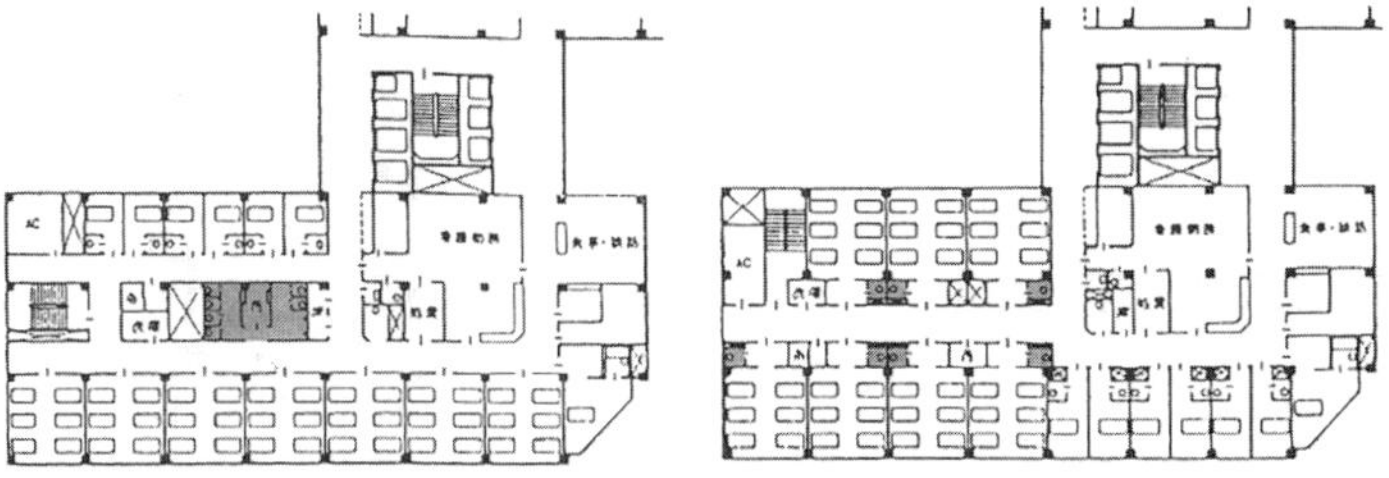

出典：長澤泰「病院の建築計画に関する基礎的研究」東京大学学位論文、1987年

散型」を日本で最初に実現した小見川中央病院（図2）ではトイレが近くに配置され、入院患者の評判が大変良かった。

その後、1980年代にトイレ空間の配置についてさまざまな議論が行われ、1990年代以降は、病棟の設計では「分散型」が多く採用されるようになった。

②「分散型」でも注意しなければならないことがある

病室のそばにトイレ空間を配置する場合でも、設計上様々な細かな点に注意が必要である。ファルカーク病院（図3）やビオーバ病院（図4）の例では、トイレを病室の横や窓側に置いているので、医師や看護師が廊下から直接ベッドにいる患者の様子を見ることができる。一方、ヘルシンボリ病院（図5）やエレブ病院（図6）の例では、ベッド

図２　小見川中央病院（設計：田口正生）

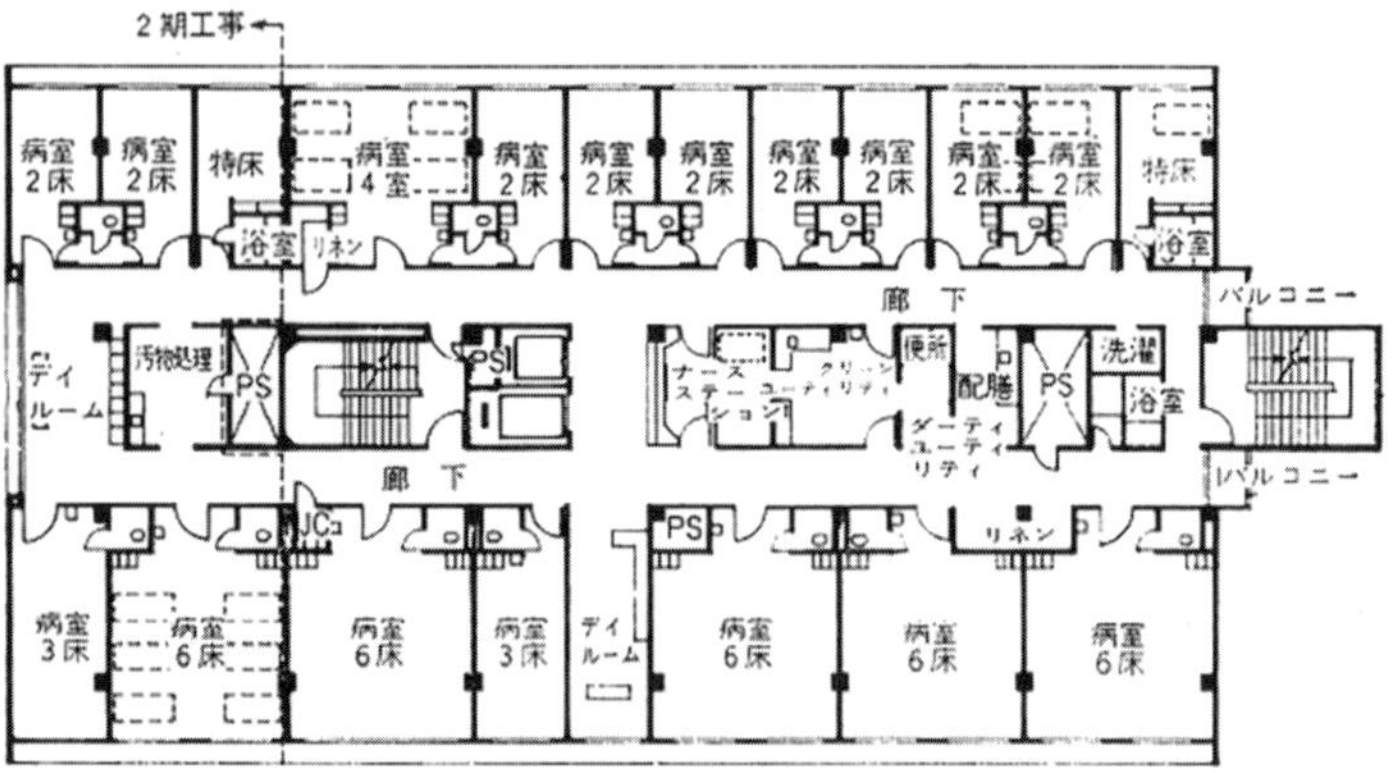

出典：田口正生「小見川中央病院」『病院建築』№.29、日本病院建築協会、1975年

が奥まって配置されているので落ち着きは得られるが、廊下からベッドにいる患者を直接観察することは難しい。なお、図4や図6の場合には、トイレ空間のそばに汚物を処理するための部屋（汚物処理室）を設けてあるので、畜尿や尿・便器の洗浄に都合がよい。

トイレ空間が病室のそばにある場合、使う人がお互いに同じ病室で顔見知りのため、たびたび使うとか、いつも入ると長い間出てこないとかがわかってしまうので恥ずかしい。またうっかりトイレを汚したりすると嫌な顔をされることがある。このようなことは、トイレ空間が直接病室に直結している図3〜図5の例では起こりやすい。図6では、病室から出た横にあり、トイレに行くまでの間の扉が1枚多くなるので、トイレ空間からの騒音や臭気も病室に伝わりにくくなる。また、隣りの病室の人も使えるので、トイレ空間の「待ち」も起きにくくなる。

図4　ビオーバ病院（デンマーク）4床室

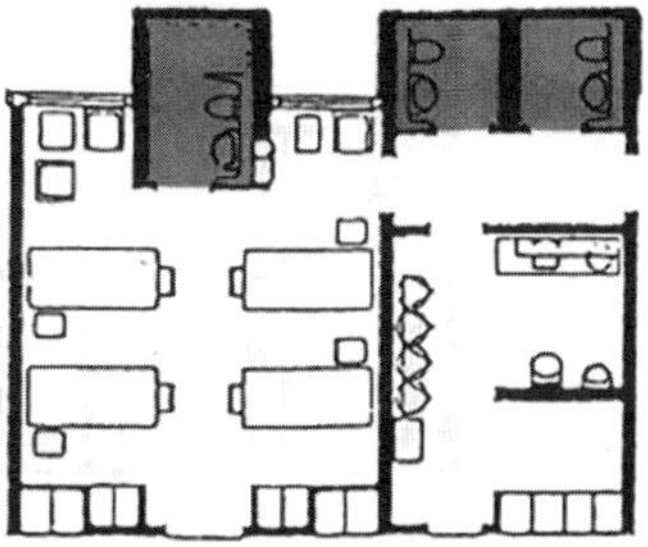

出典：長澤泰「現代病棟トイレ考」『臨床看護』22巻14号、へるす出版、1996年

図3　ファルカーク病院（スコットランド）4床室

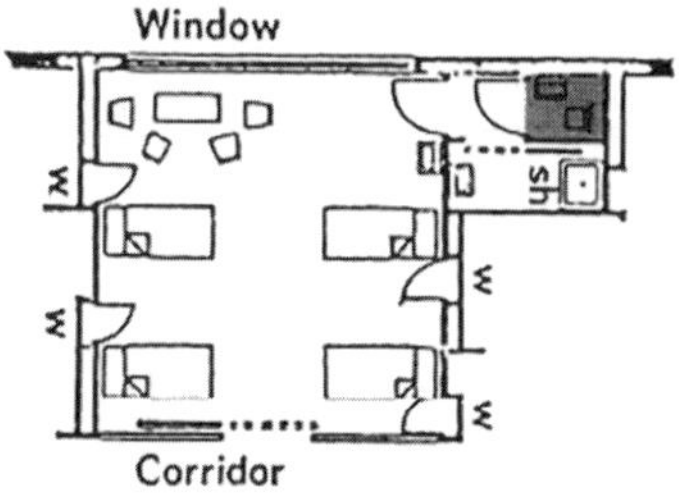

出典：長澤泰「現代病棟トイレ考」『臨床看護』22巻14号、へるす出版、1996年

③「分散型」から「個別型」へ

患者は病気と闘うために入院する人たちである。まずベッドまわりの空間、そしてトイレ空間が主な「戦場」となる。排泄行為を普通にできることは、病気の治療に大変役立つ。病院内には多くの人たちがいるので、トイレ空間くらいは気兼ねなく使用できるところであってほしい。しかし、トイレ空間が共用であると、食後や就寝前に大勢が一気にトイレを使うので、外で待っている人が気になってゆっくりと使用できない。男女の区別をしないで、その代わりに一つのトイレ空間を広めに取ったプライバシーのあるトイレ空間を病棟全体にばらばらに配置することも考えられる。

近頃の病棟では、個室（1ベッドの病室）の割合が増えている。この場合、トイレ空間は専用になるため、これまで述べた問題は起こらない。専用のトイレ空間であると、歯磨きセット・タオル・入れ歯など洗面に使う小物類もそこ

図５　ヘルシンボリ病院
（スウェーデン）４床室

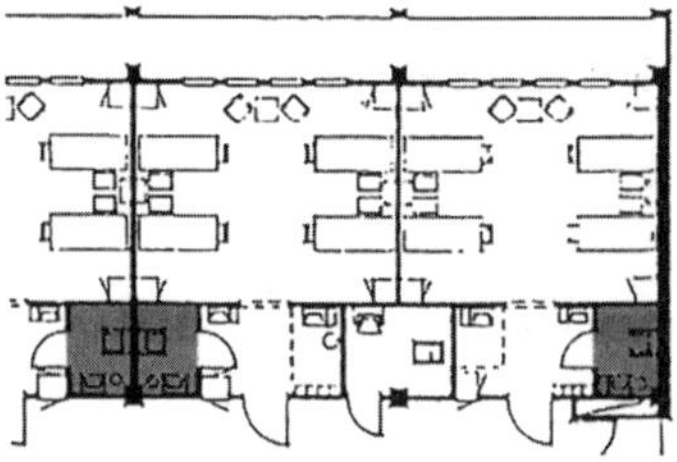

出典：長澤泰「現代病棟トイレ考」『臨床看護』22巻14号、へるす出版、1996年

図６　エレブ病院
（デンマーク）４床室

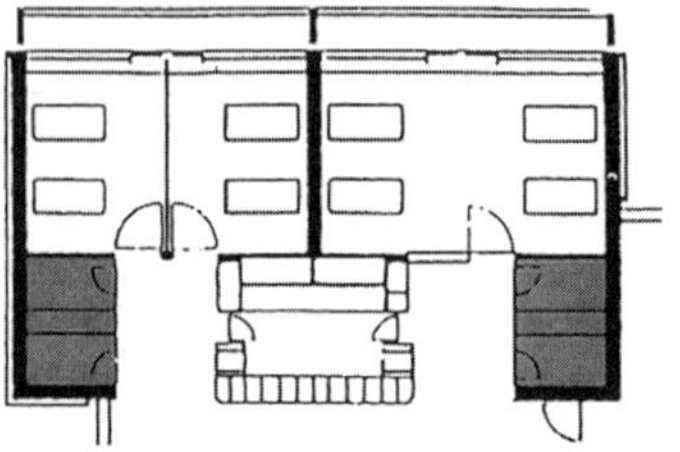

出典：長澤泰「現代病棟トイレ考」『臨床看護』22巻14号、へるす出版、1996年

に置いておくことができる。

北欧の病院では、トイレ空間に簡便なハンドシャワーセットが付いているのをよく見かける。これは頭からシャワーを浴びるためではなく、汚れた手や足などを洗って清潔に保つためである。また、看護や介助をする人にとっても便利である。

④個室の「トイレ空間」の位置

1992（平成4）年に新築完成した聖路加国際病院は、すべての病室がトイレ・シャワー付き個室（シングルケアユニットと呼んでいる）である（図7）。トイレ空間は、ホテルでよく見られるように廊下からの入口脇に置かれてい

図7　聖路加国際病院個室（シングルケアユニット）

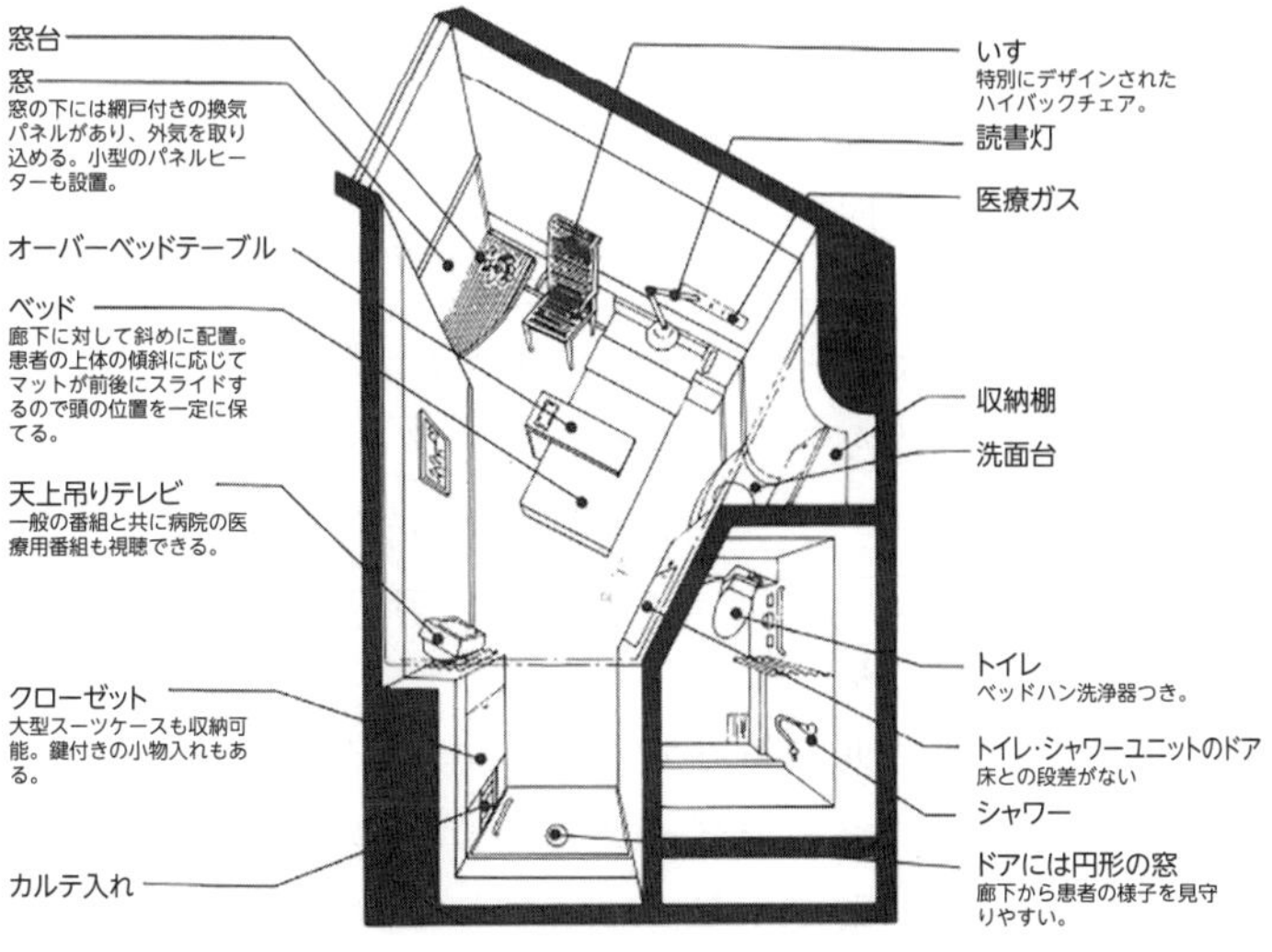
窓台
窓
窓の下には網戸付きの換気パネルがあり、外気を取り込める。小型のパネルヒーターも設置。
オーバーベッドテーブル
ベッド
廊下に対して斜めに配置。患者の上体の傾斜に応じてマットが前後にスライドするので頭の位置を一定に保てる。
天上吊りテレビ
一般の番組と共に病院の医療用番組も視聴できる。
クローゼット
大型スーツケースも収納可能。鍵付きの小物入れもある。
カルテ入れ
いす
特別にデザインされたハイバックチェア。
読書灯
医療ガス
収納棚
洗面台
トイレ
ベッドハン洗浄器つき。
トイレ・シャワーユニットのドア
床との段差がない
シャワー
ドアには円形の窓
廊下から患者の様子を見守りやすい。

出典：日建設計「聖路加国際病院」『病院建築』№96、日本病院建築協会、1992年

るが、医師や看護師が廊下からベッドにいる患者の観察に邪魔にならない工夫がされている。

２０００（平成12）年頃、東京大学医学部附属病院の入院棟（病棟と呼ぶのをやめている）の設計にあたって、シャワー付きトイレ空間の配置を図面だけでなく実物大の病室を組み立てて検討した。ホテルによくみられるような廊下からの入口脇にトイレ空間を置いたＡタイプと、奥の方の窓のそばに置いたＢタイプの２種類をつくった（図８）。

図８　病室実物大模型（モックアップ）**のＡタイプとＢタイプ**
（東京大学医学部附属病院）

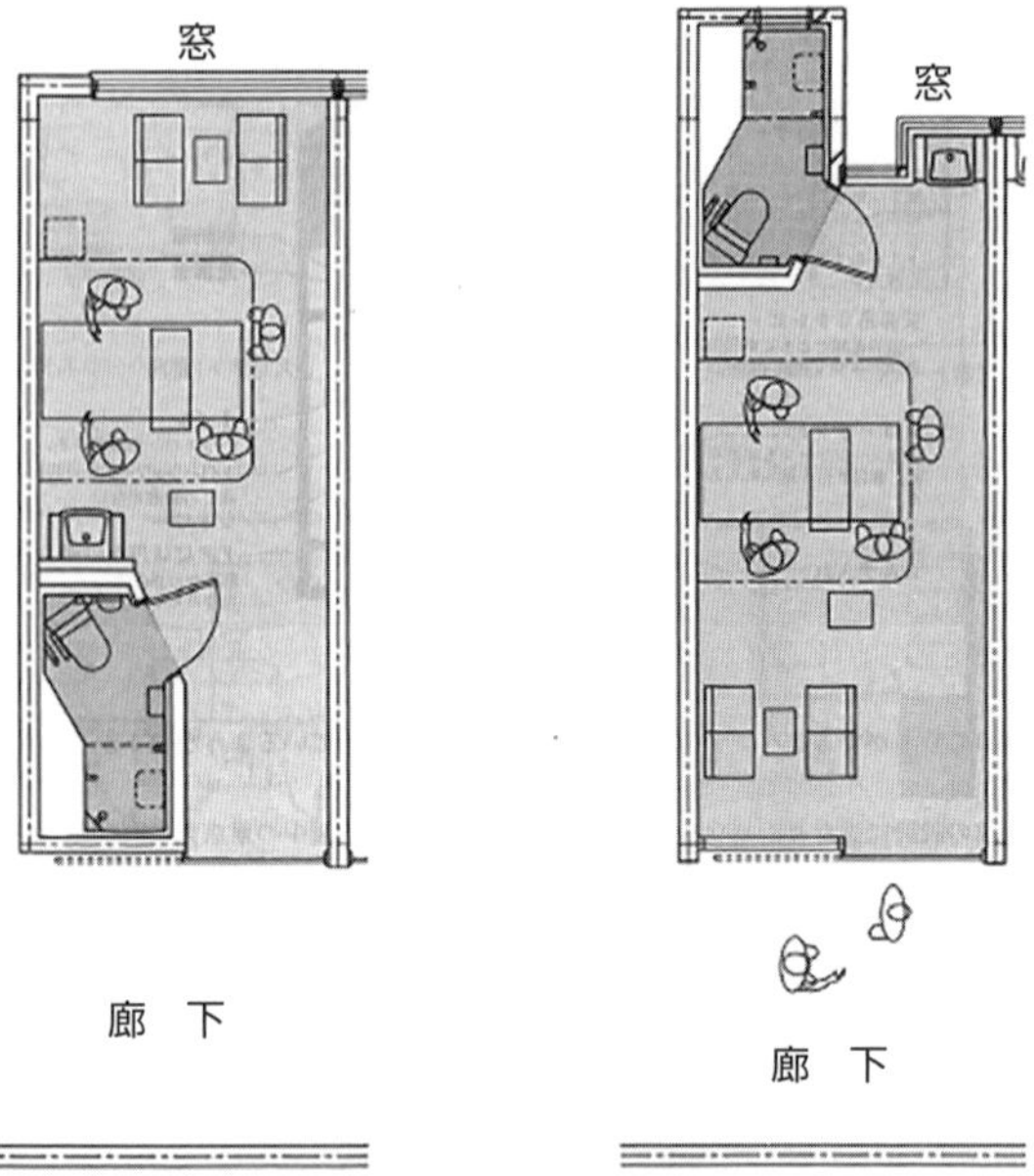

出典：長澤泰「現代病棟トイレ考」『臨床看護』22巻14号、へるす出版、1996年

病室はもともと、医師の診察、そして看護師の観察・看護の働きをもった寝室である。病室が個室でもトイレ・シャワー・ユニットは最もプライバシーを必要とする場所である。そこで廊下は誰でも通るパブリック（公共的）な空間、ベッドまわりは医師の診察や看護師の観察・看護を受ける時はセミパブリック（半公共的）な空間、そして観察されながら休んでいる場合にはセミプライベート（半個人的）な空間になる。そしてトイレ・シャワー・ユニットはプライベート（個人的）な空間と考えられるので、パブリックな廊下から奥へ向かって、セミパブリックな空間、セミプライベートな空間、プライベートな空間という順に並べることが適切であると考えて、Bタイプを考案した。

病室のトイレ空間では尿を溜《た》めて検査をしたりするので、畜尿や検査を自動的にできる装置を置いた。また、トイレに行けない患者がベッドで使った便器の洗浄器もトイレ空間の内部に取り付けた。医師や看護師にも検討してもらって、東大病院ではBタイプの窓側トイレ空間ができた。

トイレ空間を窓側に持っていくと、病室には、あまり大きな窓が取れなくなる。しかし、端から端まで幅一杯にとった窓は、オフィス空間に多いタイプで、病室に必ずしもふさわしい窓とは言えない。一方で、トイレ空間にも窓を付けられるので明るくて、場合によっては換気もできる。実際の使用例の調査によれば、トイレ空間のゴミや汚れが目立つので、清掃が行き届いて清潔さが保ちやすいこともわかった。

⑤自立心を生むトイレ空間

現在の日本は歳を取った人がたいへん多い社会（高齢社会）になっているので、診療や看護以外に日常生活での世話が必要な入院患者が多くなった。寝たきりの患者のトイレ介助のため、天井から吊《つ》り下げたブランコのような、搬送機械を取り付ける病室も出現している。

19世紀にフローレンス・ナイチンゲールは、「病気が大変重い状態を脱したら、患者をすぐに病院から出して住居のような回復期用の場所に移しなさい」と述べている。なぜなら、患者は病院にいる限り医師や看護師に頼りきった気分になっているが、回復期の場所に移ると初めて自分から進んで病気を治そうとする自立心が生まれるからである。

日本では、脳卒中回復期リハビリテーション病棟からはじまって、回復期病棟がようやく制度的にも整備され建てられている。しかし、依然として一般病棟で入院生活を送らざるをえない患者も多い。通常、リハビリテーションは専門の部門で行われているが、現在はベッドサイドリハビリと呼ばれて病棟内でリハビリテーションを実施する例も多くなった。

手術直後のなるべく早い時期にベッドを離れる「早期離床」は回復の促進になることが医学的にもわかっている。その際、自分で用を足せることは「早期離床」を行うためには特に重要で、そのためには「トイレ空間」がベッドのそばに必要である。

（長澤泰）

(2) ―― 新しい時代の学校トイレの目標と課題

①学校のトイレとは

学校トイレは単に排泄《はいせつ》の場ではない。学校での排泄、特に大便は子どもたちにとってシリアスであり、我慢して健康を害したり、いじめやからかいを受けて学校嫌いを生んだりする。これは住宅や他の公共・民間施設のトイレでは考えられないことだ。３Ｋ（臭い、汚い、暗い）、さらに、怖い、窮屈、壊れている、を加え６Ｋとも言える劣悪な状態がそれに輪をかけている。

トイレは学校生活の中で、クラスの違う友達と楽しくおしゃべりしたり、先生の目から逃れてゆっくりしたりできる場所である。ブースに入り便器に腰かけた時、一人でホッと息のつける、心の救いの場でもある（次頁の図1）。

学校教育にはインクルーシブ教育システムの理念の実現、子どもの多様化への対応が求められている。その基礎的環境整備に向けたバリアフリー・ユニバーサルデザインに配慮した学校づくりにおいて、トイレは重要性を増している。バリアフリートイレを普通のトイレと同様に各階・各棟に設けることや、性同一性障害や性的指向・性自認（性同一性）に係るきめ細かな対応が、職員トイレやバリアフリートイレを児童生徒が利用できるようにするなどの運営面と合わせて必要である。

もう一つの特色が災害時の役割である。学校施設は全公立小中学校数の94・9％が避難所指定されており（文部科学省、２０１９年４月）、避難所に必要な防災機能として、バリアフリー化や洋式化、避難者数に対応できる増設、断水時の使用可能性（59・9％、同前調査）、夜間に安全に利用できる配置などが重要である。

このように学校トイレの計画・設計においては、３Ｋからの脱却、衛生面や機能性の改善を図ると同時に、学校生活を安心で豊かなものとし、地域施設として役割を果たす上で、トータルな視点からとらえる必要がある。

今日、計画プロセスへの教職員・住民・保護者などの参画が進んでいる。話し合いの場で

図１　低学年児童の描いたトイレのイメージ図

ワークショップなどで紹介すると皆がうなづく

図提供：小林純子

意見が出ない時、トイレの話題になった途端に意見が次々と出され、活発になる。学校におけるトイレは誰にとっても大きな関心事なのである。それを受け止める改革が求められている。

②学校トイレ改善の取り組みの変遷

学校トイレ改革の問題が広く取り上げられるようになったのは1990年前後である。劣悪な状態、いじめ、破壊行為などに対し、第3のエリア、アメニティ、コンフォート・ステーション（坂本菜子）などの捉え方が示され、意匠から清掃方法まで一貫した設計（次頁の図2）、教育改革と連動したトイレ改革（福島県三春町）などが生まれた。学校施設の専門誌や衛生器具の企業誌などで学校トイレの特集が相次いで組まれた。1996年には「学校のトイレ研究会」が発足し、学校トイレの実態、課題、改善の必要性と進め方などについて研究・提案・普及活動を始めた。

大きなエポックとなったのが、こうした動きを受けて1997年8月に日本トイレ協会が開催した「学校トイレの整備と子供の健康」と題する学校トイレフォーラムである。学校施設計画におけるトイレの位置づけと設計方法、生徒の参画により学校トイレの改善から学校再生を図った滋賀県栗東町《りっとう》の先進的取り組み、学校での排便実態と子どもたちの健康に関する医師からの問題提起といった基調講演が行われ、実態、改善取り組み事例、阪神・淡路大震災を踏まえた避難所トイレ、清掃管理など、幅広い観点から発表がなされた。その後、毎年全国各地でシンポジウム、フォーラム、セミナーなどが開催され、トイレは学校建築計画の主要テーマとして認識されるようになり、改善と効果の検証が行われ、学校トイレの変革を促してきた。

③今日の学校変革の目標とトイレ

学校教育はデジタル社会の進展に伴い変革が求められている。知識を覚えるだけでなく、「主体的・対話的で深い学び」が課題とされ、一人１台端末と高速大容量ネットワーク環境を実現したＧＩＧＡスクール、

図２　学校のイメージを変える快適なトイレづくり
（藤村女子学園中学校、２階生徒用トイレ）

設計・撮影：設計事務所ゴンドラ

新型コロナ感染症に対する新しい生活様式への対応などを踏まえた学校施設のあり方が問われている。コロナ禍の休校措置を通して、リモート学習による時間・場所の制約を超えた学びの可能性が広く理解される一方、学校とは友達と共に学び、成長する場であることが再認識された。

これに対し学校施設については、「新しい時代の学びを実現する学校施設の在り方について」と題し、Schools for the Future―「未来志向」で実空間の価値を捉え直し、学校施設全体を学びの場として創造するという副題のついた報告書が文部科学省から示された（2022年3月）。学校施

図3　新しい時代の学びを実現する学校施設の姿

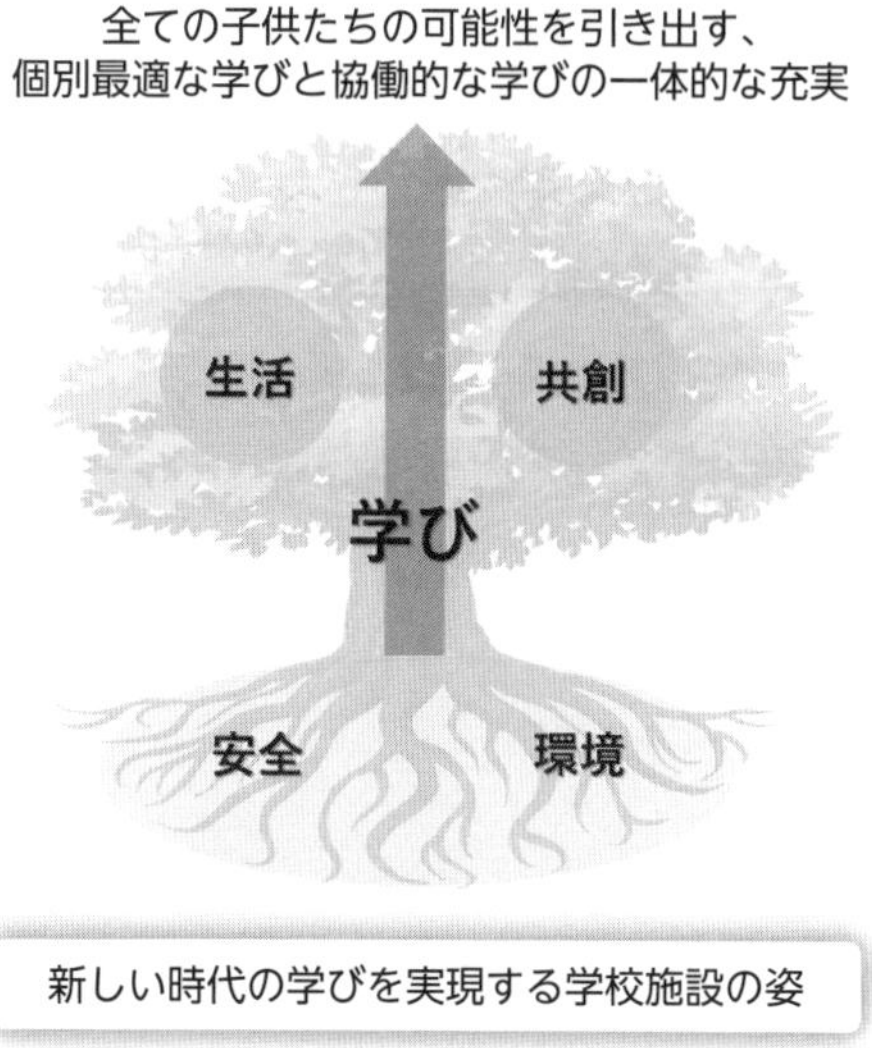

出典：文部科学省ホームページ

設の目指すイメージを、個別最適な学びと協働的な学びを幹、地域や社会との共創、健やかな生活を樹冠、そして安全と環境を根として大樹になぞらえ（図３）、それぞれの課題が示される中、トイレについて、バリアフリー化や性に係るきめ細かな対応と共に、衛生環境改善、生活様式の変化等を踏まえ、洋式化・乾式化を積極的に推進し、手洗い設備の非接触化を進めることが明記されている。トイレはまさに学校施設改革の基本的な課題として認識されている。翻ってこれは現状でトイレの整備が遅れているということの表れとも言えよう。

④学校トイレ改善の課題

学校トイレの改善については、学校ならではの特性を踏まえた課題や目標について共通理解を図り、児童生徒の身体的、精神的な成長段階の差の大きさに配慮しながら、新しいあり方が求められる。文部科学省でも洋式化と乾式化を柱として改善を進めようとしている。

⑴洋式化

文部科学省調査（２０２０年９月１日時点）によれば、全国約３万校の公立小中学校における全便器数は約１３６万個で、そのうち洋便器数は約77万個（57％）である（図４）。住宅や公共トイレの洋式化の普及に伴い、和式便器の使用経験のない児童生徒が大半となり、バリアフリーの点からも洋式化が急速に進み、教育委員会のトイレ整備の考え方を見ると、すべて洋式とするが53％、約88％が洋便器を多く設置する方針としている。年齢が上がると肌の接触を嫌う生徒がおり、また教育的な観点から和便器を必要とする意見もあるため、その設け方を検討する必要がある。

⑵乾式化

学校トイレの床仕上げは、床に水を流して清掃する湿式であったが、衛生環境改善の観点から、モップなどで汚れを拭う乾式化の積極的推進が求められている。短時間での日常清掃や、履き物を替える必要がなく利用しやすいことも長所となる。ただし、便器外排泄や吐瀉《としゃ》の後始末や、和便器や小便器の足元は水で洗い流すことが有効であり、また、定期的に業者などによる水洗い清掃ができるように、防水仕様とし吐水口を設置する必要がある。

図４　全国公立小中学校施設の便器割合

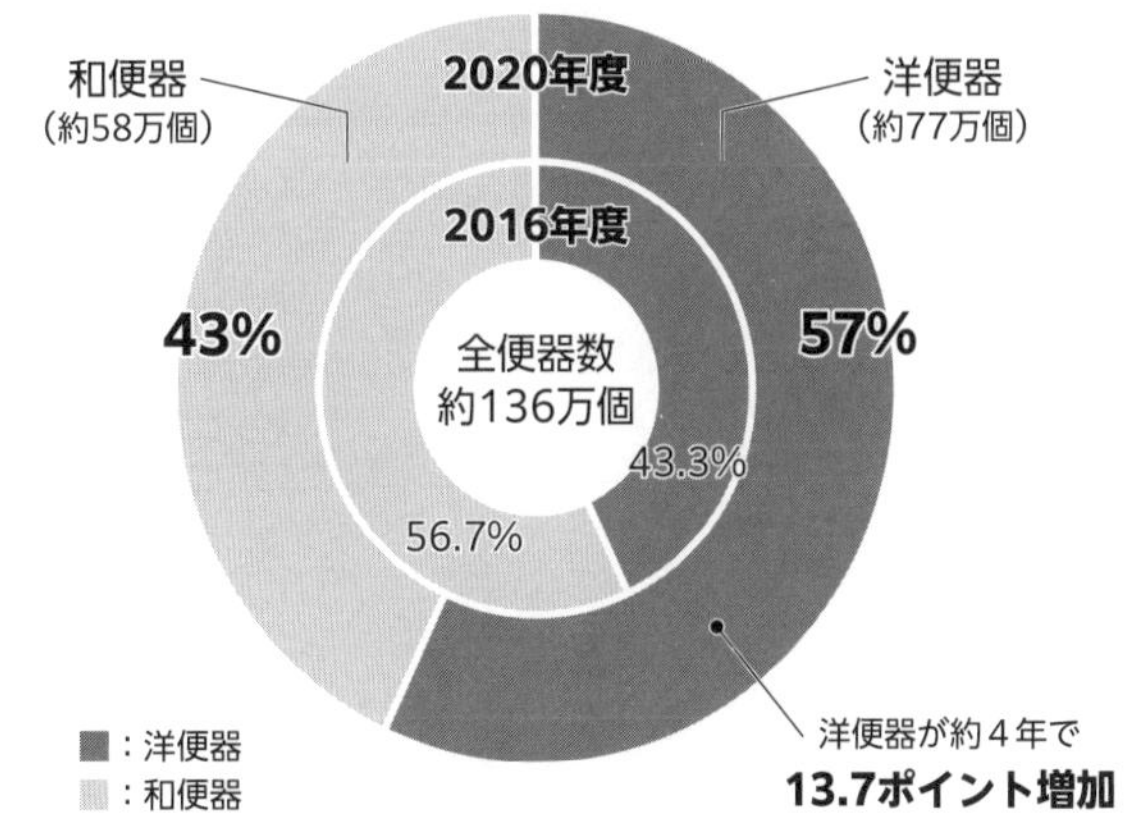

出典：文部科学省「公立学校施設のトイレの状況について」2020年９月

⑶ドアレス化

トイレにドアを設けないドアレス化はトイレの出入りをスムーズにし、またトイレ内の気配が伝わるため安心感を高めることができ、感染症に対して非接触を進める上でも有効性が増している。入口は迷路状にし、中が見通せないようにすることは言うまでもないが、無神経な設計や、監視のために扉を取り払い中が丸見えという学校もあり、児童生徒の心理面に配慮する必要がある。迷路をつくるための壁を半透明にして明るくしたり、作品掲示面としたりすることも有効である。

⑷ゆとりある寸法、器具数の確保

トイレは子どもの施設だからと寸法を縮める例が見られる。ゆとりがあり、また清掃しやすさも考慮して寸法を確保することが大切である。洋式ブースは95×１５０㎝、小便器間隔は80㎝以上とすることが望ましいとされ、バリアフリー対応として大き目のブースを設けることも有効である。

使用者に対するいたずら行為を防ぎ、安心して用が足せるようにするためにはブース間の隔壁を天井までとし、照明や換気設備を個別に用意することが望ましい。一方、小学校低学年用には、壁を低くして圧迫感をなくすことも考えられる。

トイレの適正器具数は、空気調和・衛生工学会の「衛生器具の適正個数算定法」に基づき、男女それぞれの利用対象人数、最大待ち時間を年齢や地域性などにより設定して決めるとよい。

なお、洗浄式トイレは一般の児童生徒用には不用であり、バリアフリーの観点から検討する。また暖房便座は快適性を高める効果がある。

⑸快適で、居心地よい空間設計

トイレ空間の基本は明るく、臭くないようにすること。それには開口を大きく確保し、採光、自然通風・換気がとれるようにする（次頁の図5）。最初からトイレを居室ととらえて設計することが求められる。外部に面する配置とすることを原則とし、止むをえない場合のみ人工照明や機械換気に頼るという考え方の転換が求められる。

トイレの待ち方については、各ブースの前ではなく、トイレ入口に手洗いホールを設けてそこで待ち、空いたブースを順番に利用する「フォーク待ち」とすることが、落ち着いて利用できるようにする上で有効である。このホールに大きな姿見や掲示面を設けて交流の場とすることも有効である（210頁の図2）。

壁面を曲面として便器を配置することや、きれいな色彩や木質仕上げ、掲示、花置台や荷物台の設置などにより、居心地よいトイレづくりの工夫が求められる。

(6) 環境配慮

環境に優しいエコスクール化を進める上で、トイレにおいても照明、換気、洗浄、暖房など、快適性を高めると同時に、電気・水の節約を図る工夫が求められる。照明、小便器洗浄、手洗いを人感式にすると、確実な実行と水量の節約に効果が大きい。一方、自ら操作することで環境に優しい行動マナーを身に付けられる教材として、自動式としない考え方もあるので、個々の計画において検討することが大切である。

(7) 災害時対応

公立小中学校の90％以上が災害時の避難場所に指定されている。必要数、水洗機能の維持、洋式便器、安心確保などを十分に検討する。主な避難場所となる屋内体育館の洋式便器設置率は未だ40％台で、避難者が無理な姿勢で用を足そうとして身体を痛めたり、トイレに行かずに済むように水分摂取を抑えて体調を崩したりする報告も多く見られる。仮設トイレの設置位置の想定と備蓄、マンホールトイレの設置場所、

図５　大きな開口がつくる明るく快適なトイレ空間（糸魚川市立糸魚川小学校）

計画指導：長澤悟
設計監理：創・ゴンドラ・近藤設計共同体

プールの水の利用など、施設状況に応じた工夫と用意が求められる。

⑻清掃、管理による快適さの持続

学校では、日常的な清掃を児童生徒が行うことが多い。大切に使う気持ちを育てる教育機会として意義が認められるが、そのためには汚れが落としやすく、清掃しがいのある設計、清掃方法に応じた掃除具と収納庫をＳＫ（スロップシンク）と合わせて計画することが重要である。

同時に適切で有効な清掃方法を理解するための教育が大切であり、その最初の機会となるのが、計画への児童生徒の参加である。アンケート、ワークショップ、専門家の講話などを通じて関心が高まり、それを物語として伝えることで、トイレを大切に使用し、維持しようとする気持ちと積極的な行動が生まれる。

一方、短時間で限られた内容となるため、実質的な維持管理には、メニューを増やした密度の高い清掃を定期的に行う必要があり、専門業者に依頼することも検討課題となる。

⑤推進方策と整備手法

学校施設は公立小中学校1万5633㎡のうち、約8割の1万2458㎡が建築後25年以上で、その老朽化対策は今日の学校施設整備の最大の課題となっている（次頁の図6）。新しい時代の学校施設整備の課題に応え、70～100年使い続けようという長寿命化改修の推進が目標とされ、その中でトイレ改修も大きな課題として捉えられている。

また、それとは別にトイレ改修について、文部科学省は2000年に大規模改造（トイレ改修）事業として、和式から洋式便器などへの交換、便器などの設備・給排水設備・電気などの付帯設備、床・壁・天井・建具などの内装、間取りの変更など、トイレ環境の改善を目標とする国庫補助制度を設け、2011年には『トイレ発！　明るく元気な学校づくり!!　学校トイレ改善の取組事例集』を発行するなど、その促進を図っている。

箇所数の多さと緊急性の点から、20～30

図６　公立小中学校の経年別保有面積〈全国〉（2021年５月１日現在）

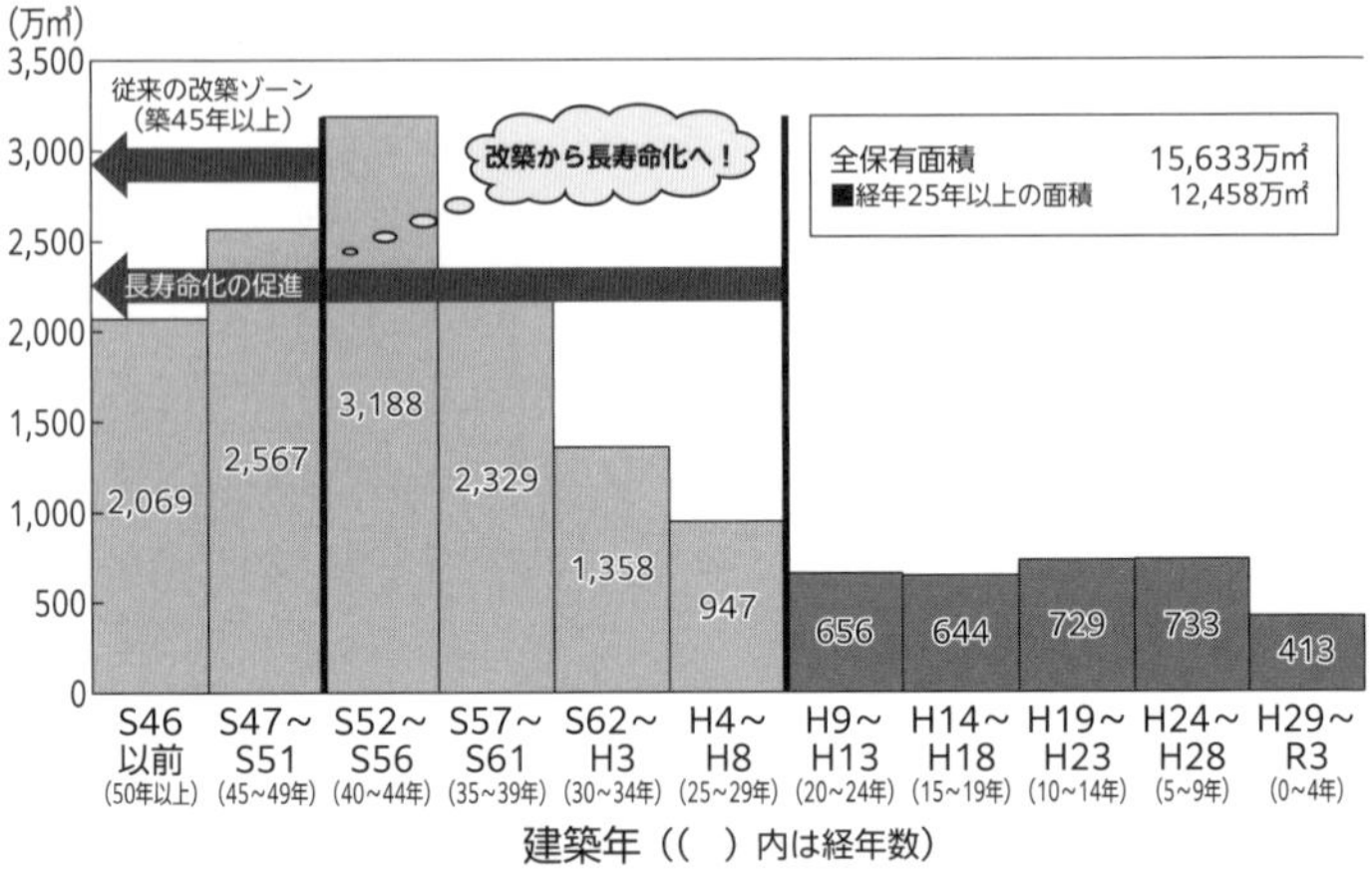

注：文部科学省「公立学校施設実態調査　令和３年度」のうち、校舎・屋内運動場・寄宿舎に区分された非木造建物を計上
出典：文部科学省資料をもとに筆者作成

年かけて計画的に順次整備するというのではなく、短期に集中的に実現することが求められる。また、民間資金の活用や公民連携による取り組みも有効である。

⑥新6Kを目指して

学校トイレには、臭い、汚い、暗いという3Kを脱し、学校トイレの特性を踏まえながら「きれい」「快適」「交流」の新3Kに、あるいはClean、Comfortable、Communicationの3Cに、さらには「健康を守り」「個の多様性に応じ」「環境に優しい」を加えた新6Kに変えることが目標となる。

その実現のためには、生きている証として排泄について正しい理解を育て、使用マナーや清掃方法についての教育と、その原因ともなっているトイレ環境の改善に向けた具体的取り組みが求められる。トイレの改善は、それ自体の問題に止まらず、学校空間、学校生活全体のイメージを変える力がある。学校変革の基盤となる学校トイレ改革が、今まさに必要とされている。

（長澤悟）

6―オフィスのトイレ

オフィスビルのトイレを考えると、トイレは生理現象のほかに、息抜きに利用したり、身だしなみを整えたりと日常で必ず使うスペースだ。トイレ・水まわりの快適さは従業員のモチベーションに大きく影響する。最近のオフィスで言われていることにＡＢＷという言葉がある。ＡＢＷとは、Activity Based Working の頭文字から生まれた用語で、仕事内容や気分に合わせて働く場所や時間を自由に選ぶ働き方だ。ＡＢＷは、元々オランダから始まったワークスタイルだと言われている。ＡＢＷではオフィスはもちろんのこと、自宅やカフェ、サテライトオフィスなどが仕事場となる。事務作業に集中したいときはオフィスのデスクで、新しい企画を考えるときはカフェでなど、仕事の内容ごとに場所を移動することができる。

この考え方に沿って、オフィスの中に様々なワークスタイルに対応できる場を設定している。集中する場や、議論する場、対話する場、瞑想《めいそう》する場などがつくられている。一方、業務を行う執務スペース以外で快適性が仕事のモチベーションに影響すると思う場所はトイレ・化粧室と思う人が多く、食堂・休憩室を上回っている。オフィスの中では、トイレの快適性が重要な要素として考えられていることがわかる。たとえば、仕事の合間に立ち上がってトイレに行くだけで、自然と気持ちがリフレッシュしていたりする。トイレには、生理現象以外にも集中力の切り替えを促す効果があるわけだ。ＡＢＷの考え方は、働く場の質の向上とともにトイレの質を飛躍的に向上させた。オフィスのトイレの質はオフィスそのものの評価といえる。

①最低限必要なトイレの数

まずは、トイレの個室の数だ。オフィスに最低限必要なトイレ数は、法律によって定められている（「労働安全衛生法—事務所衛生基準規則」）。トイレを設計する際は、この規則を遵守する必要がある。ただし、法律は最低限のラインを定めているものであり、実際にはもっと多くのトイレの数が必要となる場合も少なくない。トイレの待ち時間が増えることで作業の妨げになって業務に影響が出たり、居住者の満足度が低下するからである。

社員数、男女比、来客者数、バリアフリートイレの設置など、様々な視点から総合的に考える必要があるわけだ。またテナントビルでは、その入るテナントによりほとんどが男性だったり、逆に女性が大部分の場合もあったりする。そのような場合は男女比が変えられる可変トイレが必要になる。

②洗面・手洗いスペース

トイレだけでなく、洗面・手洗いスペースをどれくらい設けるかも重要だ。女性にとっては、化粧を整えたり、身だしなみをチェックしたりと、モチベーションへの影響に密接している。使い勝手や、デザイン性など、多人数が使用するオフィスのトイレだからこそ、快適に使用できるように考える必要がある。女子トイレでは着替えをするスペースをつくったり、ソファーを置いて休憩できるようにするなど、リラックスできるスペースとして変容している。

東京ポートシティ竹芝　女子トイレ
写真撮影：川澄・小林研二写真事務所

③障害者への対応

トイレはパブリックな場となるので、場合によっては、健常者だけでなく障害者の人も支障なく利用できるようにする配慮が必要だ。

たとえば、車いす利用者がトイレに入る場合はそれなりの大きさのブースが必要になる。またトイレブースの扉も横引きのスライドドアにする、手すりを設けるなどの配慮が必要となる。

トイレ空間の標準計画

1／120

洋式大便器＋洋式大便器

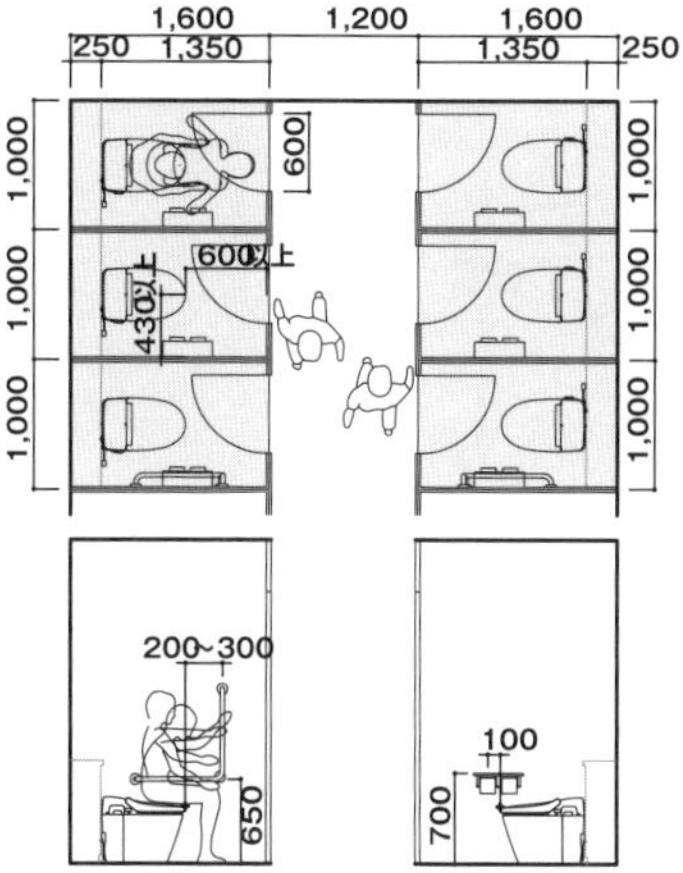

洋式大便器＋小便器

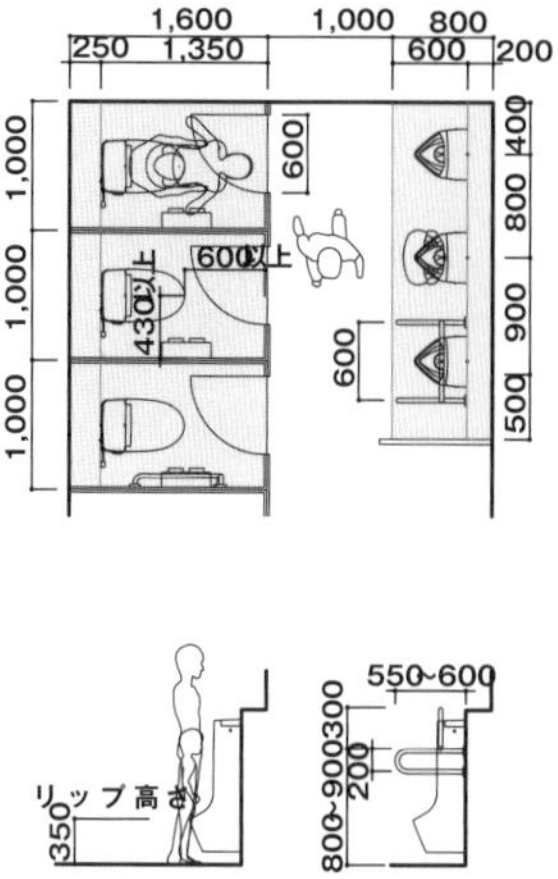

個室ブース

洋式大便器＋
子ども連れ配慮

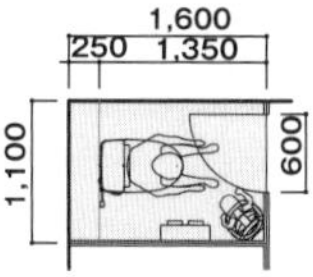

洋式大便器＋
着替え配慮

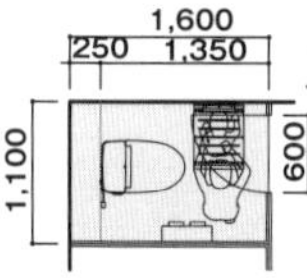

*収納式着替え台を設置

和式大便器

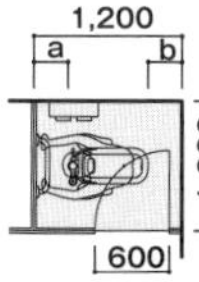

a>b かつ b=min250

洋式大便器＋
スーツケース・車椅子対応

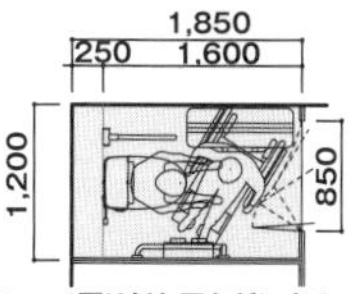

*扉は折れ戸などにする

洗面コーナー

洗面コーナー
（標準）

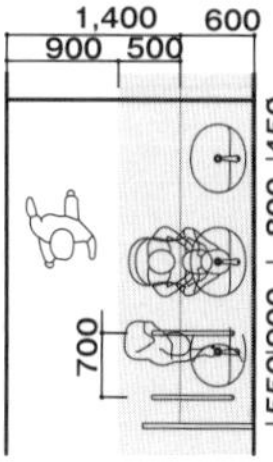

洗面コーナー
（ハンドドライヤー設置）

あふれ面高さ（H）	一般施設		オフィス	
		子ども配慮	男性	女性
	750mm	550mm	800～860mm	800～840mm

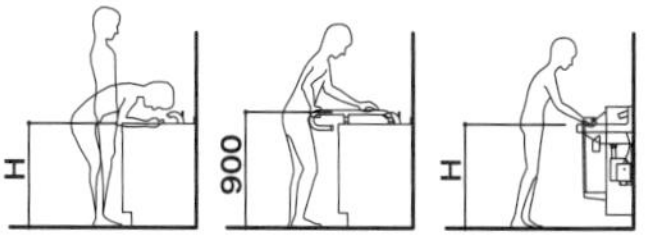

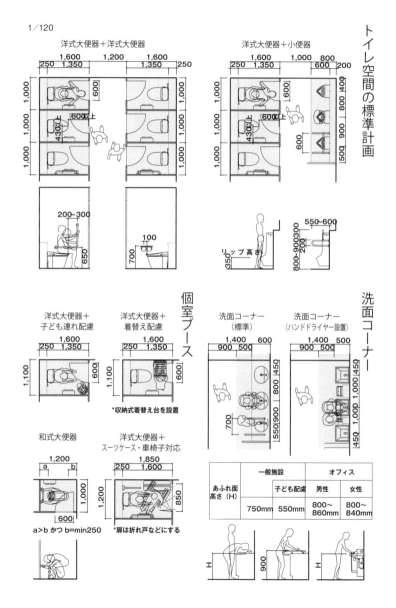

オフィスプランとトイレの関係

トイレ位置　　基準階平面 1／2,000

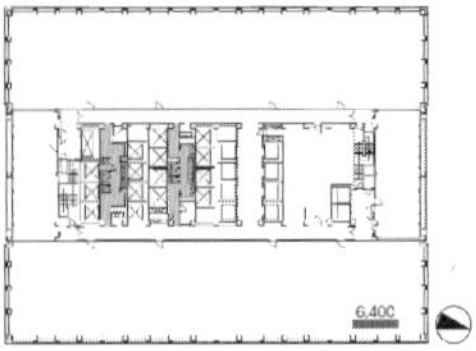

新宿三井ビルディング（1974）
設計／日本設計
規模／地上 55 階，地下 3 階　高さ／ 223m
基準階面積／ 2,689 ㎡　延床面積／ 179,671 ㎡

新宿副都心計画（1960）の事業化により誕生した西新宿超高層ビル群の一角を成す。更新対応のためセンターコア両端に設けられた設備コアにより，オフィスがコアをサンドイッチする貫通コア形式となっている。トイレは霞が関ビルを踏襲したレイアウトとなっている。

霞が関ビル（1968）
設計／山下寿郎設計事務所
規模／地上 36 階，地下 3 階　高さ／ 147m
基準階面積／ 3,505 ㎡　延床面積／ 165,632 ㎡

1963 年の建築基準法改正で高さ 31m 制限が撤廃されたことにより誕生した国内初の超高層ビル。長方形平面にセンターコア方式を組み合わせ，コア内に設けたトイレは，バンク分けされたエレベータロビーを利用し，両側からアクセス可能なものとして動線計画の合理化が図られている。

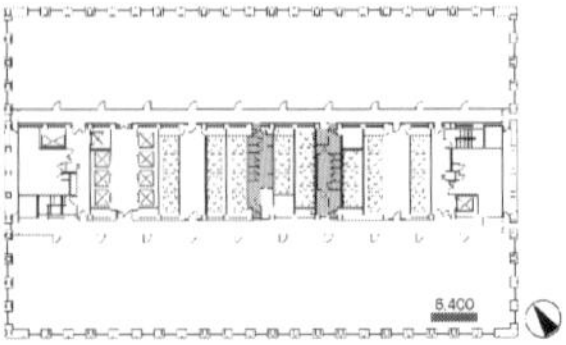

サンシャイン 60（1978）
設計／三菱地所設計
規模／地上 60 階，地下 4 階　高さ／ 239m
基準階面積／ 3,159 ㎡　延床面積／ 190,595 ㎡

新宿・渋谷と並ぶ副都心池袋のランドマークであり，国内最大規模の一体型複合都市施設サンシャインシティのオフィス棟。貫通コア両端には避難バルコニーを設け，コア外の避難経路を確保して防災性に配慮されている。トイレはエレベータバンクを利用した形式。

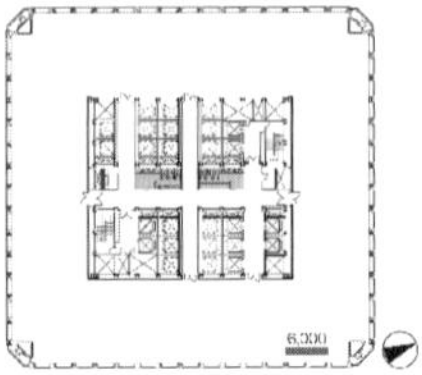

世界貿易センタービル（1970）
設計／日建設計
規模／地上 40 階，地下 3 階　高さ／ 152m
基準階面積／ 2,458 ㎡　延床面積／ 153,841 ㎡

霞が関ビルに続く，国内 2 番目の超高層ビル。正方形平面の中心に据えられたコアに，四方にアクセス可能な中央廊下を設けたコンパクトな平面形状。トイレも全方位から利用しやすいよう，廊下の交差部となる中央付近に配置されている。

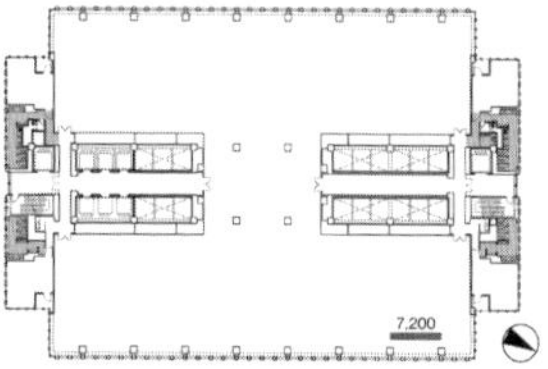

日本橋三井タワー（2005）
設計／日本設計，シーザー・ペリ＆アソシエイツ
規模／地上 39 階，地下 4 階　高さ／ 194m
基準階面積／ 3,006 ㎡　延床面積／ 133,855 ㎡

日本橋エリア活性化の核として計画され，三井本館 (1929) の再生，活用により重要文化財保存型特定街区適用第一号となる。オフィススペースは T 形コアを両端に備えた分散コア形式で、両コア外壁面に男女トイレをそれぞれ擁している。バリアフリー法認定を取得。

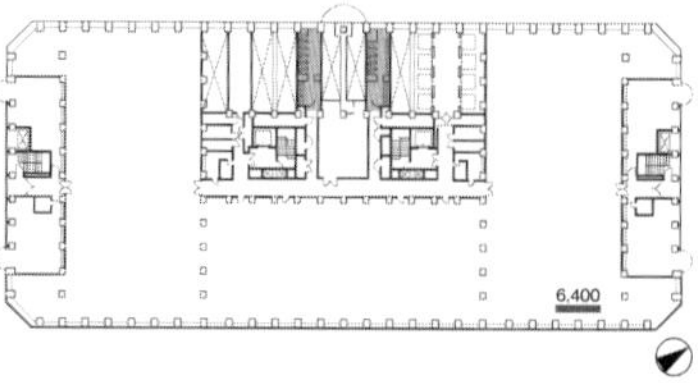

新宿アイランドタワー（1995）
設計／日本設計
規模／地上 44 階，地下 4 階　高さ／ 189m
基準階面積／約 3,600 ㎡
延床面積／ 205,847 ㎡（タワー棟）

都庁舎など，淀橋浄水場跡地の超高層ビル街に接し，新宿新都心超高層ビル群を成す大規模再開発のオフィス棟。コンパクトな片寄せコア＋両端コアの分散コア形式により大きなフロアプレートが成立している。コア部エレベータバンクを利用したトイレには外光を取り入れている。

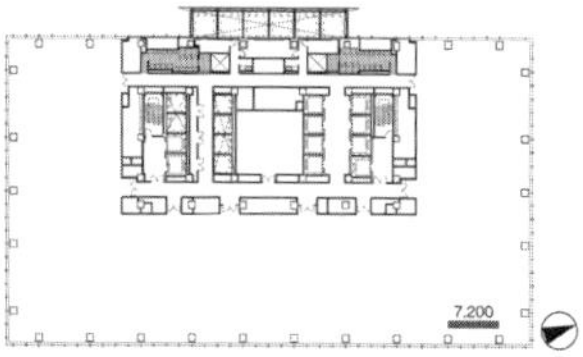

グラントウキョウサウスタワー（2007）
設計／日建設計
規模／地上 42 階，地下 2 階　高さ／ 205m
基準階面積／ 3,131 ㎡　延床面積／ 139,785 ㎡

東京駅八重洲口周辺の再開発として，東京駅丸の内駅舎との特例容積率適用地区制度を活用したオフィスタワー。ガラスファサードにより外光をふんだんに取り入れた片寄せコアに，高層部では外壁面にトイレ，リフレッシュコーナーを沿わせている。バリアフリー法認定を取得。

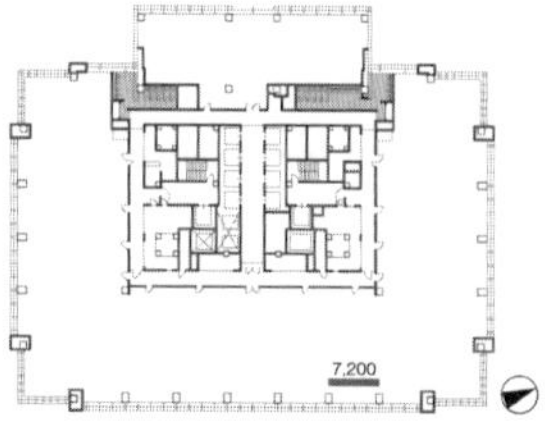

丸ノ内ビルディング（2002）
設計／三菱地所設計
規模／地上 37 階，地下 2 階　高さ／ 180m
基準階面積／ 3,340 ㎡　延床面積／ 159,907 ㎡

大手町・丸の内・有楽町地区再開発計画のスタートを切り旧丸ビル（1923）を超高層に建て替えた。オフィススペースにコアを挿入した片寄せコア形式。上層でコア北側のエレベータ上部はオフィスとなるが，手洗い・パウダーコーナーは常に外光が入る位置にレイアウトされている。

224〜225頁は日本初の高層ビルである霞が関ビルから、現在の超高層オフィスビルまでの基準階平面図を年代に沿って並べたものである。コア内のトイレの配置計画は、1980年代までは構造的に安定したセンターコアが主流のため、トイレも必然的に中央部に位置している。1990年以降に構造解析や建築技術の進歩により、片寄せコア、分散コアの計画が可能になると、トイレも建物の外周部に配置されるようになり、自然光を取り入れた開放的なトイレが計画されている。

（田名網雅人）

7 観光地のトイレ問題

①観光の現状

わが国では、本格的な少子高齢化・人口減少社会の到来（図1）が、地域経済に様々な影響を及ぼすことが懸念されている。

このような状況の中、国内外からの交流人口の拡大によって地域の活力を維持し、社会を発展させるためにも、観光はきわめて重要な分野となる。政府においても、地域経済への波及効果が大きい産業として、観光振興が重要な課題として位置づけられている。

一方、ＳＮＳの普及などにより、消費者の価値観が多様化している。観光面においても、旅行者の欲求の高度化・多様化が進む中で、

図１　人口の推移と将来人口

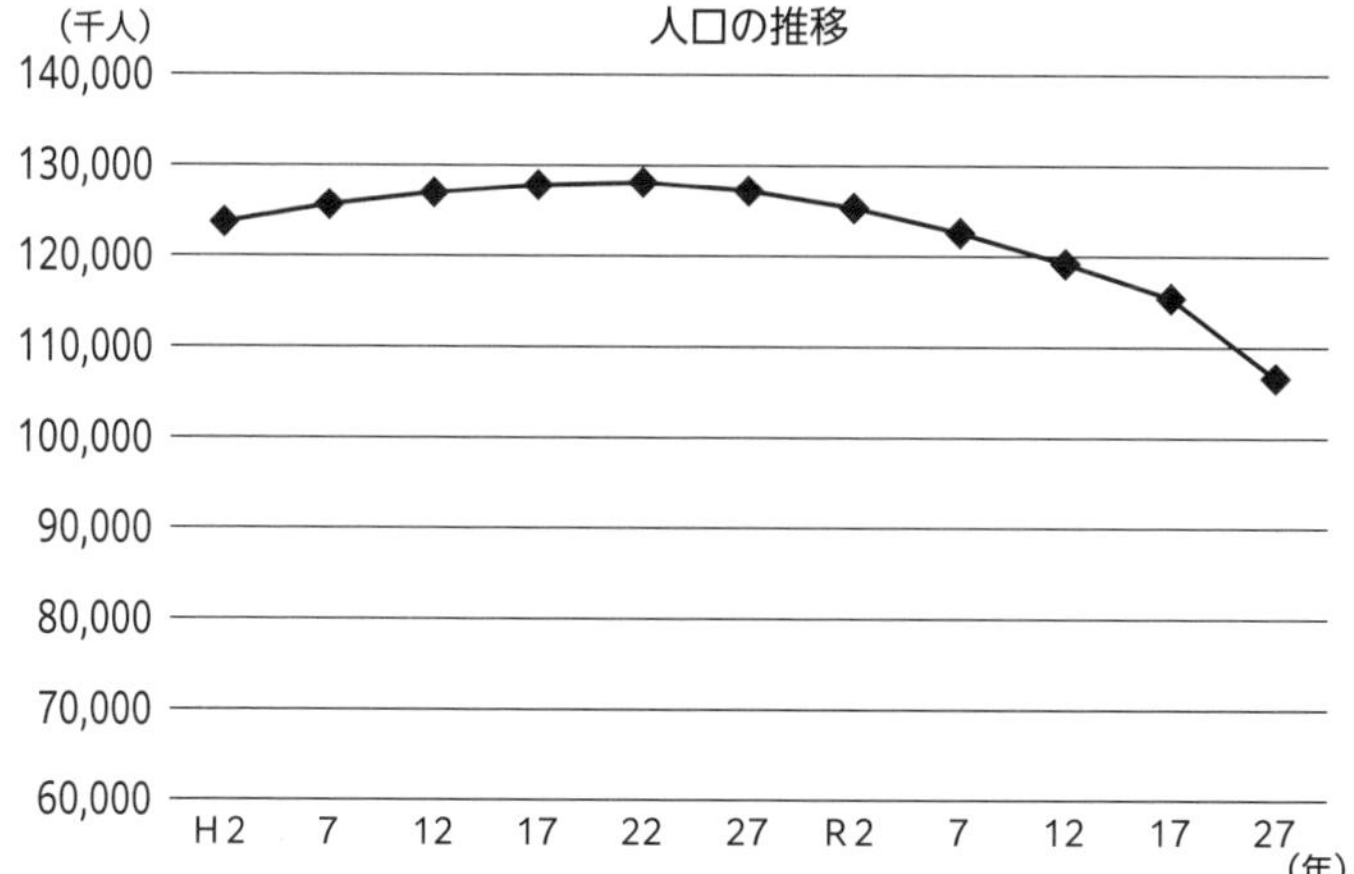

出典：総務省統計局「人口の推移と将来人口」

従来の「物見遊山型の観光」から「知的好奇心を満足させる観光」「モノ消費からコト消費」「ストーリー観光」などが注目されるようになってきている。また、コロナ禍により観光に対して安心・安全も求められるようになってきている。

「まち歩き観光」とトイレ

このように、価値観の多様化や旅行形態の変化が進む中で、健康志向とも相まったウォーキングやまち歩きへのニーズが高まりを見せて久しい。

大手旅行会社においても歴史街道を歩くツアーが主催され、鉄道各社でも駅を起点としたまち歩きイベントが開催されている。これらのツアーやイベントには多くの観光客が参加しているが、コースを設定するうえで主催者側が最も苦慮する点の一つがトイレ問題だ。

具体的には、コース上に参加者が利用できるトイレ自体がない、利用できるトイレがあっても清潔でない、男女の区別がないなどである。

「まち歩き」にとってトイレは重要な問題

少し以前の調査となるが、公益社団法人日本観光振興協会が２０１３（平成25）年に実施した調査によると、日常や旅行先で歩いたり走ったりする際に「困ること」として挙げられるものは、全体では「トイレがない、少ない」（37%）がトップで、次いで「歩道と車道が分けられていない」（36%）、「休憩できるところがない」（26%）が続き、7番目には「トイレ、休憩施設が載っている地図やガイドブックがない」（15%）が挙げられている。

このことからも、トイレは重要な問題であると言えるだろう（図2）。

この「トイレがない、

図2　日常や旅行先で歩く（走る）時に「困ること」

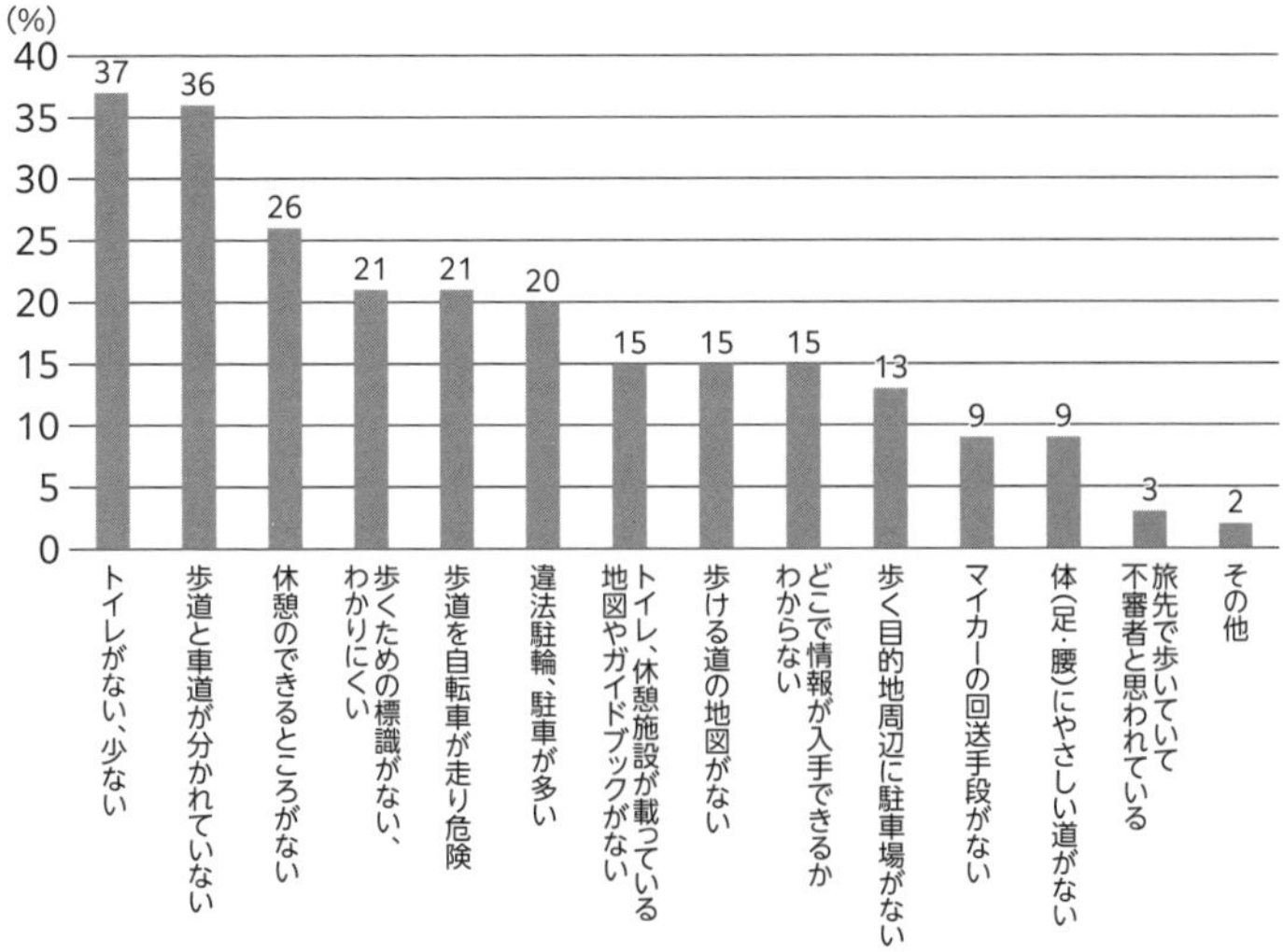

調査概要
- 調査目的：日常生活および旅先での「歩き（走り）」の実態と、「街歩き」に対する思考や問題点を探る。
- 調査対象：全国15歳以上の男女
- 調査方法：インターネットによるアンケート調査
- 調査時期：2013年10月
- 回答者数：2,228人（男性1,116人、女性1,112人）

出典：公益社団法人日本観光振興協会による調査、2013年

少ない」という回答を、性・年代で比較してみると、男女別では、女性全体の39％が「トイレがない、少ない」ことを問題点として挙げており、男性全体を４ポイント上回っている。

次に、男性を年代別で見ると、年代が高くなるにつれ「トイレがない、少ない」という点を問題点に挙げる割合が高まり、60歳以上では50％に達している。

一方、女性では20代を除くと、男性と同様に年齢が上がるほど「トイレがない、少ない」という点を挙げる割合が高まるが、その傾向は男性ほど顕著ではない。

さらに、年代別で見てみると、20歳未満（17ポイント）および30代（13ポイント）で男女の差が大きくなっており、20歳以下の若年層や子育て世代（30代）の女性ではトイレ問題に敏感に

図３　トイレ問題に関する性・年代比較

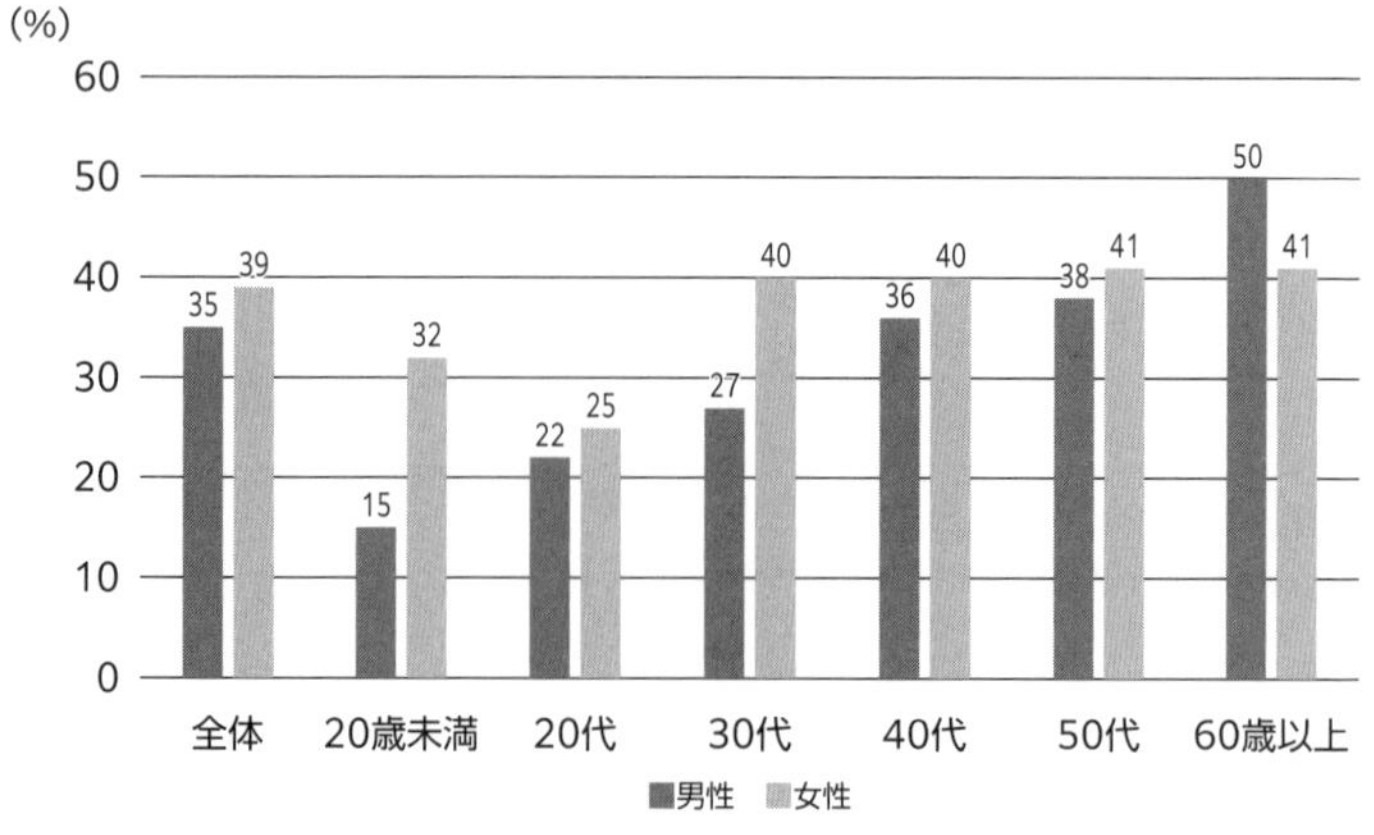

出典：公益社団法人日本観光振興協会「『歩き』に関する調査」（2013年）

なっていることが窺《うかが》える（図3）。

地方部ほどトイレの問題は深刻

まち歩きに関するトイレの問題は、地方部になるほど深刻な問題となる。都市部では公園やコンビニエンスストアなど、気軽に利用できるトイレは比較的多く存在するものの、地方部になるほど利用できるトイレを探し出すことが難しい。

特に、観光地としての意識が薄い地域では、観光客が自らの地域を散策することすら快く思わない住民も一定数存在するため、そういった地域では民家や商店のトイレを借用することも難しい。

さらには、仮に利用できるトイレがあっても男女兼用だったり、衛生面や治安面の不安があったり、和式トイレが使えないが様式トイレがないといった問題も指摘される。

「まち歩き」には高齢者や女性が比較的多く参加するため、洋式トイレの不足や衛生面は大変重要な問題である。人気の高いまち歩きツアーでは、一度に利用できるトイレの数の問題が生じ、さらに車いす対応など多様な利用者に配慮したトイレの欠如も指摘されている。

なお、和式トイレに関しては、近年急激に増大した外国人観光客から一番の問題点として指摘されることが多い。

②安心・安全なトイレ

トイレ問題に関する性・年代比較でも言及したように、トイレに関する問題は20歳以下の若年層や子育て世代（30代）で敏感になっているが、これは単にトイレが「ある」か「ない」かという問題だけではない。トイレが清潔で、しかも安心して利用できるかという点も大きな問題だと言えよう。

たとえば、訪れた地域で利用したトイレが不衛生だったり、暗く不安を覚えるようなトイレだったりすれば、いくら素晴らしい観光地でもあっても、再び訪れてみないとは思われないであろう。

そのため、多くの観光客が何度も繰り返し来たいと思えるような、清潔で明るく、安心して利用できるトイレを提供することが重要である。また、女性が多く訪れる地域には必然的に男性も訪れるようになるものである。

〝おもてなしトイレ〟の認定

2007（平成19）年に「おもてなし課」が設置されて話題となった高知県では、観光客の満足度を高めるとともに、県民による観光客への「おもてなし」の機運を高める取り組みの一つとして、観光客への「おもてなし」に取り組んでいるトイレを〝おもてなしトイレ〟

として認定している。

〝おもてなしトイレ〟に認定されるには以下の6条件をすべてクリアする必要があるが、2012年9月5日に第1号が認定されて以来、2022年7月現在、810か所のトイレが認定されている。

〝おもてなしトイレ〟の認定要件

①清潔である
②明るい（50ルクス以上）
③臭いがない、もしくは臭いを消す対策をとっている
④トイレットペーパーの予備を置いている
⑤洋式トイレが1か所以上ある
⑥利用者への〝おもてなし〟がされている（例：一輪ざし、おむつ交換台の設置、音楽を流すなど何か工夫されている）

今後、さらに「まち歩き」を楽しむ観光客の増大が予想される中、受け入れる地域にとって、観光客が安心して利用できるトイレを提供することが大きな課題となる。

この課題を解決するためには、新たにトイレを整備するということではなく、観光客を受け入れる地域の住民や商業者の理解を得て、それぞれがおもてなしの気持ちでトイレを提供する仕組みづくりが求められる。

（加藤克志）

8 — 鉄道車両のトイレ

①初期の客車用トイレ

鉄道開業時の列車は短距離運転だったため、車両にトイレはなかった。1876年に製作された二軸御料車一号に御厠《おんかわや》と手洗器を備えたのが、日本初の鉄道車両用トイレである(国鉄大井工場『御料車』1972年)。一般旅客用のトイレは1889年東海道線全通を機に設置されたのが始まりで、垂れ流し式であった(国鉄『日本国有鉄道百年史年表』1973年)。その後、トイレと別に洗面所も設置され、引戸で通路と仕切られていたが、洗面所の一人あたり使用時間を短縮するため、引戸をやめカーテンとした。

給水は屋根上水タンクによっており、地上のポンプからホースで(停車中の)車両の屋根上まで水を送り、駅員がこの水をタンクに給水せねばならず、能率的ではなく、危険でもあった。また、屋根とトイレ間の落差では十分な水勢も得られず、役にたたなかった。1929年にブレーキに圧縮空気を使うようになって以降、床下設置の大形タンクから空気圧により水を圧送する構造となり、給水方式は一気に改良された。

②垂れ流し式の問題

列車トイレは室内臭気、環境衛生悪化との闘いであった。当初、トイレ内通風は屋根上通風器によっていた。臭気は流し管から入ってくる外気と共に用便者の鼻先をかすめて上昇し、通風器から抜ける構造であったが、通風器能力も十分ではなく臭気は客室まで侵入することもあった。そこで、この逆構造として、通風器を取り付けた臭気抜《しゅうきぬき》を流し管に取り付け、臭気を外部に吸い出すことにした。垂れ流し式は２００１年まで１００年以上使われてきた。図１に通風式流し管を示す（『鉄道技術発達史　第４篇』日本国有鉄道、１９５８年）。

図１　通風器式便所流し管

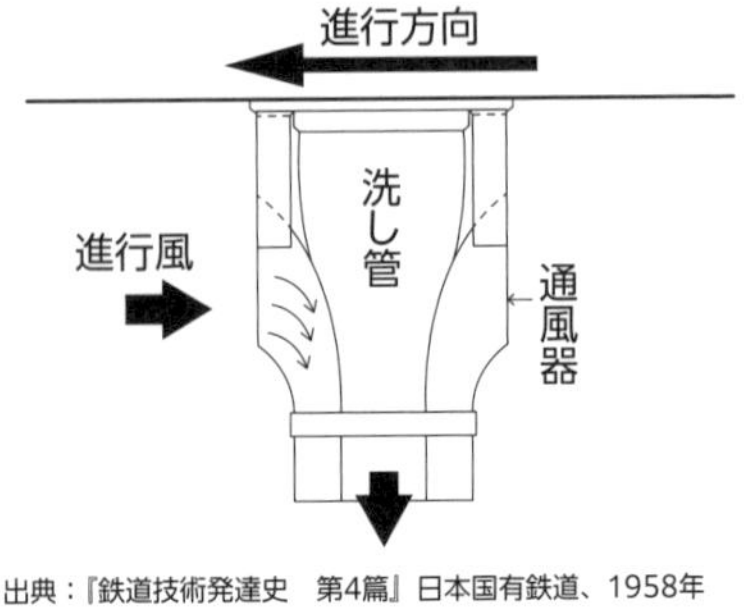

出典：『鉄道技術発達史　第4篇』日本国有鉄道、1958年

垂れ流し式による汚物の飛散は旅客に対しても、沿線住民に対しても不衛生極まりない。国鉄では１９５１年以降改良に取り組み、１９５３年製特急用客車、１９５５年以降の軽量構造車両でトイレ位置を従来の台車位置ではなく車体端部にし、流し管をレール中心・地上近くまで下げたが、抜本策にはほど遠かった。停車中のトイレ利用も大きな問題で駅間距離の短い日本では停車中の利用禁止も徹底しにくかった（星晃『回想の旅客車（下）』交友社、１

985年）。

③汚物処理方式の変遷

国鉄では1968年に循環式導入を基本とし、優等列車を中心に、全車両への改良は1985年を目途に予算約800億円投入を決定した（国鉄『日本国有鉄道百年史第12巻』）。爾来《じらい》20年以上かけて取り組み、JR移行時には旅客用車両の約90％までの処理が可能となっていた。ここまで徹底した汚物処理は世界でも例を見ないであろう（神津啓時「列車トイレ用汚物処理装置の歴史（上）」『電気車の科学』41巻1号、1988年1月）。

貯留式および粉砕式

1958年以降、東海道新幹線開業に備え、汚物処理問題解決に向けた開発が開始された。1960年には汚物をタンクに溜《た》めて基地で抜く貯留式の試験を行ったが、既設基地の地上設備改良に問題が多すぎ、実用化は見送られた。

続いて粉砕式を開発した。ペダルを踏むと汚物は水と共に流され処理薬混入後、粉砕部で粉砕、泥水状として貯槽後、脱臭殺菌したものを車外に放出する、というものであった。60年以降優等列車に取り付けられたが、沿線に汚染物を飛散させることには変わりなかったた

図２　粉砕式汚物処理装置概要

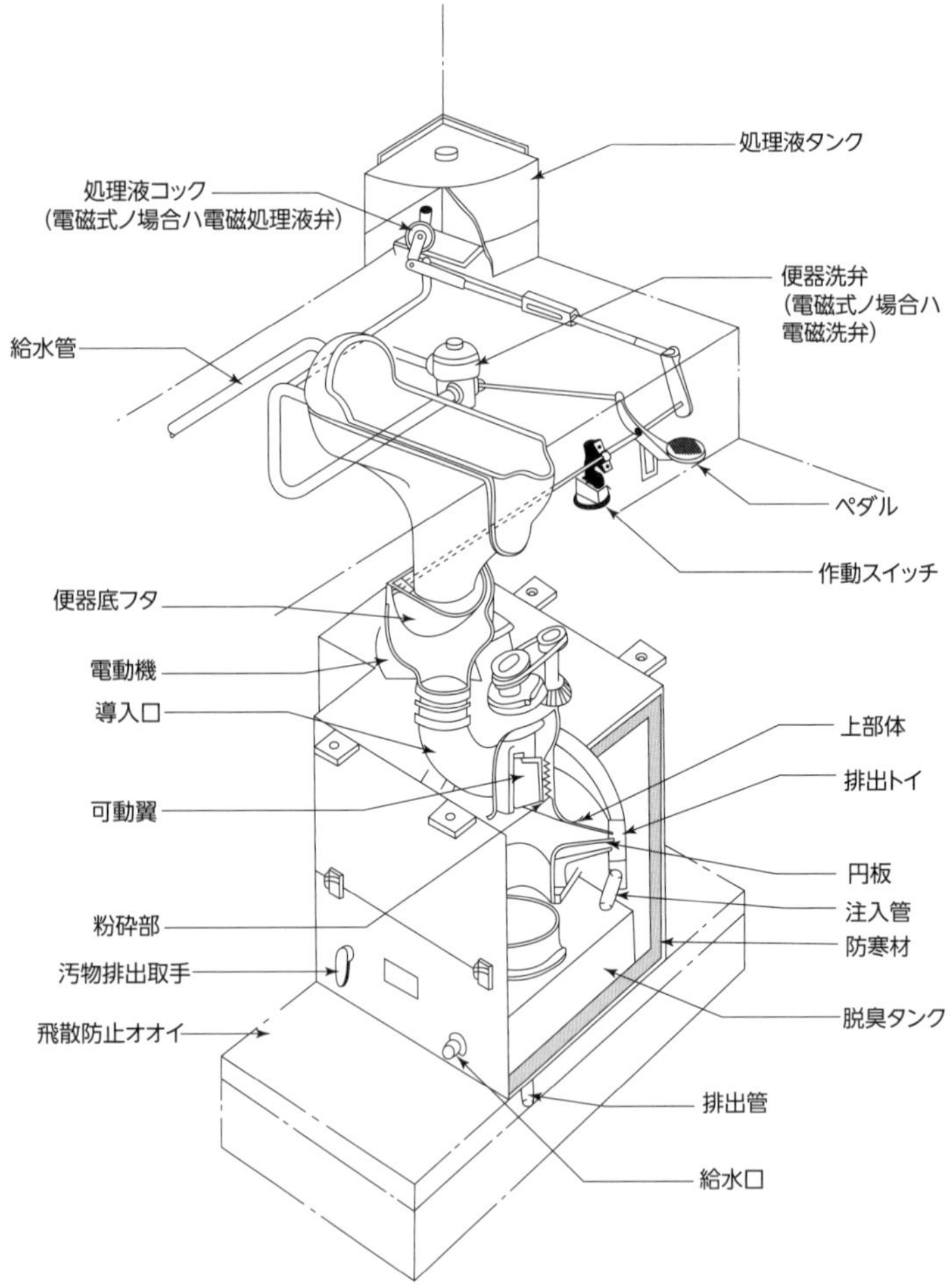

出典：『便所汚物処理装置取扱説明書』鉄道車両金具製造、1965年

め普及しなかった。図2に粉砕式概要を示す（『便所汚物処理取扱説明書』鉄道車両金具製造、1965年）。

基地も新設する東海道新幹線は開業時貯留式であった。タンク容量の決定にあたって、人の1回あたり排泄《はいせつ》量を0・3ℓ、使用頻度は1時間当たり0・2回とし、タンク容量1100ℓとしたが、これでは不足し1987年以降循環式の採用となった。

循環式

循環式は、汚物タンク内に水を溜めておき、水と排泄物の混合液を消毒・ろ過後、水を脱臭・消毒・着色して再使用する。したがって、汚物の抜取回帰延長が可能である。しかし、基地には汚水の浄化処理設備を要し、大規模な工事と多額の資金を必要とする。上下水道のない地域では、河川放流に対する地元の同意が必要である。次頁の図3に循環式の概念図を示す（『循環式汚物処理装置説明書』国鉄車両設計事務所、1984年）。

カセット式

主として近郊形電車については地上設備を必要としないカセット式を開発し、1984年以降使用を開始した。この方式は洗浄水と汚物をろ過槽で分離し、汚水は脱臭・脱色・消毒後、駅停止時に希釈して車外に放出し、汚物は一定周期にカセットごと高温で焼却するというものである。図4にカセット式を示す（神津啓時「カセット式汚物処理装置」『車両と電気』36巻8号、車両電気協会、1985年8月）。

④JR移行後の汚物処理装置

噴射式

循環式汚物処理装置は、汚水から洗浄水を再使用するため、不潔感はぬぐえないし、流し管内壁は長年の使用によるスケールの付着も見られた。

JR移行後誕生の東海道新幹線300系は最高速度270km／hで東京・新大阪間2時間半運転を実現した。そのため徹底し

図3　循環式汚物装置

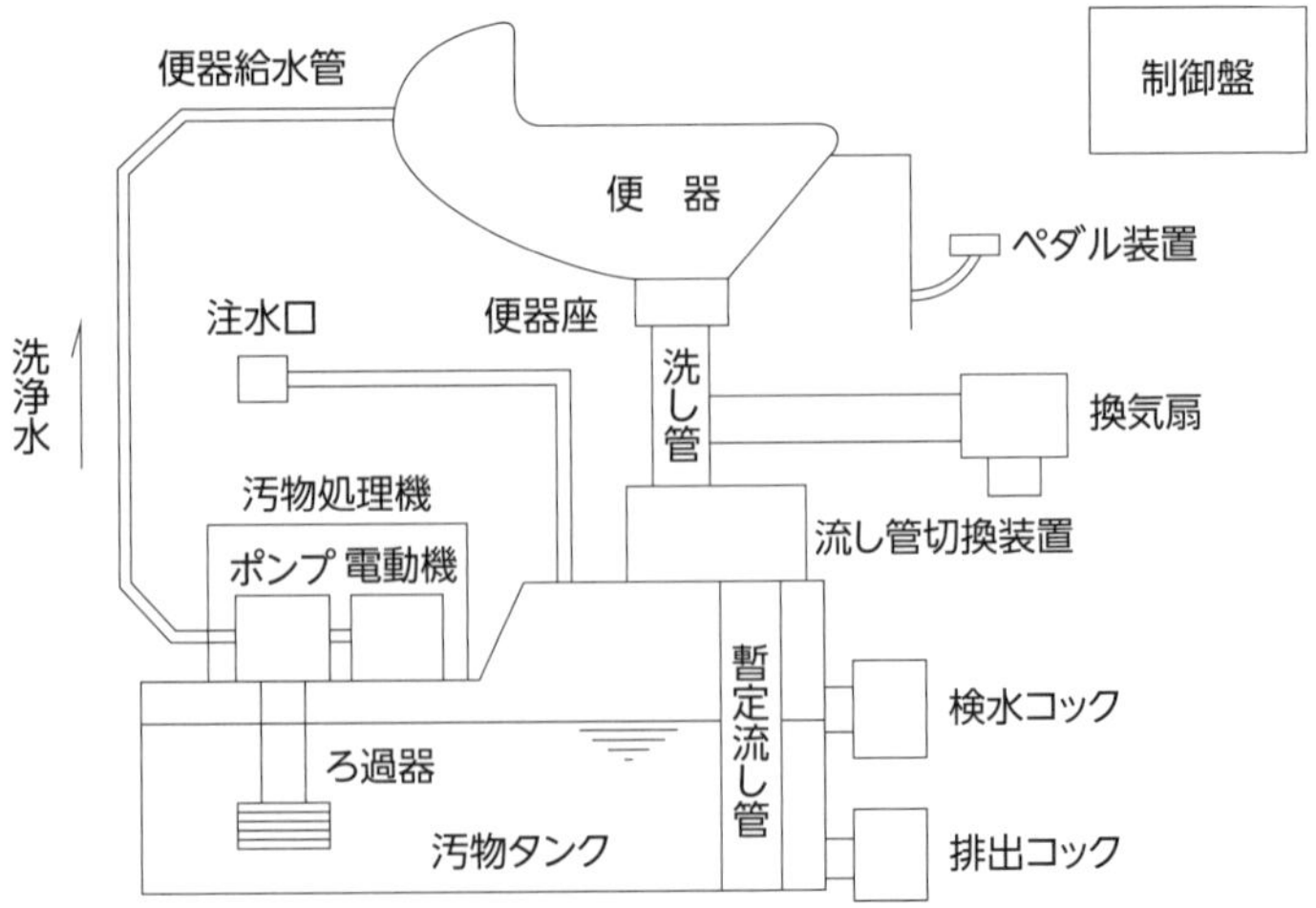

出典：『循環式汚物処理装置説明書』国鉄車両設計事務所、1984年

た軽量化が求められ、噴射式汚物処理装置を開発した。この装置では1回の洗浄水量0・2ℓを便器に対して高圧噴射して付着した汚物を排除し、排出口下部にはシャッタを設け臭気の逆流を防いでいる。循環式で必要とした初期水は不要となり、タンクの小形軽量化を可能とした（JR西

図4　浄化排水式（カセット式）汚物処理装置

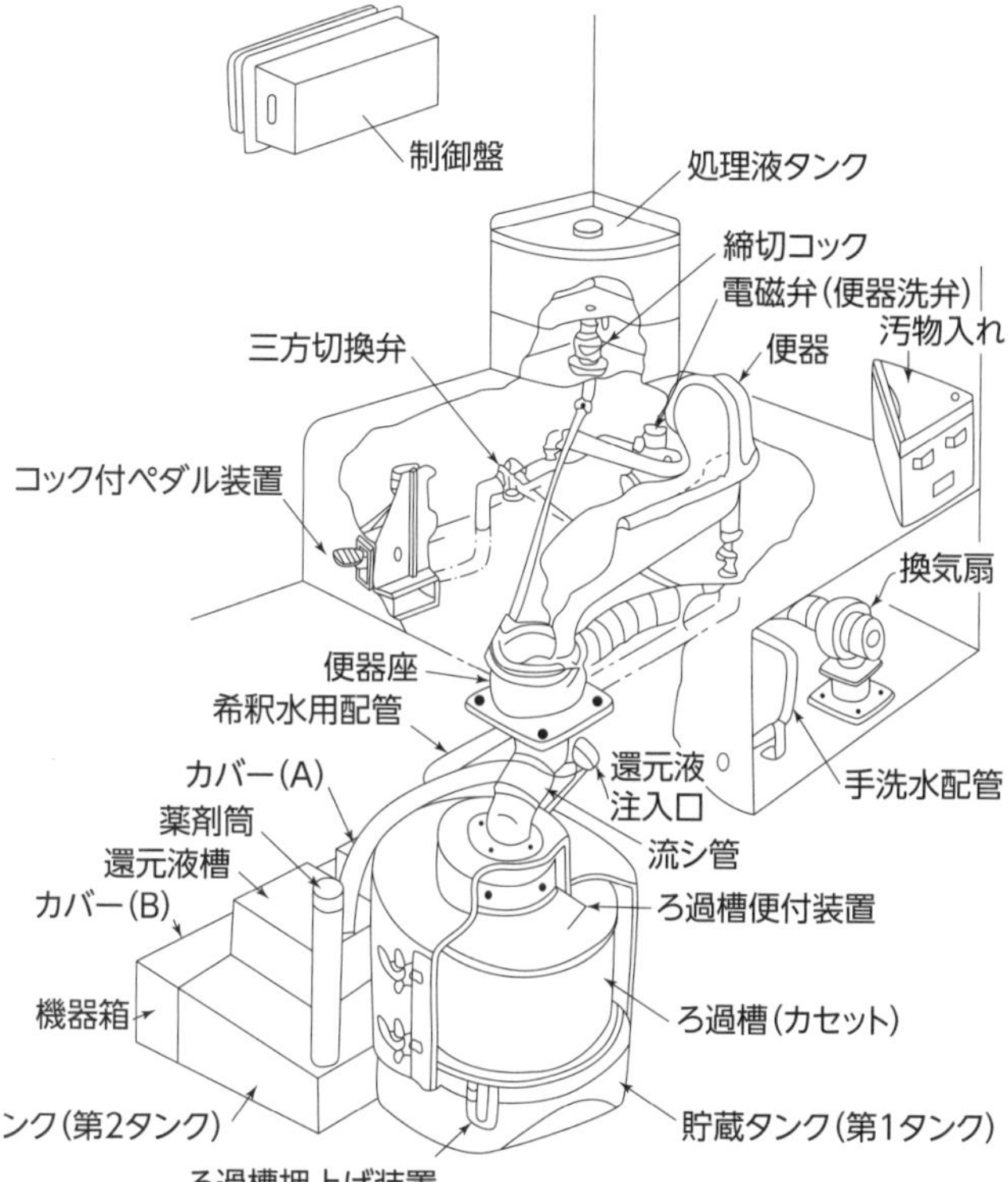

出典：梅津啓時「カセット式汚物処理装置」『車両と電気』36巻8号、車両電気協会、1985年8月

日本『300系新幹線電車説明書』1993年)。

真空式汚物処理装置

1990年代末以降、新幹線車両では臭気のない清潔な真空吸引式汚物処理装置が主流をなしてきた。この方式は、真空状態にしたタンクに大気圧中にある汚物は瞬時に吸引され、同時に空気圧力差で汚物タンクに圧送される。洗浄水は清水でよく、水量も1回あたり0・3〜0・5ℓと極めて少量である。便器の汚物は一瞬に吸引されるので、悪臭がトイレ室内に拡がることはない。図5に概念図

図5　直接真空汚物タンク方式

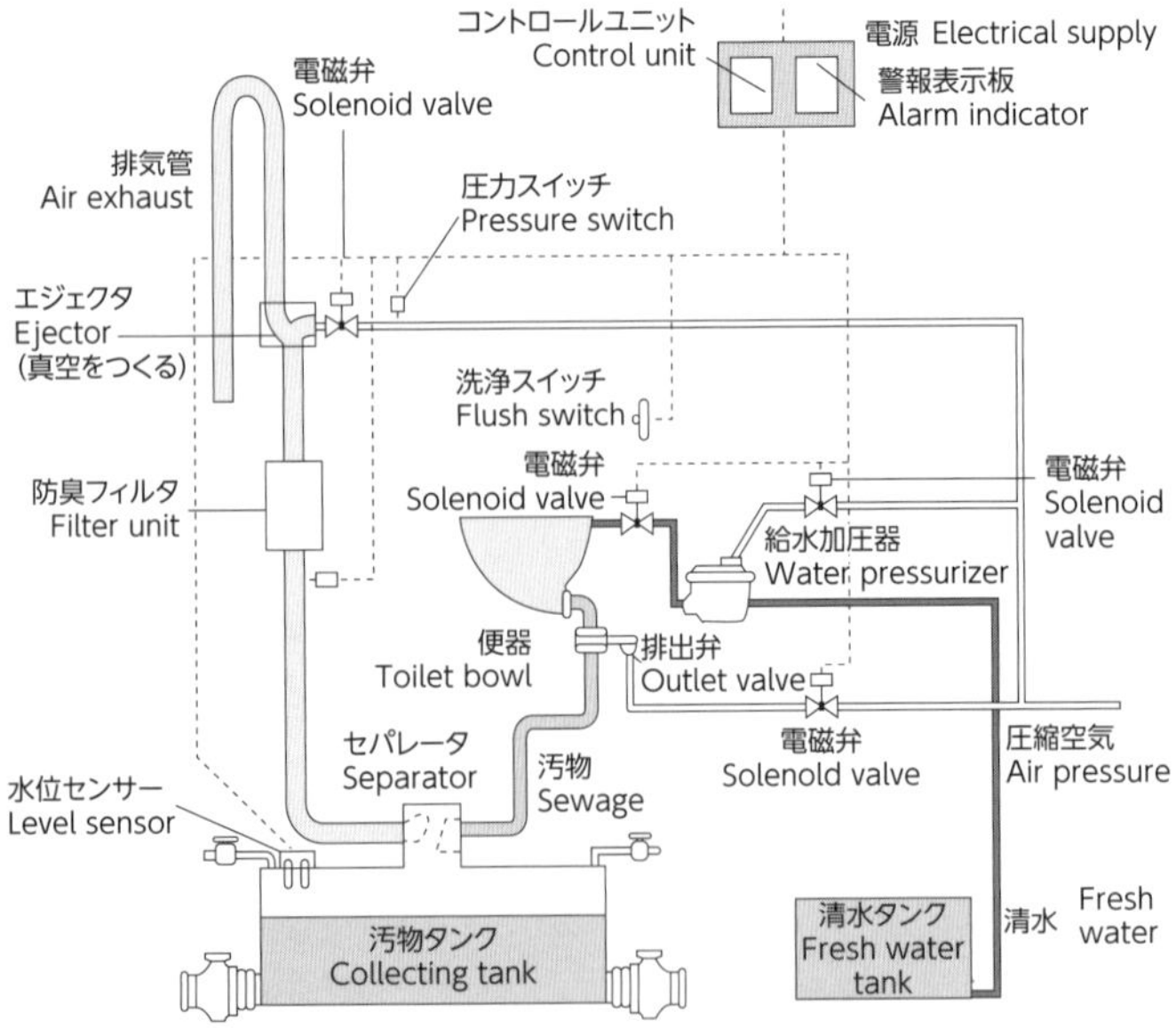

出典：原拓道「鉄道車両用トイレについて」『鉄道車両工業』479号、日本鉄道車輌工業協会、2016年7月

を示す。その後、中間に小型タンクを設け、真空にすることで汚物を吸引後、加圧して汚物タンクに圧送する方式を経て、この小形タンクを便器個々に設けて真空発生時間の短縮、多数便器の同時利用を可とするようなコンパクト方式が主流となった（原拓道「鉄道車両用トイレについて」『鉄道車両工業』479号、日本鉄道車輌工業会、2016年7月）。

⑤トイレ改良の方向

1970年製新幹線車両では身障者用に広いトイレを設け、排水ペダルのボタン化、内外連絡ブザーの位置変更など、バリアフリー化を鉄道車両で初めて実現した（望月旭『新幹線電車の技術経緯』日本鉄道車両技術協会、2014年）。その後、国土交通省ガイドラインも整備され、身障者向け多機能トイレへと進化してきた。

2005年登場の新幹線N700系以降、インテリアデザインも重視するようになった。今後はトイレが、より快適な空間の提供へとさらに進化していくものと考える。

（三品勝暉）

コラム　有料トイレ

公共トイレの有料化とは

排泄《はいせつ》はプライベートな行為だが、不特定多数の人とその場所を共有するため、マナーの悪さ、機器や建築の汚損、いたずらや犯罪行為などを直接受けやすい。また、清掃管理も不十分な場合が多い。有料トイレとは、管理費の一部を利用者負担として快適さを維持する方式で、快適な公共トイレの維持には有効な方法である。海外では公共トイレは有料であることが多いのだが、わが国では少ない。

有料トイレ採用の理由と結果

筆者は、2013年に全国の有料トイレの調査をした。その時点で筆者の持つ情報に各メーカーや日本トイレ協会から得たものを合わせ把握できた数は37例で、有料化の理由は以下のように事例ごとに様々であった。

(1)国家的行事（1964年の東京オリンピックや1970年の大阪万博など）が実施され、当時のわが国の公衆トイレの環境が来訪する外国人に対して恥ずかしいから。

(2)商業施設などで女性利用者を対象に、付加価値や高級感のあるトイレや化粧室を提供し、他と差別化をする目的で。

(3)1987年の国鉄民営化の際、JR東日本では利用者サービスの一環としてトイレの快適化改善を実施した。うち数か所をチップ制トイレとし、今後の駅のトイレのあり方を探ることとした。

(4)1990年に環境庁が、環境負荷改善のために浄化槽やバイオトイレなどの汲《く》み取りや垂れ流しではなく、汚物処理方法を導入した。国立自然公園では、快適さを提供するには費用が高いため、受益者負担の制度を導入し、有料化した。

(5)これからの公衆トイレのあり方の試行として。

廃止した理由

2022年に改めて調査してみると、うち25例が有料化を廃止していた。その理由として、以下が挙げられた。

(1)利用者数が少ない一方で、有料トイレの快適さの維持費は高く、採算が合わない。

(2)周辺トイレが快適化され、有料トイレとして差別化しにくい。

(3)わが国では安全はタダの時代が長く、現在も比較的安全な国であること。

今後の有料トイレの可能性——まちの安心スポットとしての提案

今後、多様化が進み、ニーズの異なる利用者同士、誰もが快適なトイレを使える社会が求められる。しかし、まちや公園の公衆トイレは、安全性、清掃面、多様化への対応に限界がある。トイレの設置場所によっては、様々なリスクがあるは

千代田区秋葉原有料公衆トイレ

ずだ。また、常駐管理者のいる既存有料トイレで、災害時、排泄だけでなく、帰宅困難者の一時休息や情報の場所になったとの報告もある。

有人有料のトイレは、排泄時だけではなく、災害時などの緊急時救済スポットとしても、私たちの日常の安心につながる可能性を持つと考える。そして、今後、まちの情報や安全を担保するスポットになることが期待される。

（小林純子）

商業施設パリプランタン有料トイレ

コラム　パチンコ店はなぜトイレがきれいなのか

トイレのみの使用を歓迎

全国46都道府県にチェーン型パチンコホールを約400店舗展開する㈱ダイナムは、遊技をしない、トイレの使用だけのお客様も歓迎している。ダイナムでは「パチンコを気軽に楽しめる日常の娯楽に改革する」という経営ビジョンに基づき、店舗を地域のインフラにしていきたいと考えている。遊技する人も、遊技をしない人も気軽に立ち寄れる場所を目指していくうえでは、トイレのみの利用も大歓迎というわけだ（法令により18歳未満の入場をお断りする場合もあり）。ダイナムに限らず、同様の考え方を持つパチンコホールは多いと思われる。

なぜパチンコ店のトイレはきれいなのか。これは、お客様に快適な遊技空間を提供し、楽しい余暇のひと時を過ごしていただくうえで、トイレという場所も重要なファクターの一つだと考えているからだ。楽しいひと時に水を差すことのないように、また時には熱中しすぎたお客様が落ち着いてクールダウンの時間を過ごせるように、営業時間中は常に綺麗な状態を維持できるよう注意を払っている。ダイナムの例を挙げると清掃スタッフによる定時巡回に加えて、ホールの従業員

全国に約400店舗を展開しているダイナム

も1時間に1回の頻度で「トイレチェック」（清掃・点検）を実施している。

充実したアメニティ

最新のパチンコ店では、女性客に向けてパウダールームを設置したり、あぶら取り紙や生理用品などのアメニティグッズを提供したりする店舗が増えてきている。お困りの際には、「近くのパチンコ店のトイレを使用できる」という安心感をもって気軽に利用していただきたい。

トイレの貸し出しにまつわる特別な行事

三重県のパチンコ店は大晦日《おおみそか》にオールナイト営業が唯一許可されている。これは、毎年多くの人が伊勢神宮へ参拝に訪れることから、パチンコ店のトイレを深夜帯にかけて開放し、参拝客に使用してもらうためと言われている。この特殊な営業により、三重県のパチンコホールには大晦日の朝9時から元旦の深夜25時の閉店時間まで、参拝客も含めて全国各地からお客様が集まる名物行事となっている。

女子トイレ～新しい店舗にはパウダールームも設置されている

男子トイレ～広く清潔に保っている

パチンコをする人もしない人も快適な空間を提供

ダイナムの店舗を含め、パチンコホールの雰囲気は昔と比べて大きく変化した。特に2020年4月からは店内が完全分煙化され、ホール内からタバコの煙がなくなった。トイレのみならず店内全体が綺麗で明るい空間となっているので、生まれ変わったパチンコ店を気軽にご覧いただきたい。

（生沼安奈）

第5章

快適さを持続させる

快適な公共トイレは誰がどのように維持しているのだろう。みなさんの家でもトイレ、風呂、洗面所、台所などの水廻《まわ》りと呼ばれる場所が汚れやすいのはご存じだろう。水廻りでの水は汚れを落とし搬送する大切な役割を持っている。一方で水は細菌やカビなどの繁殖をもたらすものでもある。搬送できなかった汚れやカビなどは水廻りを汚くしてしまう。また、水廻りにはたくさんの建築設備が集まっている。その設備には壊れやすいものや経年劣化が大きいものも少なくない。こうした、汚れを清掃し、壊れを補修することで、快適さを持続していくことができる。ところが、きれいな公共トイレも経年とともに時代遅れになることがある。こうしたときには快適さを更新する必要がある。

ここでは、公共トイレの生涯（ライフサイクル）を見ながら、どのようなときに〝1　快適さを更新させる〟必要があるのか、どのようにして〝2　快適さを持続させる〟のかを紹介する。

1 ― 快適さを更新させる

①公共トイレの寿命

昭和の時代の公衆トイレは近づくことさえためらわれるようなものが少なくなかった（第1章第1節参照）。建物の形は残っていても、人々が使うことのない空間は、公共トイレとしては寿命をむかえている（廃墟《はいきょ》を思わせる）。

こうした廃墟のような公共トイレはなぜ生まれるのか？

損耗や性能低下など、経年劣化により使用不能となるまでの年限を公共トイレの寿命とすると、保全技術によりいつまでも使い続けることが可能な現状では、公共トイレの寿命は存在しないことになる。

しかし、実際には、清掃などの保守が十分にされないことなどで簡単に寿命をむかえる。建物全体でみても、保全コストの上昇、利用者の減少、立地の不適合、他施設との競争力の低下など、様々な理由で使用が停止されることがある。

②公共トイレの生涯

日々使っている公共トイレの生涯の流れをご存じだろうか？　企画↓設計↓施工↓保全↓解体という建物としての公共トイレのライフサイクルをみていこう。

私たちが住みはじめる数年前から建物の企画がスタートする。調査に基づいて建物の用途や規模、構法や空間構成、環境計画などが構想され、資金計画や立地選定なども進められる。近年求められている快適さが高く環境負荷の小さい建物の実現には、この段階でライフサイクルを見通した計画を行うことが大切になっている。

設計は基本設計と実施設計の２段階で進められる。基本設計では建物の一般図、構造や設備計画などができあがる。成果物はファイルに綴《と》じられる分量である。模型やＣＧなどもこの段階で作成され、誰でも建物をイメージできるようになる。より詳細な実施設計では建築意匠、構造、設備の仕様書と図面、積算書が作成される。設備（第２章第５節参照）は、電気設備、空気調和設備、給排水衛生設備に分けられている。成果物は持ち歩けないほどの分量になる。

いよいよ建設部材、衛生器具などの製造と運搬が始まり、工事現場も動き出す。工事工程、仮設計画、さらに詳細な施工図などが作成され施工段階となる。大きな建物では地下工事から取りかかる。おおまかには基礎や地下階の工事で半年、建物軀体《くたい》の工事で半年、内外装工事および設備工事で半年、合計で1年半ほどの期間を要して竣工《しゅんこう》する。

こうして建物が竣工してからが本章の本題となる。ここまでが数年であったのに対して、数十年にわたる長い期間の保全によって快適さを持続させ、更新させる。

企画構想段階で設定された建物の竣工時の性能は、私たちが使用し、時間が経過することで経年劣化していく。ごく短い期間でも汚れたり、傷ついたり、故障したりする。これらは、日常の点検、清掃や補修などの保守によりある程度まで回復する。そうしてまた、汚れたり、傷ついたり、故障したりするので、点検、清

図1　建築物のライフサイクルと保全のサイクル

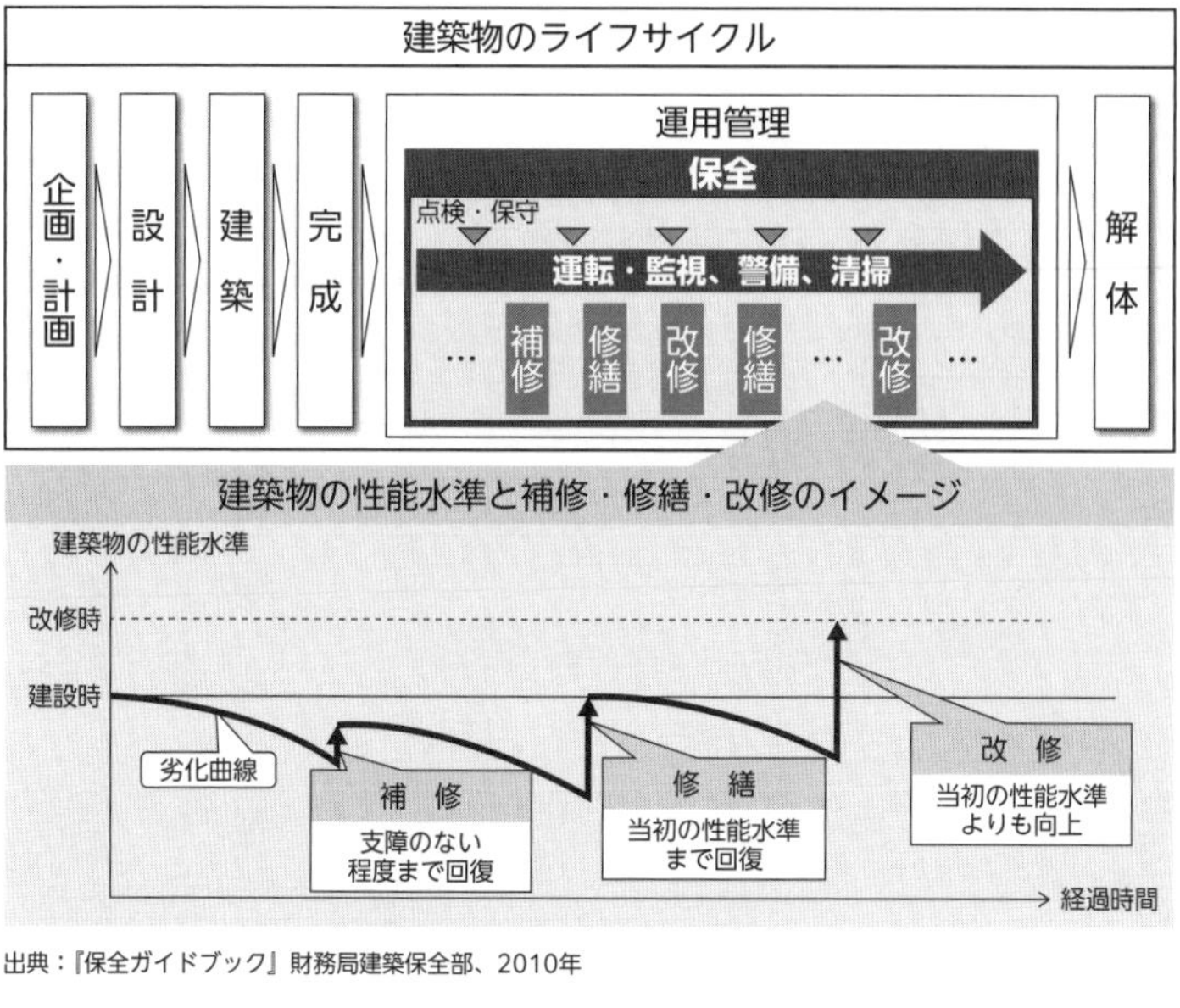

出典：『保全ガイドブック』財務局建築保全部、2010年

掃や補修などが繰り返される（前頁の図1）。

　こうして時間が経過していくと竣工当初の快適さなどの性能がかなり低下してしまう。そこで行われるのが大規模改修工事と称される修繕や改修で、竣工後10年、15年、25年といった節目に計画されていることが多い。こうした建物の運用段階における保全は、企画設計段階に中長期保全計画としてまとめられる。

　こうした、保守、修繕、改修といったいろいろな保全のサイクルが何度か進められた後に、建物は何らかの理由により寿命を迎える。寿命を迎えた建物は解体され、部材はリサイクルされるか廃棄される。ここまでが建物の生涯、ライフサイクルである。

③保全の分類

保全は、維持保全（保守）と改良保全（改修）に分けることができる（前頁の図1参照）。前者は快適さを持続する活動、後者は快適さを更新する活動を主とする保全である。長期間にわたる保全は、建物のライフサイクルを見通し、目標耐用年数（耐用年数に関しては次項参照）を設定した計画が求められる。トイレに関する維持保全については、次節の〝快適さを持続させる〟で、トイレメンテナンスの専門家が詳述する。

　参考として、日本産業規格（旧日本工業規格）（JIS Z 8141：2001 生産管理用語、番号6107）の定義を引用する。保全は故障の排除および設備を正常・良好な状態に保つ活動の総称。また、その備考では保全の分類例が示されている（図2）。

公共トイレの快適さを持続するためには維持保全（維持活動）の予防保全が欠かせない。事後保全が故障したり、汚れたりと言った不具合が発生してからの対応になるのに対して、予防保全は、不具合が発生する前の事前対応になる。不具合によって快適さが損なわれる期間がない保全になる。

予防保全のうち定期保全は時間計画保全とも呼ばれ、時間を決めて行う保全になる。一方、予知保全は状態監視保全とも呼ばれ、対象となる建物・設備の健全性を常時監視して不具合の前兆を検知して対応する。快適さという観点では両者の相違は小さいが、費用や環境負荷という観点では状態監視保全への移行が求められる。

図2　保全の分類例

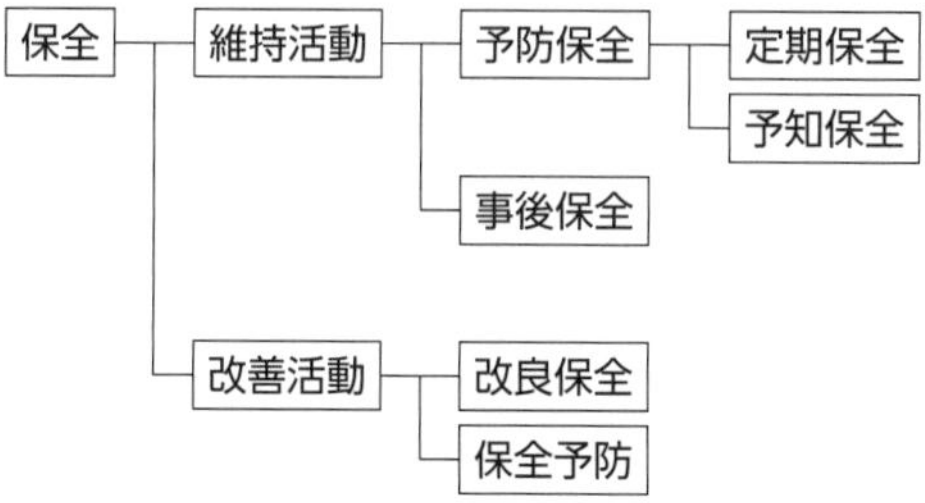

④耐用年数と寿命

本節の冒頭では様々な理由により使われなくなる公共トイレをみたが、この様々な理由ごとに耐用年数を考えることができる。建物・設備の耐用年数の捉え方については、耐久計画、耐用計画としてまとめられている。次の４つの年数に大別されている。物理的耐用年数、機能的・社会的耐用年数、経済的耐用年数、および法定耐用年数である。耐用年数と寿命の間には、法定耐用年数を除く最も短い耐用年数が寿命を決めるという関係がある。

建築計画段階に目標耐用年数を定めて、これを実現できるような設計を行い、中長期の保全計画が作成される。企画や計画段階で耐用年数の大方は決まってしまうとされているが、適切な保全がされていることが目標耐用年数の実現には必須である。

それぞれの耐用年数を、建物・設備を例にみていこう。

法定耐用年数

税法で規定される耐用年数を法定耐用年数という。建物・設備などは、時間の経過などによってその価値が減っていく減価償却資産に区分される。これらの取得費用は、使用可能期間の全期間にわたり分割して必要経費とするべきと考えられている。この使用可能期間が法定耐用年数として定められている。

建物の建設費用や維持保全費用は小さくないため、長期にわたる資金計画が快適さの持続・更新に関わってくる。必要経費として会計処理できる期間である法定耐用年数は、目標耐用年数の下限の目安として重要である。

建物は構造と用途によって耐用年数が異なっており、たとえば、鉄筋コンクリート造・事務所用のものは50年の耐用年数が定められている。木造や鉄骨造はこれよりも短い。また、建物附属設備として定められている給排水・衛生設備などの耐用年数は15年と短い。

物理的耐用年数

部材や設備などが損耗・経年劣化して使用に耐えられなくなるまでの年数であり、耐久性と呼ばれることもある。使用に耐えられない状態とは、摩耗故障期における故障率が一定量を超える状態と捉えることができる。

設備の場合、時間が経過することによって起こってく

図3　バスタブ曲線と部分更新による耐用年数の延長

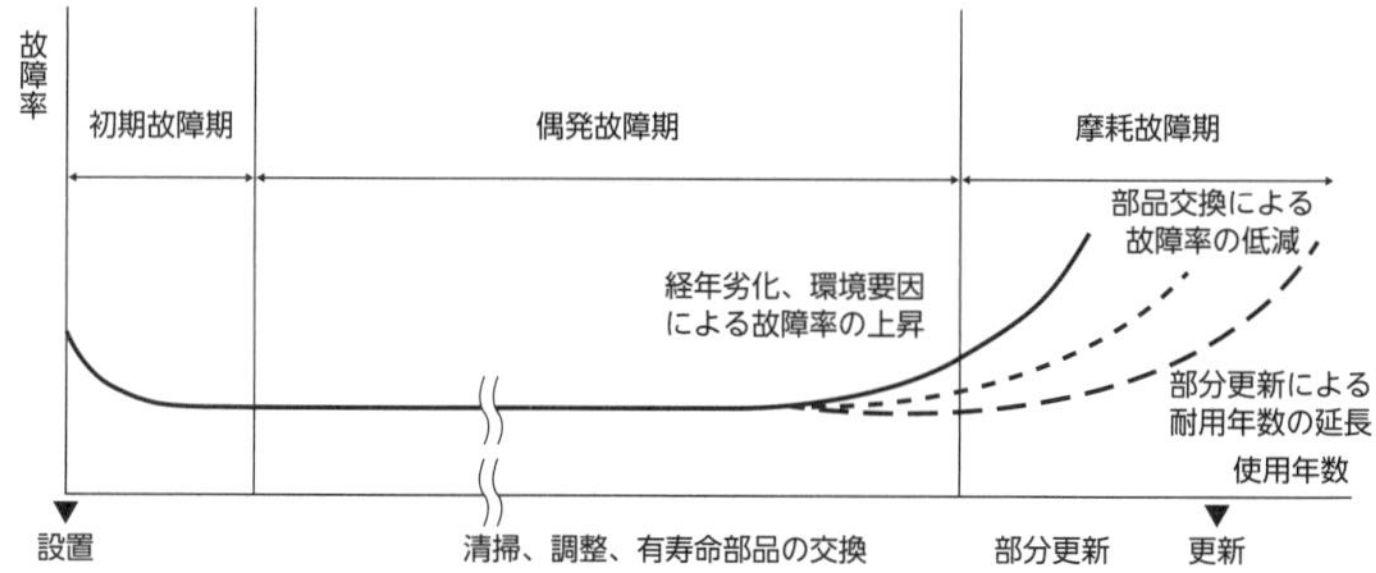

出典：厚生労働省

る故障の割合の変化はバスタブ曲線と呼ばれる故障率曲線で示される（前頁の図3）。使用開始直後は、製造上の欠陥によって初期故障が発生する。一定期間経過後は、経年劣化や環境要因による摩耗故障が増加してくる。これに加えて偶発的な故障が常にあるため、全体の故障率は浴槽の形に似た変化傾向となる。こうした傾向は、機械類よりも電子機器で顕著である。温水洗浄便座のように電子機器に近い設備では摩耗故障期の修繕や改修も重要になっている。

公園などに設置されている公衆トイレは風雨にさらされ、日射や昼夜の温度差などで経年劣化していく。ひび割れやずれが生じ、コンクリートは中性化し、鉄筋は錆《さ》びる。こうした経年劣化が進まないように維持保全がされる。

建物と設備では物理的耐用年数が大きく異なるものが多いことにも配慮が求められる。先に紹介した法定耐用年数を例にすると、建物が50年使用される間に耐用年数15年の設備は2〜3回の更新が行われることになる。給排水配管を更新するために床や壁を壊さないと工事ができないようなことにならないようにしたい。こうした工事は道連れ工事といわれ、初期の配慮、たとえばさや菅を埋設しておくなどで、ある程度は回避できる。

機能的・社会的耐用年数

時代の変遷とともに期待される機能を果たせなくなってしまうことによる耐用年数。新たに必要となった機能に対応できない、周辺と比較して相対的に見劣りするなどの所有者や利用者の側の理由により決まることが多い。

お尻を洗えないトイレで用を足したくない、しゃがんで（蹲《つくば》って）用を足せないなどが思いつく。商業施設のトイレでは、周辺の競合施設との比較により集客力の低下などが改修理由になることもある。また、多様な利用者（第3章参照）が想定される公共トイレでは、機能的な理由も重視されるようになっている。バリアフリー、ユニバーサルデザインを考慮していなかったトイレではこの耐用年数が短くなる。

清掃や修繕などの保守よりも、改修による対応が求められるのも、この耐用年数に関わる要因の特徴の一つである。

経済的耐用年数

一般的には、機器の故障修理費用が、買い替え費用を上回るまでの年数と説明される。建物・設備であれば、存続させるために必要となる費用が、存続させることによって得られる価値を上回ることで決定される年数になる。

維持保全と改良保全を適切に進めることによって、物理的耐用年数や機能的・社会的耐用年数を延ばすことができる。しかし、そのための費用は経年劣化や時代の変化が進むことによって増大していく。この増大した費用の負担が困難になると、耐用年数が延びることはなくなり建て替えが行われる。

一方、建物のライフサイクルを考えるときには、直接負担するコスト（内部コスト）だけではなく、CO_2排出量などの環境負荷をコスト（外部コスト）として考慮し、外部コストと内部コストを合わせたすべてのコストをライフサイクルで最適化することが重要とされている。このため、単純な金銭的負担だけで経済的耐用年数を考えることができない社会になっていることも忘れてはいけないであろう。

⑤実際の建物の寿命

建物現存量、除却年数の実態調査と、それらのデータから寿命を推定する方法の研究（小松ほか1992、野城1994など）がある。これらによると、建物の寿命は、物理的な寿命よりも社会的な寿命（機能性、経済性）に支配されていることが推定される。すなわち、いくら構造的に耐久性があっても、収益性や利便性、機能性といった観点から、建物の寿命は決定されており、概《おおむ》ね40年を切っている。これは、法定耐用年数よりも短い。

公共トイレ単独の寿命に関する文献は見当たらないが、存在していても使われることのないトイレが多いことを考えると、より短いのではないだろうか。適切な保全により、長期間使用による環境負荷の低減と快適性が両立するような公共トイレを目指していきたいものである。

（小松義典）

〈参考文献〉

- 日本建築学会編『建物のＬＣＡ指針（案）―地球温暖化防止のための ＬＣＣＯ$_2$を中心として―』丸善出版、１９９９年
- 「新　建築物の衛生環境管理」日本建築衛生管理教育センター、２０２０年
- 小松幸夫ほか「わが国における各種住宅の寿命分布に関する調査報告：１９８７年国定資産台帳に基づく推計」『日本建築学会計画系論文報告集』４３９号、１９９２年
- 野城智也「建設量と現存量の比較に基づく建物の寿命分布の試算」『日本建築学会計画系論文報告集』４６４号、１９９４年

2 — 快適さを持続させる

(1) —— 仕事の内容（体制・方法）

公共トイレの快適さを維持させる方法について、トイレメンテナンスの専門家の視点から見ていきたい。

トイレは、毎日、５～７回、人が必ず用を足しに行く場所である。好不況に関係なく、誰もが必ずトイレを訪問し、毎回、汚しに行く。その回数は、人間の一生でいえば、約20万回である。人の生活空間の中で、これだけ毎日汚しに行く場所はほかにない。不特定多数の利用者が使用する公共トイレであれば、汚れるのは当然であり、汚れ以外に、いたずら、落書き、場所によっては、ホームレスの滞在など、様々な問題が山積している。

どんなに予算をかけて、デザインや機能が充実した素晴らしいトイレをつくっても、適切なメンテナンスを施すことができなければ、あっという間に不快な４Ｋ（汚い・暗い・臭い・怖い）トイレになってしまう。

公共トイレの竣工《しゅんこう》時の性能は、私たちが使用し、時間が経過することで経年劣化していく。その経年劣化を止めるためには、様々な役割を持つトイレメンテナンス従事者が力を合わせて保守を行う必要がある。

①公共トイレの保守の5つの要素

快適な公共トイレを持続するためには、次の5つの要素を組み合わせ、保守していくことが大事である。

1つ目は、「日常清掃」である。日々の公共トイレ利用による汚れを除去、軽度な落書きやいたずらに対応する清掃である。快適さを持続する上で最も大事な要素である。利用人数の規模によって異なるが、原則、毎日1回以上行うことが望ましい。

2つ目は、「点検」である。汚れ、傷、故障などの経年劣化や悪臭の発生状況などをチェックし、公共トイレ管理者に伝える仕事である。できれば日常清掃スタッフではなく、別の人間が点検したほうがよい。毎日、公共トイレを見ている者は、どうしても日々蓄積される汚れなどは見えなくなるものである。このような場合でも、別の人間であれば見えることが多い。理想は1か月に1度程度の点検が望ましい。点検結果は記録として保存し、トラブル発生の頻度、周期を把握するための資料として、また保全計画の作成にも活用する。

３つ目は、「定期清掃」である。日常清掃ではなかなか時間の取れない高所の汚れや屋外の汚れ、日々蓄積していく汚れなどを除去するために行うものである。汚れの状況により、月単位、年単位で考え、計画的に実施することが望ましい。利用状況、清掃部所、汚れの状況により頻度は個別に決定する。たとえば、「床のポリッシャー清掃は1か月に1度」、「高所および外装の高圧洗浄は1年に1度」など、個別に計画を立てて進めることが望ましい。

４番目は、「プロフェッショナルトイレメンテナンス」である。「日常清掃」「点検」「定期清掃」では対応できない問題については、トイレメンテナンスの専門家の力を上手く利用することが大事である。たとえば、衛生設備や床面に固着した尿石や水垢《あか》を除去する場合、市販の洗剤を使って除去することは困難である。専門家は普通の人では扱えない医薬用外劇物と呼ばれる強い洗浄剤や、技術訓練がないと使用できない高圧洗浄機などの特別な道具を使い除去を行う。汚れきった公共トイレを、新品同様に見違えるほどきれいにすることができる。状況がひどい公共トイレに関しては、先にプロフェッショナルトイレメンテナンスを行い、その後に、「日常清掃」「点検」「定期清掃」のルーチンをつくることが有効である。

５番目は、「補修」である。「点検」により確認された建物や設備の不具合に対し処置する作業である。経年劣化が予想される不具合に関しては、あらかじめ消耗部品をストックしておくなど、工夫をすることで不具合の時間を短くすることができる。故障を放置すると、次の故障が連鎖するものである。迅速な対応ができる体制をつくることが大切である。

②公共トイレの保守と汚れの蓄積度合い

先に説明した5つの要素を効果的に組み合わせ、快適性を持続していくことが公共トイレの保守である。この頻度やバランスが悪いと、快適な状況を持続していくことはできなくなる。

公共トイレの保守と汚

公共トイレの保守の５つの要素

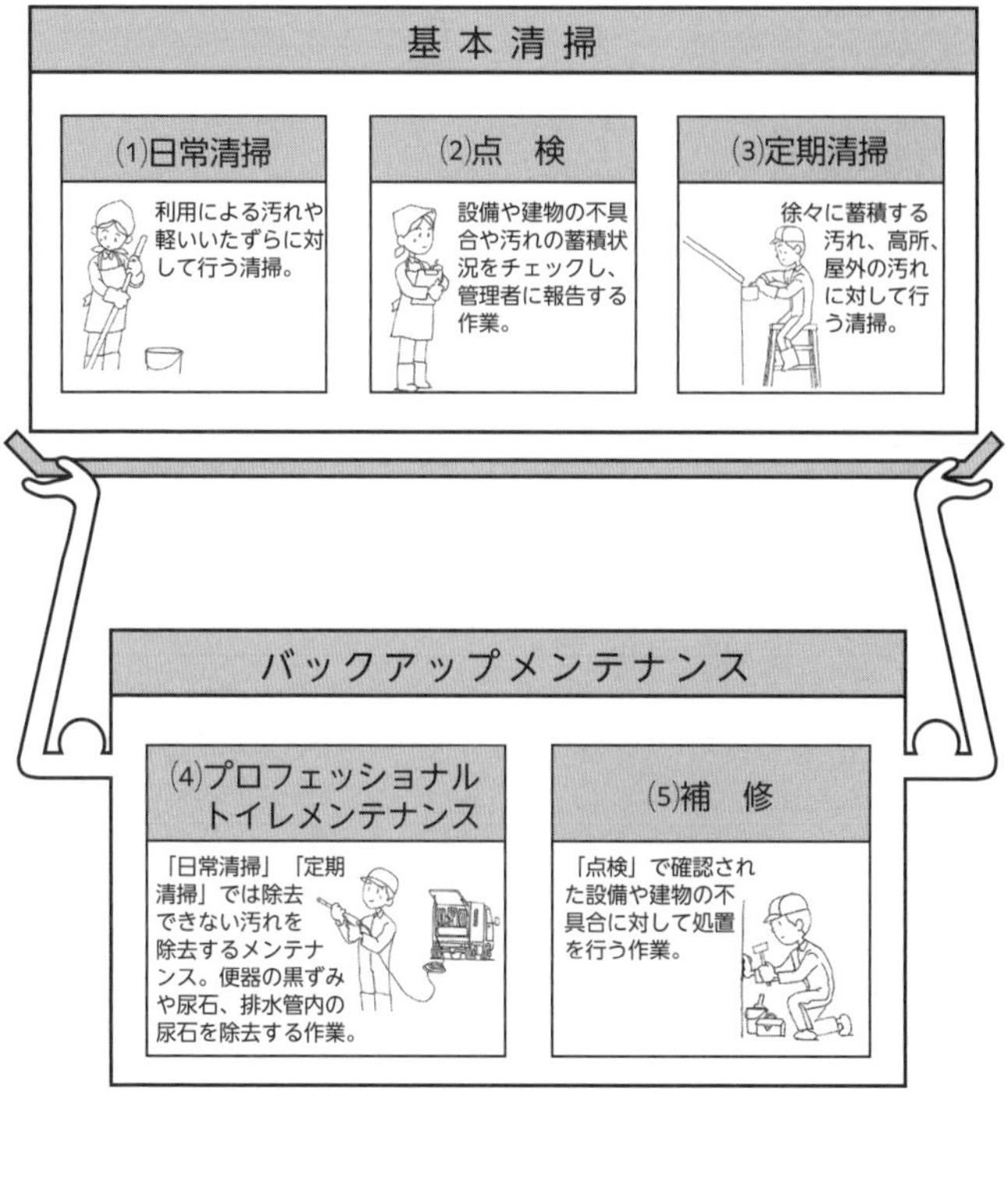
基本清掃
(1)日常清掃
利用による汚れや軽いいたずらに対して行う清掃。
(2)点　検
設備や建物の不具合や汚れの蓄積状況をチェックし、管理者に報告する作業。
(3)定期清掃
徐々に蓄積する汚れ、高所、屋外の汚れに対して行う清掃。
バックアップメンテナンス
(4)プロフェッショナルトイレメンテナンス
「日常清掃」「定期清掃」では除去できない汚れを除去するメンテナンス。便器の黒ずみや尿石、排水管内の尿石を除去する作業。
(5)補　修
「点検」で確認された設備や建物の不具合に対して処置を行う作業。

れの蓄積度合いを下図に示す。縦軸に「汚れの蓄積度合い」、横軸に「時間経過」を取り考えると、わかりやすく見えてくる。

まず、清掃を一切しなかった場合を考えたい。当然だが、時間経過とともに、汚れの蓄積度合いは上昇していく、清掃しないので、汚れの蓄積度合いが下がることはない。

次に、日常清掃が十分に行われていない場合はどうだろうか？　この場合は、先ほどの全く清掃しない場合よりは良いが、時間の経過とともに汚れの蓄積度合いは上昇する。

日常清掃が適切に行われている場合にはどうなるだろうか？　日常清掃が徹底されている場合、日々の汚れは除去されるので、

公共トイレの保守と汚れの蓄積度合い

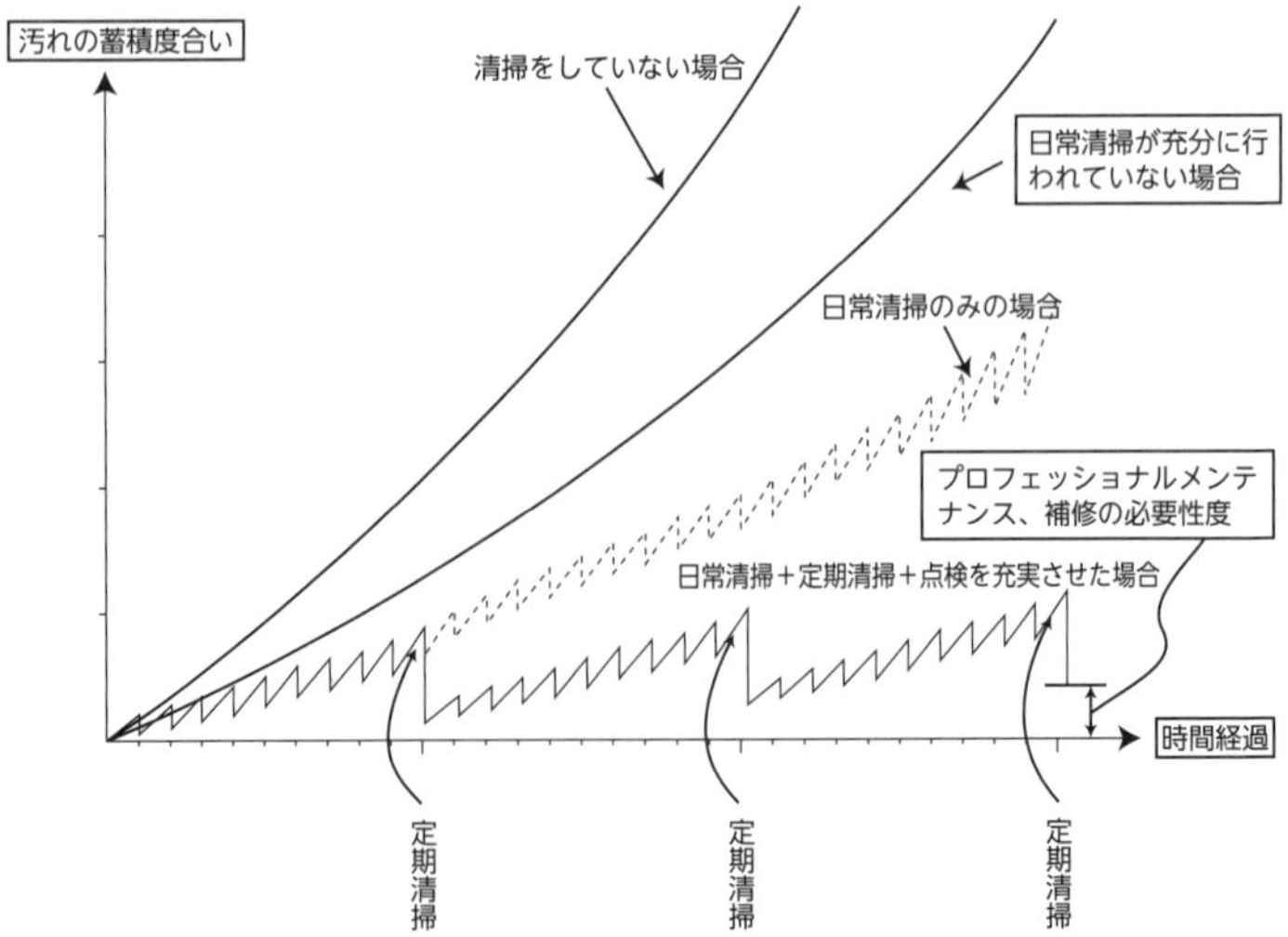

汚れの蓄積度合いが都度下がる。しかし、完全には汚れの除去をすることができないので、毎日、少しずつ上昇していくことになる。

次に、日常清掃に定期清掃が加わった汚れの蓄積度合いを考えたい。その場合、日常清掃で残った汚れも定期清掃により落とすことができ、かなり良い状況を維持することができる。しかし、尿石や水垢など、専門家の領域でなければ解決できない汚れが残るので、その部分でプロフェッショナルトイレメンテナンスが必要となる。

これらの流れを考えながら、5つの要素を組み合わせ、保守していくことが大切である。

（山戸伸孝）

(2)——利用者のニーズを反映した保守

公共トイレでも、施設が違うと、保守も異なってくる。たとえば、道の駅にあるトイレと医療施設にあるトイレでは、利用者数や利用時間帯のみならず、衛生設備の設置台数・形態も異なる。

以下、代表的な公共トイレを挙げて、5つの要素を組み合わせた保守の違いを見ていく。

①医療施設

病院などの医療施設において、一番重要になるのが感染症対策である。院内感染やウイルス感染症を施設利用者や日常清掃員に拡げてはならないからである。そのためには日常清掃資機材のカラーゾーニングの徹底が必須である。カラーゾーニングとは、便器周りの汚物が直接触れる可能性のある場所（不潔箇所）の日常清掃資機材は赤色、人の手が触れる場所（日常清潔箇所）は青色、一度洗剤拭きした後の仕上げ用は黄色などと、日常清掃資機材を色別管理することである。このことにより、日常清掃資機材や日常清掃員の手を介した感染を防ぐとともに、他のゾーン（箇所）への拡散を防ぐことができる。医療施設では日常清掃は、見た目の美しさよりも、いかに衛生的に保つかが重要である。

不潔箇所の拭き上げ
提供・所蔵：甲府ビルサービス株式会社

②道の駅

道の駅などの24時間利用できるトイレにおいては清潔感も大切ではあるが、正常に使用できる環境を持続することが大前提である。他の施設のようにトイレが各フロアにあるという環境ではないため、1台の便器が使用できなくなることにより、それが道の駅全体の施設利用価値に影響を及ぼすからである。すなわち保守を疎かにすると、トイレの詰まりやトイレットペーパーの不足、冬季であればヒーターの故障に伴う給水管の凍結を原因とする断水など、トイレの役割を果たせなくなってしまう。そのため行楽シーズンには保守の頻度を増やすことが求められる。

③商業施設

商業施設（ショッピングセンターや百貨店など）においてトイレをいかに快適に利用してもらうかは、顧客満足度に直結する重要な指標であり、利用者のトイレに求める要求水準もその他の公共施設などに比べ高いと言える。最も見た目の清潔さを求められる施設である。ユニバーサルデザインの考え方を導入した施設も多く、子ども用・車いす利用者・オストメイト配慮・乳幼児配慮（ベビーシート・ベビーチェア）などの衛生設備や個室が充実しているのも特徴的である。必然的に、個室や洗面器コーナーなども含めトイレ全体の面積が広くな

清潔箇所の拭き上げ
提供・所蔵：甲府ビルサービス株式会社

り、他の公共施設に比べ、保守にも多くの時間を要する。

上記のように施設ごとに保守は異なり、同じ公共施設と一括りにすることはできない。保守の内容は同じでも、どのポイントに力を入れるか、重点を置くかによって利用者の満足度が全く異なるのである。言い換えれば、施設ごとに異なる保守とは、そのまま利用者のニーズを反映した点と言える。

施設ごとに異なる上記のニーズを満たすことにより、顧客満足度だけではなく、利用者のマナーも向上する。トイレを利用する者にとって、その場所が自分の要求水準を満たした環境であれば、自ずと配慮を持った使用を心がけるからである。

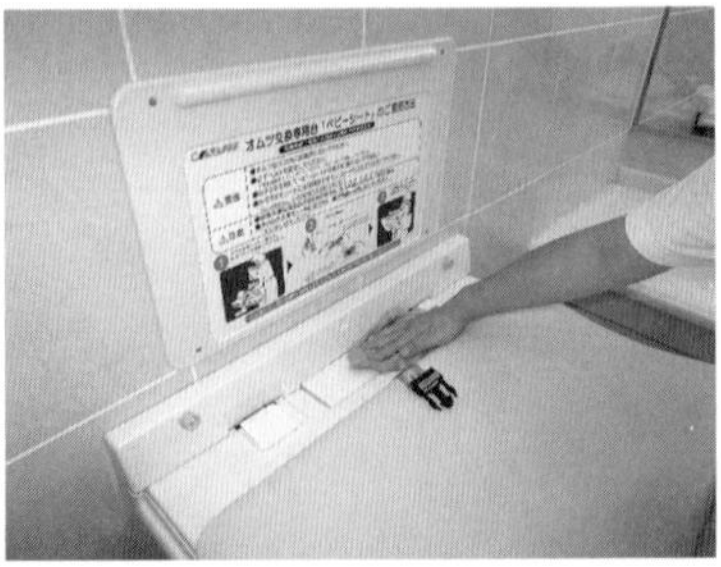

ベビーシートの拭き上げ清掃
提供・所蔵：甲府ビルサービス株式会社

利用者のマナーが担保されるということは、施設の管理者にとっては大きな手助けになる。つまり、施設ごとに異なるニーズを反映した保守を行えば、利用者の満足度の向上だけではなく、施設は快適さを持続できる。

（坂本哲司）

3 これからの公共トイレの保全

①東京ディズニーランドの清掃の考え方

レジャー施設、商業施設、オフィスビルなど公共施設の清掃を考える際に、よく引き合いに出されるのが東京ディズニーランドの掃除（清掃）である。カストーディアルと呼ばれる清掃スタッフは、常時エリアを巡回しながら、ごみや汚れを即座に除去してくれる。

１９８３年の開業以来、それは変わることなく続いているようで、10年ほど前から、その保全に携わったＯＢによって清掃の状況が本に書かれるようになった。

東京ディズニーランドの掃除はどのように行われているか、安孫子薫著『ディズニーの魔法のおそうじ』（小学館新書）には、次のように記述されている。

「ディズニーのカストーディアルは、汚れたから清掃するのではなく、汚れる前から清掃します。通路は15分おき、トイレは45分おきに巡回します。閉園後は毎夜、新規開業時点に戻すことを目的とした清掃作業が行われます。常に清掃内容のモニタリングも行っています。清掃作業の内容を頭からコストで考えたりはしませんし、そもそも清掃のできない、しにくい施設はつくりません。清掃にあたって細かいマニュアルはありません。管理職から最前線のアルバイトまで、誰もが自分の頭でどうすればゲストのハピネスを最大化できるかを考え、行動しています」

夜間行われる清掃をナイトカストーディアルというが、そこでは衛生設備、床ともに毎晩滅菌洗剤を使って丸洗い（ホージングという）し、徹底した衛生管理を行っているという。このような清掃によって、常に開業時点のきれいさ、その基準である「赤ちゃんがハイハイできる状態」を持続しつづけている。

東京ディズニーランドの掃除がこのように行われているのは、そこを夢の国として位置づけているからである。夢の国にするために、清掃は、どんな手法で、どのような頻度で実施されるのかが、目的とともに明確に示され、清掃スタッフの行動にまで徹底されているのである。

②通常の公共トイレ清掃の考え方

翻って、東京ディズニーランド以外の公共施設は、どのようなクオリティで清掃を行うか、示されているところはあるだろうか。おそらく大半は、日常清掃として、「1日1回、全面清掃を行い、2時間に1回、巡回清掃を行う」などと、その施設の目的、用途とは無関係に、すでに最初から仕様（清掃方法や頻度など）が決まっているなかで清掃業者が決められ、清掃業者は清掃スタッフをかき集め、十分なトレーニングもないまま日々の実践に入っていく。

しかし、どの公共トイレも東京ディズニーランドのような掃除をしなければならないかといえば、そんなことができるはずがないと多くの管理者は言うだろう。それだけ清掃スタッフを集めなければならないし、当然、清掃コストもかかる。ディズニーは夢の国ゆえに「清掃作業の内容を頭からコストで考えたり」せず、一般の公共トイレでは考えられないほどの清掃コストをかけている。

では、なぜ、一般の公共トイレでは「1日1回、全面清掃を行い、2時間に1回、巡回清掃」なのか。おそらくそれは、人びとの生活感から発生した慣習的な取り決めであり、それほど合理的に考えられたものとはいえない。公共トイレが稼働する前にきれいにしておきたい。せいぜいその程度の動機でしかないものと思われる。

目的を「快適なトイレを持続すること」とするならば、どうすれば限られた予算のなかで快適なトイレを持続できるのか、それぞれの公共トイレが考えるべきである。

③本来あるべき公共トイレ保全の姿

保全というのは、ある目標を定めて、それを達成するために何を行い、どう評価するかを考え、必要に応じて修正を加えながら目標をめざすもので、そもそも「何のために」というのがなければ、何を、どうするかも定まらない。

特に清掃の場合は、きれいにするのが当然という感覚で、これまで品質とコストに応じた作業の組み立てや、評価法などの分析が十分になされてこなかった。

そのため、今後の課題として、次のことを検討するべきではないかと考える。

1．公共トイレの目的、品質要求に応じて保全内容が提示できる仕組みをつくること

2．保全内容によって、保全コストが容易にシミュレートできること

3．選択された保全内容が適切に実施されているか、保全状況、トレーニングの成果などが明確に把握されていること

4．その結果、提供されたレベルを的確に評価できる仕組みをつくること

5．評価によって、基準以下の項目に対して是正する体制が確立していること

これらが、一連の管理システムとして有効に機能する必要がある。

実際には、多くの公共トイレは施工後、利用に応じて保全が行われている。しかし前述したように、それは慣習的な取り決めによって作業が行われる。そして何かトラブルが発生した段になって初めて、保守業者、修繕業者による大がかりな保全の手が施される。必要なのは、できるだけ補修・修繕が先延ばしにされるための日々の管理といえる。日々の管理をどのように設定するかで、公共トイレの保全サイクルは大きく異なることが予想されるからで

ある。

④公共トイレの保全の目的と快適さ持続の要素

では、どのように公共トイレの保全を計画すればよいか。それには、保全に何が求められるのか、対象物ないし対象空間がどのような状態なのか、利用の状況はどうなのかといった保全を行ううえでの様々な情報を洗い出し、組み立てる作業が欠かせない。

たとえば、清掃の目的には、①衛生的環境の確保、②美観の向上、③安全性の確保、④保全性の寄与があるとされている（建築物管理訓練センター『ビルクリーニング科教科書』）。

衛生的環境には、菌や微生物、衛生害虫の発生抑制、接触感染の防止、臭気対策、換気の徹底、照度の調整、トラップや排水設備の適切な管理などが挙げられるだろう。美観の向上では、汚物汚れの適切な処理、ほこりやごみの除去、落書きの除去、鏡やガラスなどの汚れ除去、壁や扉などの傷の補修などが、安全性の確保では、水滴の除去、不審物の撤去、ブース施錠の修理などが、保全性の寄与は、そこに設置されている設備機器や建材などの機能を保持するための各種の処置がある。

これらには、さらにそれを行うための施策があり、菌や微生物の抑制のために、消毒剤で定期的に除菌するとか、コーティング剤の施工で尿石の付着を予防するとか、様々な手段が抽出される。また、それを実行するために必要な工数、材料、作業者のスキルなどによって品質やコスト、保全の手法などは変動するし、清掃がやりやすいか難しいかの難易度も変わってくる。

さらに言えば、毎日の利用のなかで、汚れやすい場所、箇所、部位などが生じてくる。ディズニーランドのように汚れる前にきれいにするのならまだしも、周期的に清掃を実施する場合、利用頻度に応じて清掃の頻度も変動させる（たとえば、個室清掃を一律に実施するのではなく、利用状況に応じて清掃回数を決める）ことなどもあってよい。

このように、利用環境、対象物（便器の型、建材の種類など）、使用資機材、作業条件（作業可能時間、作業員のスキル、作業者数、技法、動線、電源やＳＫ（清掃用流し）の有無など）等々の諸条件をマップにし、施設所有者（維持管理業務発注者）の要望と付け合わせることで、保全のサービスレベルの合意（ＳＬＡ）を行ったうえで、保全の具体的作業を組み立てる必要がある。

これは保全の設計図といえるもので、諸条件のなかから様々な要素を選択するわけで、ある意味、建築設計の仕事に類似しているようにも思える。選択した要素には、実施する作業が具体的に紐づいており、その作業にもランクがあって、顧客がどの程度の品質を要求するのかと、どの程度の予算が組めるのかでランク付けができるようにすべきである。それが、前述の「２．保全内容によって、保全コストが容易にシミュレートできること」といえる。

⑤快適さを持続するために不可欠な情報通信技術

公共トイレの保全の世界においては、科学的に管理すべきと言われる一方で、相変わらず経験と勘の世界で作業が行われているのが現実である。上記のように、情報を科学的に分析し、エビデンスを確立し、システム的にＰＤＣＡ（Plan（計画）・Do（実行）・Check（評価）・Action（改善）の頭文字）を回していくこと、それが今後の公共トイレの保全のあるべき姿と考える。

快適さを持続させるためには、以上のような基本的な保全の考え方を定着させるとともに、それを有効に行うための情報処理技術（ＩＣＴ）を活用することである。そのためのソリューションとして、トイレにある什器《じゅうき》・備品などをＩｏＴ化し、クラウド上で集中管理していくことも可能となる。こうした管理システムが、これからの保全に欠かせないのではないかと考える。

たとえば、センサー技術によって利用状況を数値化すれば、利用頻度の多い個室や衛生設備の保全を増やし、利用頻度の少ないところは保全を減らすなど、効率的に保全が実施できることになる（すでにトイレ入口で混雑状況を表示する試みは始まっている）。

あるいは、トイレットペーパーや手洗い液の交換も、センサーによって残量の把握が可能となれば、交換のための作業も減り、保全コストなどにつながるかもしれない。

その他、汚れや臭気の状態を認識できるＩｏＴツールが開発されれば、いくつかの快適さの指標を監視することが可能となり、汚れ方に応じて清掃を指示したり、管理者への報告に活用したりもできる。これを電気設備、空気調和設備、給排水衛生設備にまで拡大できれば、建物・トイレシステム全体の保全のサイクルの監視にも役立つかもしれない。

清掃は自動化が進み、ロボット洗浄システムが開発され、使用しても汚れが残らないようになるかもしれない。顔認証技術によって不審者の侵入を防いだり、個室内で体調の急変を早期に発見したりすることもできるかもしれない。

もっといえば、一つひとつのデバイスやカメラ、センサーなどから集められた情報がビッグデータとして蓄積されれば、ＡＩがそれを解析し、適切な清掃の実施や業務改善、保守の指示などを行うことができ、より快適で、効率的な保全が可能となる。さらにそのデータが建築設計や設備機器などの商品開発にも生かされることになるだろう。

少子高齢化による労働力不足の時代を迎え、人による作業が困難になるなかで、こうした情報処理技術の活用は避けて通れず、今後、快適なトイレを持続するうえで、欠かせないものになるに違いない。

（坂上逸樹）

4　持続する快適さの実現――ユーザー視点からみた戦略的経営資源としてのトイレ

①トイレは金食い虫か？　金の卵を産む鳥か？

トイレは、老若男女問わず、国籍や文化、障害を越えて数多くの多様な人が利用する。ビルの中にある機械室のような人のいない機能一辺倒の空間が一方の極にあるとすれば、いかにも人間臭いトイレという空間の利用頻度は高く、他方の極に大きく振れる。また、トイレは電気設備、空気調和設備、給排水衛生設備といった複数の設備が1か所に集約されている。だから、ノウハウを横断的に集結させないとトイレで起こる問題は解決しない。水と電気という天敵同士（つまり漏電というリスク）を同時に治めている絶妙な箱なのである。そして、トイレを運営するコストもまた計り知れない。施設で発生する経費は、大きく人、モノ、エネルギーの3つに分けられる。利用に関わるもののほか、保守に関わるコストは、保守に携わる人件費（人）、トイレットペーパーなどの消耗品費（モノ）、トイレの洗浄や温水洗浄便座の光熱水費（エネルギー）と多様であるが、とかく高くなりがちである。トイレを快適なまま持続させるためには、こうした高いコストを支払い続けなければならないので、建物・設備づくりだけでなく、仕組みづくりが欠かせない。

他方でこうしたトイレの存在ほど、人々にいろいろな価値を提供している施設はない。用を足すという基本的価値から派生して、近年ではパウダーコーナーや着替えから、子どものための授乳室・おむつ替えやトイレ・トレーニングまで多種多様な価値提案を行っている。香りや音など五感に訴えるものまで存在する。ＪＲ名古屋駅にあるタカシマヤゲートタワーモールでは、テニスコート規模の大きな「パウダーラウンジ」が設けられ、そこでは、化粧品やトイレタリー商品などのショールーム空間として利用されることもあるという。企業の新商品を試すためのテストマーケティングの空間ともなりうる。デジタル化時代にはこうしたリアルな「使用」場面が空間としての市場機会を創り出す。

このように「トイレ」は経済的に見ると、支出面（コスト面）のみならず、収入面（価値提供）も同時に見ていかないといけない。そのためには、トイレを設置する施設オーナー（経営者）の側で、「トイレ」がもたらす効用についてあらかじめ理解しておかねばならない。

②トイレを取り巻く利害関係者――トータルで俯瞰《ふかん》する施設オーナー

「トイレ」を戦略的に用いて、顧客満足を得るために集客を図り収入を得るのも、保守費用を払ったり、ときには修繕、改修により再投資したりするのも施設オーナー（経営者）である。快適なトイレをつくろうと意思決定をする施設オーナーは必ずしもトイレのプロではない。だからこそ、様々な専門家と連携しながら、事業を営んでいく。トイレを取り巻く利害関係者は、この施設オーナー側以外にトイレを設計・施工・修繕・改修する作り手（メーカー含む）側とトイレを保守する側があり、当然ながらそのトイレを最終的に使用する利用者側があって成立している。特に保守と直接の利用者の後二者は、前者の「作り手」に対して、「使い手」（ユーザー）と呼んでよいだろう（図参照）。

こうした万人が使用する公共性を帯びたトイレであるからこそ、ユーザーの視点が重要視される。ユーザーの使用を前提にその声を反映させて施設を設計することをブリーフィングと呼ぶ。ともすれば専門的な用語に振り回されがちなオーナー側に対し、建築側がユ

トイレを取り巻く利害関係者

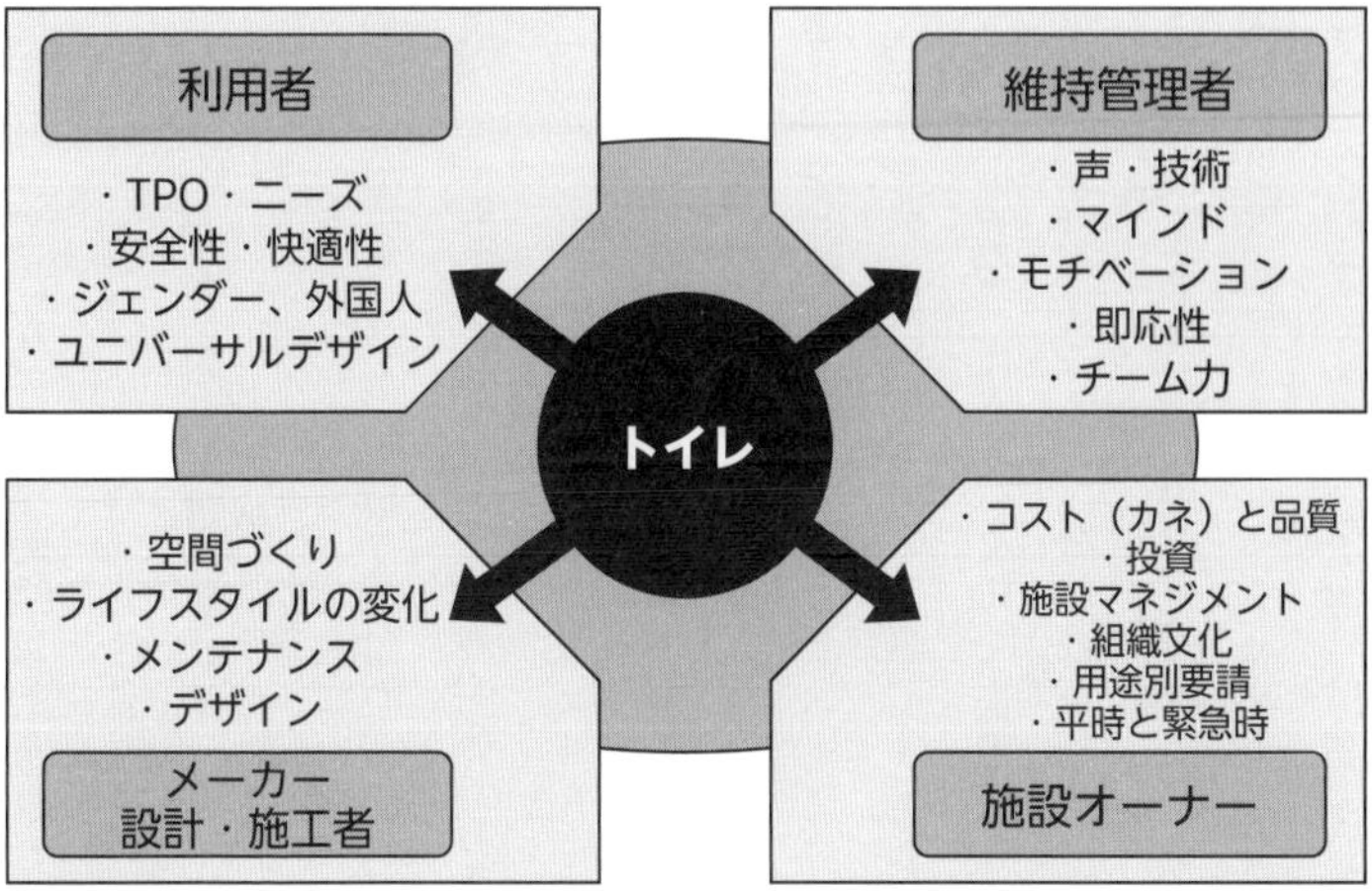

出典：筆者作成

ーザーの声に耳を傾け、わかりやすいところまで階段を降りてこなければ対話は成り立たない。それは保守する側も事情は同じである。とりあえずつくって後から使い道を決めるのではなく、使う人の意見を真摯に聞いてからつくるという順序が大切である。それが、トイレ使用の満足感や納得感につながる。単に不満の解消からスタートするのではなく、満足したうえでより高い価値を追求したいものである。競合となりうるトイレ施設が増加している環境下ではなおさらである。よりユーザーのニーズに応え、価値を対価に変える「稼ぐトイレ」が必要なのである。

③トイレを戦略的な経営資源に

このようにしてみると、トイレの施設オーナーはトイレを単なる衛生設備の置きものにしておくのではなく、その資産価値をきちんと理解しておかなければならない。単にオペレーションを現場に丸投げするのではなく、トップマネジメントが関与していくのである。保守の現場をチームビルディングしたり、技術を磨く報奨制度を設けたりするだけでなく、現場のユーザーの声が（声なき声もあるので、そうした気づきも含めて）施設オーナーのトップへ届けられ即座に意思決定されるようなイメージである。実際に、湘南ステーションビルという駅ビル会社で定期的に実施されてきた「トイレメンテナンス会議」（１８４頁参照）はトイレを戦略的経営資源と位置づけ、トイレを取り巻く利害関係者を一堂に集め継続的に課題解決を図ってきたトイレのプロ集団であった。現場の声、つまり使い手のニーズは再投資の機会となるトイレの修繕、改修時にも繰り返し活用されてきた。

トイレが戦略的な経営資源というのは、トイレそのものが利用者へ直接的に市場価値を提供するという場面（事業的側面）だけではなく、その施設オーナーの企業で働く人たちの人間的側面にも経営として間接的に良い効果をもたらすという意味がある。経営学者の大森信は、企業の従業員による自前清掃を通じ、きれいになるという直接的効用のみならず、掃除をする人間によってもたらされる間接的効用があることを、アンケートをもとに明らかにしている。間接的効用とは、従業員のモラルやモチベーション、チームワークに良い効果をもたらしたり、事業で使用している道具や備品を大切に使うことによりその耐用年数が伸びたり工程異常に気づいたりする効果である（大森信『掃除と経営』光文社新書、２０１６年）。先に示したトイレメンテナンス会議は、トイレという施設を対象に利用者の快適性という直接的効用をもたらしているが、トイレから派生して、それ以外の施設や備品などへの愛着へもつながり、顧客や従業員、施設・建物を大切にする姿勢や行動へとつながっていく。それは、たとえ組織メンバーが変わっても、組織文化として定着化すれば、取り組みは持続するだろう。

他方で、トイレとは一つの空間であるが、専門領域としては縦割りになりがちである。運営管理も警備（防犯）、保守に分けられ、保守も建物のほか、電気設備、空気調和設備、給排水衛生設備に分けられ細分化されていく。そこに、顧客から声を聞く部署とそれを吸い上げる管理者、作り手の設計者、施工業者、衛生備品・消耗品事業者と多彩な専門家がいる。組織の縦割りは課題解決の硬直化や遅延を生み出しやすい。こうした縦割りに横串を通すには施設オーナー側に強い意志がなければならない。もっとも、トイレは「使い手」「作り手」いずれの側にとっても緊急事態であることが多く、課題解決を急がなければならない事態となるので、横串を通さざるをえず、チームがまとまりやすいという点で象徴的な場所なのかもしれない。

施設オーナー側が横串を通そうとする意志を支えているのは、オーナーのもつユーザー視点と経営感覚（収支）である。ユーザー視点はマーケティング感覚といってよいだろう。家族連れや荷物の多い利用者に大きめのトイレを用意したり、外国人や障害者にわかりやすいトイレをつくったり、最近ではジェンダーに配慮したトイレなど多様なニーズを目の前にして、顧客理解の技術の習得を目指す必要がある。一方で経営感覚とは、ライフサイクルコストや中長期保全計画を立ててコスト管理をしながら余剰を生み出し、より高次の要求を満たす積極的な投資も行っていかなければならない。修繕、改修など再投資によってもたらされたものは、トイレが次の段階の顧客に対して発信する、新しい価値のメッセージとなりうる。

④トイレのトータルマネジメント――データで対話するトイレシステムへ

トイレは組織の横串を前にして、データを介して対話する時代になるだろう。トイレで蓄積されつつあるビッグデータの存在は重要である。それは、IoTやDX（デジタルトランスフォーメーション）の進行が後押ししている。イオン藤井寺ショッピングセンターという商業施設では、ゴミ箱の満杯状況を蓋につけられたセンサーで感知し、メンテナンス要員がスマートフォンで即座に閲覧できるようにし、ピンポイントで回収できる仕組みを導入した。また、他の商業施設ではトイレの扉の開閉をセンサーで読み取り、稼働率の高い箇所をピックアップして清掃や備品の補充を実施している。これは、イオンディライトという総合ビルマネジメント会社が、保守のスタッフに情報を「見える化」し、「共有化」させる取り組み事例である。また、照明や空調などの機器類はクラウド化を進め、様々な情報を発信しはじめていることから、これらデータを横断的に取り扱うより大きなシステムを整備するようになっている。メンテナンス要員の省力化のみならず、今後はより一層顧客の声にきめ細かく応えていくような取り組みが目指される。

さらにいえば、施設内の床・壁・天井や設備機器・備品などに張り巡らされたセンサー網とトイレ利用者のスマートフォンとを連携できれば、快適空間のパーソナライズ化が進行するだろう。こうして、データとの対話や人間の創意工夫を組み合わせてチームで管理されるトイレは、トイレそのものの快適性のみならず、そこから派生して経営的な快適性をも生み出していきそうである。

（池澤威郎）

第6章

公共トイレの課題と今から

1 ― 公共トイレの課題とみんなが幸せを感じるトイレの形

①公共トイレに求めるもの――みんなが幸せを感じるトイレとは

そもそも私たちは公共トイレに何を求めているのだろう。言うまでもなく、トイレの基本的役割は排泄《はいせつ》の場所。自宅トイレとの違いは、様々な場所にあり、使う人も、使い方も様々であるということである。だから人々は、トイレに対し、「使える」のみでなく、「安全」で「清潔である」ことを望む。

トイレに求めるものを3段階で整理してみよう。まず第1段階、誰一人としてとり残されずに使用できること。第2段階、安全で衛生的であること。第3段階、使いやすく、安堵《あんど》感や豊かさをもたらすこと。私たちが望むのは、誰もが、いつでも（たとえ災害時といえども）、第2段階までを満たした快適なトイレを利用できることだ。できれば第3段階のホッとできて幸せ感を得られるトイレを利用したい。

公共トイレの設計者の立場としてはどうであろうか。筆者が公共トイレを設計するときには、第1段階は当然として、第2段階以上の実現を目標にしてきた。しかし、振り返ると、ほんとうに誰一人として取り残さない公共トイレを提供できていたのだろうかと考える。一部の人は幸せに感じたかもしれないが、みんなとは言いえなかったかもしれない。

②公共トイレの発展

1985年に日本トイレ協会が発足してから37年、この間の、公共トイレ快適化の動きは目覚ましい。協会をはじめ、様々な自治体やトイレ関係メーカーや企業が、トイレ快適化の研究や実践に取り組み、そこで得た成果や利用者の要求をもとに快適トイレの整備をしてきた。利用者アンケートも多くなされている。それらには、先の第2段階の快適トイレの条件、安全性と清潔性以外に、待たせない、適切な広さを持つ、明るい、清掃しやすい、トイレ補助備品が充実しているなど、使いやすさに関する意見も多くみられる。また、女性からは、充実した化粧コーナーなど、子育て世代からは育児コーナーや授乳コーナーの要望が、車いす利用者からは必要な広さや手すりなどの設置、オストメイト(注)の人たちからは専用流しや着替え台、高齢者からは介護者の待つ場所など、利用者の属性ごとに様々な要求がある。それが実現できてきたのは、公共トイレの充実整備が、企業や自治体の顧客満足度向上や、集客性につながると認識されたからではないかと考える。

しかし、誰一人取り残さずという点が改善半ばなのは、ただ法を守ればよいと思いがちだったことや、アンケートの限界でもあるが、声の大きい人の意見を多数の要望の中で優先しがちであったことによるのではないだろうか。

③公共トイレの現在の課題

前記3段階の評価基準で、現在の公共トイレの課題を整理しておく。

⑴快適化に格差がある。格差の改善目標は快適さの第2段階としたい。

快適化が進んだが一律ではない。地域差では、概して人口や資本が集中している都市部の方が進んでいる。施設差は、施設ごとに快適化の進度は異なっており、解決すべき課題の優先順位はそれぞれ異なる。性差に関しては、LGBTQのうち特にT（トランスジェンダー）に対して、男女分離型トイレは入りにくいという不都合さがある。障害への対応差に関しては、車いす利用者、視覚障害者、聴覚障害者などにはある程度対応されてきたと考えるが、高齢者、知的障害者、発達障害者、リウマチ、認知症などへの対応はあまり進んでいない。身体的残存能力などを把握し、そのトイレのあり方の研究や機器などの開発も進めなければならない。災害時のトイレ環境や自然環境の整備については、汚水処理などの技術的改善は進んでいるが、そこでのトイレの快適さに関しては、街中や平常時のそれと比し改善の余地が大きい。

(2) 安全性への積極的な取り組みが必要

公共トイレの安全性は、他人とトイレを共有するため、宿命的課題である。今までも犯罪抑止力強化のために監視の目を増やす努力は提案されている。①有料化、②周辺施設との複合化、③メンテナンスや警備などの見回り強化、④オープンな平面計画などである。しかし、わが国のトイレ改善の多くは、施設と運営担当が一体で取り組む組織体制になっていないため、容易に進みにくい。また、安全性は、前記のように施設用途や立地などで変化する。トイレ整備の際、その場所性を考慮し、安全設計をし、第2段階が確保できる計画が必要となる（次頁の図1）。安全や水がタダと日本で言われていたのは少し以前のことである。今後、積極的な取り組みが必要である。

(3) 持続する快適さのための協働の取り組み

工事が完成して供用開始後は、予測外の事象が多く発生する。建築や設備的なもの、機器など、使い勝手、サイン、利用者のマナー、清掃管理者の問題等々である。発生時期も異なる。供用開始当初から、3年後、10年後、社会の価値観の変化が原因などもある。また、設計上の問題もあれば、経年変化や機器や建材が問題の場合もある。整備関係者は、当然その事象を速やかに改修・補修する。筆者は、設計中や供用開始後も、建築主と設計者とメンテ

図1　施設別の安全性と清潔性

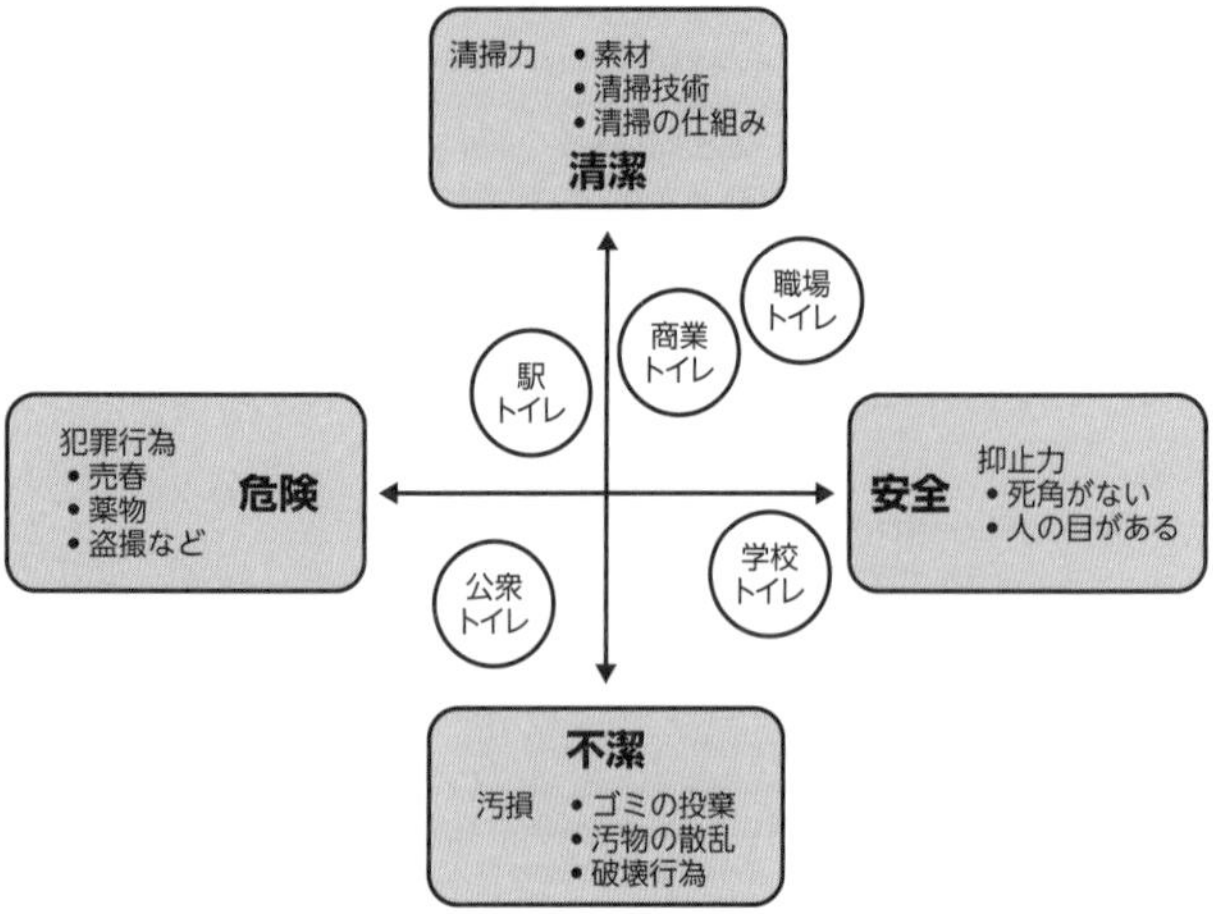

作成：設計事務所ゴンドラ

図2　快適さの持続

建築主・設計者・清掃者の関係者が協働して関わる

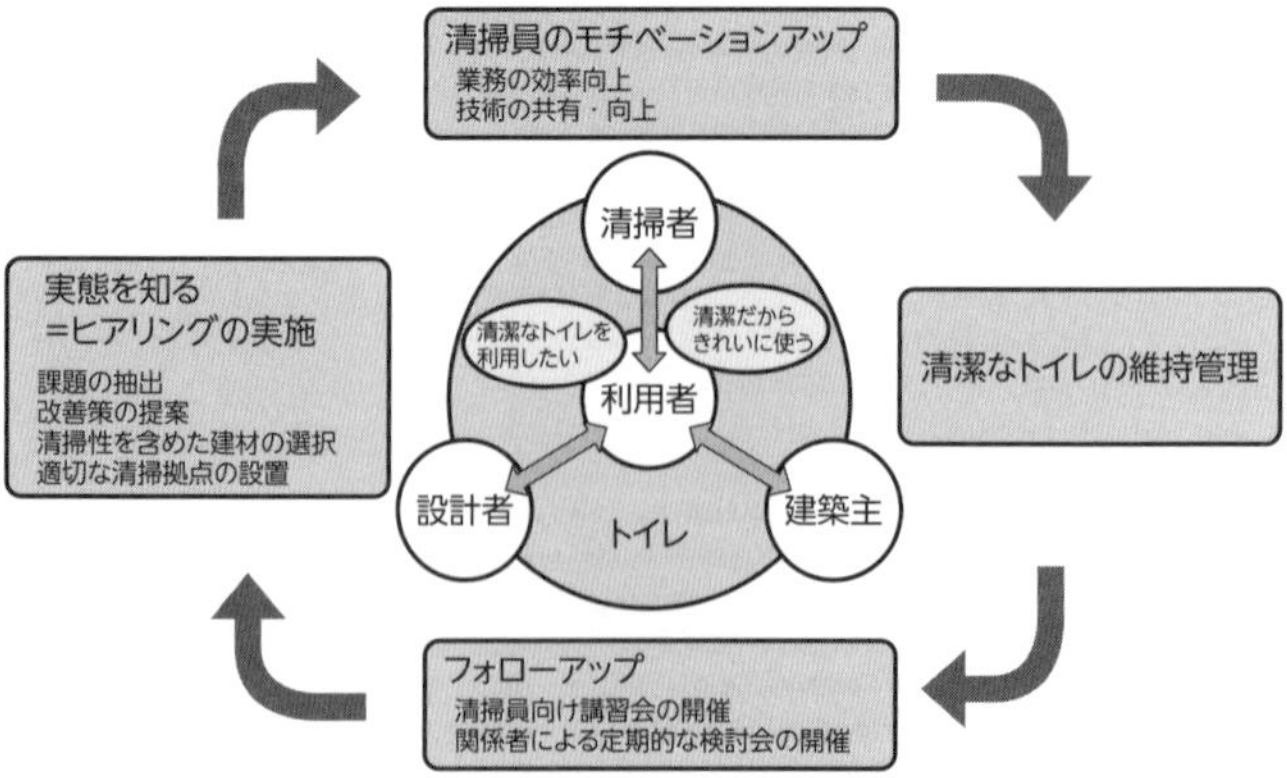

作成：設計事務所ゴンドラ

ナンス従事者が協働しながら問題を解決すると合理的解決がしやすいと考える。その理由は2つある。1つは建築主も設計者も、その後の事象を知り、改善や次の仕事に生かすことが重要だが、知らされない場合が多いこと。知らなければ同じ誤りを繰り返すことになる。2つは、メンテナンス従事者も、同じトイレ空間の快適環境創造者である。このトイレの建築主の狙いや設計意図を知ることで、取り組みの姿勢が変わってくることを幾度も経験した。トイレで起こる日々の問題を他の立場の人々と共有することは、ダイナミックな解決法が生まれる契機ともなる（図2）。

(4)トイレに割かれる面積の狭さの克服

2021年に改定施行されたバリアフリー新法は、多様な人々一人ひとりのトイレでの尊厳を守る意図で改正された。一方で多様な人々のニーズに残らず対応するには、トイレの必要面積が増加することも意味する。筆者の試算によると10~15㎡になる。既存建築物ではこの面積を確保することは簡単ではない。新築と改修、建築規模、公的建築物か民間かでも、可能性が異なる。新築だと適用しやすいが、改修では制約が多くなる。また、大規模建築では、全体に面積にゆとりがあるため自由度が高いが、小規模建築ではもともとの面積にゆとりがなく、トイレに面積を割きにくい。一方、公的建築だと実現の合意がとりやすいが、民間だと経済的合理性が優先される。トイレの面積増大は簡単ではなさそうだ。

⑸既存建築物での残留バリアの改善

バリアフリー関連の法整備は1994年以来28年経ているが、建築物の法定耐用年数（258頁参照）は、鉄筋コンクリート造では50年、長寿命化改修により30年以上加わり、約80年の寿命がある。すなわち、バリアフリー法制定以前に建築されたものが、まだ大量に現存しているということだ。たとえば階段室の踊り場にトイレがつくられているビルなどでは、現法に対しては違法だが施設内で代替スペースを見いだすことも難しい。駅などの軌道の上階にあるトイレの床をバリアフリーにするには、場所を移転するとか、厳しい夜間作業で床を下げるとか、施工上も費用上も困難を極める。そして、それらの事例数は少なくはない。過去の残留バリアの大改善には時間とお金がかかる。そんな中

湘南ステーションビル平塚ラスカの階段室のトイレ

左写真のように階段の踊り場につくってあるため、車いすや、杖《つえ》をついた人、ベビーカーを押した人などは利用できない。そこで、このトイレは温存し、右写真のように別の場所に平場を見つけ子育てトイレコーナーを設置した。

でも努力している企業の例と写真を紹介しよう。できることをやる。その積み重ねで進んでいくことが大切だ。

⑹快適トイレの重要性への理解度を広げる

わが国のトイレは、世界一快適ともいわれる。しかし一方で、今でもトイレにそこまでの労力や費用をかける必要があるのかとの意見に出会うことも多い。また、他の場所との費用の取り合いで、優先順位が低くなってしまうことも多い。それを打開するために、初期の段階からの良質整備がその後の快適さの持続年数を左右すること、よって結局は経済的であることなど説得に努めるが、なかなか簡単ではない。近年、トイレに関心を持つ人は多い。しかし、現在は多くのトイレが快適に変わってしまった時代でもある。これ以上の変化には、合理性のある快適化整備の理論が重要になる。

京阪電鉄出町柳駅のトイレ

左は改修前でトイレ床はFL+1200（床からの高さが1200mm）にあった。そのため、長いスロープとその横に階段が並列して設置されている。右は改修後で、床段差をFL+600にまで下げ、階段をすべてスロープとした。R状のファサードで長さを半減させスロープを設置した。

⑺多様な人々への対応不足の改善

前述の誰一人残さずとは誰のことなのか。トイレ利用者には、健常な人、障害を持った人（車いす利用者、視覚障害者、聴的障害者、オストメイト、知的障害者など）、子ども連れ、大きな荷物を持った人、妊婦、性的マイノリティの人、介護者付きの人などが想定される。ここに記されてない人や障害が複合している人もいるだろう。多様化とは、それらの人すべてにとっての、現在のトイレにおける不都合さを知り、対応することである。

公共トイレに行くと健常者は、(a)サインを探す。(b)トイレに入り個室に入る。扉を閉め、鍵をかける。(c)身支度をし、便器に座る。(d)排泄後トイレットペーパーで拭く。(e)衣服を整える。(f)汚物を流す。(g)鍵を外し、個室を出る。(h)手洗いで水を出し洗う。(i)ハンカチなどで拭いたりする。このように、何種類もの行為をしている。多様化とは、この各行為ごとに、使いやすい空間や機器の整備が異なることを意味する。今後誰一人取り残さないためには、さらなる研究に基づく空間のあり方や機器の開発が重要となる。

④これからのトイレ——みんなが幸せに感じるトイレの実現

これからのトイレは、地域や、施設、性、障害などに関係なく、すべてのトイレを誰もが利用でき、安全さと清潔さを備えた、快適さの第1、第2段階になり、場所によっては第3

段階の居心地の良いレベルまで実現できることである。現実的には様々な制約もあるが、どこに行っても、安全で衛生的で、誰もが使いやすく、利用者同士が多様性を認め合い、一人残さずトイレ利用が不都合なくできる。しかも、快適さの持続を実現できることである。そのためには、まず前記した課題の解決が必要である。時間がかかるし一挙には改善しないだろう。限定された中での解決を進めながらも、一歩一歩進めていく必要がある。

また、新しい課題である多様化に対しても同様である。

1つ目は、整備関係者が、利用者の尊厳を守ることを第1の目標として、今現在の施設環境の中で、解決可能な最善計画を立てること。たとえば、トイレの面積を拡大できない場合は、階ごとに異なる利用者層を想定し、全館で見れば一人残さず対応する。まちづくりの際は、多様化整備に差があるビル同士が、補塡しあい、まち全体では解決できている、などである。

2つ目は、ハードだけの改善に頼らず、困っていたら助ける。それが自然体で可能な社会を創っていくことではないか。そのためには、障害を持った人に、その不都合さをもっと語ってもらいたいと思う。ハードを整備すればよいのではなく、関係者が実感を持って改善に取り組むことで、健常者の無関心さを変えていくきっかけにもなる。幼少期から障害のある子どもたちとそうでない子どもたちを隔てないインクルーシブ教育も大切だ。

現在の課題の解決も含め、今できることに最善を尽くす。これが、みんなで幸せになるトイレの実現に一歩近づくことではないだろうか。

（小林純子）

（注）手動車いすではR７５０㎜、電動車いすはR９００㎜に機器を加えた広さ。

〈参考文献〉

■日本トイレ協会編『トイレ学大事典』柏書房、２０１７年

2　学ぶ場としての公共トイレ――マナーの視点

①はじめに

公共トイレには大学の入試会場と共通する点が3つある。1つ目は、そこで行う「コト（排泄《はいせつ》および受験）」に関して様々なルールがあること。2つ目は、そのルールが守られているかが監視されていること、そして3つ目はそれぞれの行為の結果が評価される点である。しかし、項目は同じでも両者には違いがある。

②ルール

入試会場のルールはほぼすべて文書化され、事前に「コトを行う人（受験生）」に伝えられ、さらには会場でも主だった事項や急遽《きゅうきょ》変更になったルールは、その場でアナウンスされる。最近では、バリアフリー関連の法律が整備されたこともあり、音声でのアナウンスだけでなく、文字での表示も行われ、目や耳に障害のある人にも不利にならないような工夫をしている会場も増えている。

公共トイレのルールは、受験会場に比べてはるかに多く存在するが、明文化されていない。

「自分の性別が表わされているマークがある側の場所を使用する」、「男性マークのトイレではコト（排泄）の種類によって個室で行う」、「列ができている時には、最後尾に並び割り込みはしない」、「コロナ禍では、飛沫《ひまつ》が届かない距離を目安に普段より間隔をあける」、「列に目の不自由な人が並んでいる時は、さりげなく、列が進んだことを把握しているかを確認する」、「列が進んでも、進まなければ、『一歩進みましたよ』といった声をかける」、「目の不自由な人の中には、列の状況だけでなく他にも確認困難なことがある。流すボタンやトイレットペーパーの位置は、個室内に入ってしまうと他者に聞くことができない」。

個室内の流すボタンの位置はトイレットペーパーの上に配置するというルールが日本産業規格（JIS）で示されているが、すべての公共トイレに行きわたっていない。その配置になっていても、そのルールを知らない人もいる。そのため、もしもトイレ内で目の不自由な人を見かけたら、「流すボタンの位置はおわかりですか?」と尋ねることは有効である。一方、目が見えないもしくは見えづらい人を主語にすると、「列が進んだことがわからない時には、周りの人に聞く」、「周りの人が、親切に『あっちの列があいてますよ』と教えてくれたら、『〝あっち〟や、〝そっち〟では、わからないのにという思い』を、ストレートに伝えるか、オブラートに包みながらわかってもらうかは、その場で臨機応変に判断する」など、書きはじめるときりがないほどのルールが存在する。

しかし、公共トイレでのルールは、試験会場のルールのように明文化されているものはほんのわずかである。男性用小便器の前にある「もう一歩前へ」の表示や、きれいに使用することを促す「いつもきれいに使ってくれてありがとう」など、主に清潔に使うことを促すルールに限られている。

ほとんどのルールは壁に表示されず、また、音声でアナウンスされることはないため、目や耳で確認することはできない。しかも、それらのルールは、公共トイレを使用する各自の頭の中にあり、立場、経験、考え方によって異なっていることが多い。

公共トイレ内で困っている人に出会ったら、積極的に声をかけ、補助することを自分の中のルールと思っている人もいれば、どのように補助して良いのかわからないために声をかけないというルールを持っている人もいる。

公共トイレ内で困っている人の中でも、トイレ内でも外と同じように声をかけてほしいと思っている人と、トイレ内ではそうでない人がいる。

入試会場と公共トイレの違いは、入試会場は試験に受かって希望の学校に入学したいという「特定多数」の人が参加するのに対して、公共トイレは排泄目的のために使う「不特定多数」の人が利用することである。特定多数の場合、範囲が限られ、比較的ルールも明文化しやすい。それに比べて「不特定多数」に対するルールは、障害者差別解消法や障害者権利条約で謳《うた》われている「合理的配慮」のように、個々の場面、各自の状況によって異なり、明文化することが困難である。

③監視と評価

公共トイレと入試会場、２つ目の共通点は、「ルール」を守っているかを、第三者が監視しているかの点である。もし、入試会場でルールを破る受験生が現れると、会場内にいる試験監督が「注意する」、さらには「会場からの退場」を言い渡すことになる。一方、公共トイレでは、使用上のルールが受験会場よりもはるかに多くあるにもかかわらず、それを専門に監視をする人が常駐しているトイレはない、もしくはないに等しい状況である。

そもそも、日本全国の駅・空港、各種店舗、イベント会場、公園などにある公共トイレに専門の監視員を配置するなど、人材確保や費用面からも現実的ではない。明文化されたルールが限られ、さらには監視員もいない公共トイレで、明文化されていないルールをどのように守り、それを誰が監視し、誰が評価しているのか。受験し、基準を満たし合格した学生のように、清潔かつ誰にとっても利用しやすい場所という評価は、誰から受けられるのだろうか。

④公共トイレの良かったこと調査

私が所属する（公財）共用品推進機構では、２０１９年度は14の障害当事者機関の協力のもと「公共トイレ」をテーマに調査を行い、身体障害（視覚障害、聴覚障害、肢体不自由）、知的障害、精神障害（自閉症を含む）および高齢者、計３５４名からの回答があった。

良かった点は、トイレ環境／空間全般では、「設置場所のわかりやすさ」「事前情報」「設置数の多さ」「大きさ（サイズ）」「明るさ」「温かさ」といった設置者、管理者側が主に関与することとともに、「清潔さ、きれいさ」といった利用者が関与できることが挙がっている。

さらには、「列に並んでいるとき、周りが静かで進んでいるかわからなくて困っていたら、近くの方が声をかけてくれて、一緒に進んでくれた」（全盲女性）、「ショッピング施設のトイレに車いすで入る際に、扉を抑えてもらった」（上下肢障害）といった、同じ時間に同じトイレを利用する赤の他人しか関与できないコメントも多数挙がっている。

３５４名の回答は、公共トイレが「清潔」で、「自分および他人にとって使い勝手がよい」場所であることを望んでいる。それを達成するためには、他人である自分の存在が重要な役割をすでに担っていることも紹介したコメントが示している。自動車の免許証を取得する時に学んだルールと同等のルールは、公共トイレの利用者は使うたびに学び、多くの人はすでに自動車免許に匹敵する「公共トイレ使用免許証」を取得しているのだ。

⑤赤の他人と学ぶ場

公共トイレでは、自分も、これから先に二度と会うことのないであろう「赤の他人」も無防備になる場である。自分も赤の他人も切羽つまった目的を共有している場であり、一刻も早くその「共通の目的」を達したい場である。

一刻も早く目的を達成させたい一方で、自分の切羽詰まった度合いを冷静に測る場でもある。赤の他人の中で、自分より切羽詰まった人、困っている人がいるかを見分ける場でもある。その域に達すると、公共トイレがただ自分の目的をいち早く達成するための場ではなく、赤の他人のことを考える場に変化する。

さらにその変化は、赤の他人を嫌な思いにさせない場、赤の他人がうれしくなる場、そんな赤の他人が喜ぶことを、喜べる自分をつくる場へと、変化しつづけていく。ここでのポイントは、その場その場で臨機応変に、「喜ばせる」と「喜ぶ」を、意図的に入れ替えることである。

そのためには、赤の他人のニーズを瞬間的に知り、理解し、どのような行動をとればよいかを考え、そして俊敏な行動をとることで、赤の他人と自分との間に「楽しませる」もしくは「楽しむ」を、公共トイレの空間でもつくっていくことだ。

公共トイレを、赤の他人が使用することに改めて気づき、赤の他人を知り、どうすれば喜んで使えるかを考え、その考えを実行する。そのことにより、結果的に清潔なトイレを維持することにつながるとともに、あらゆる場で必要なルール、イコール「マナー」を体得することができるのである。マナーを体得した時、仮免だった免許証が「公共トイレ使用免許証」に変わる。

公共トイレの使用を、アメリカの心理学者アブラハム・マズローが提唱する人間の欲求5段階（①生理的欲求、②安全欲求、③社会的欲求、④承認欲求、⑤自己実現欲求）に当てはめると「承認欲求」と「安全欲求」が該当する。残念ながらその欲求を満たす人すべてが「公共トイレ使用免許証」を取得しているわけではない。すべての人が免許証を取得する一つの手段として、公共トイレに特化したミシュランガイドのような評価制度をつくり公表すれば、使用したいトイレとしたくないトイレが可視化され、その結果、「公共トイレ使用免許証」を取得することの意義が普及する、などという仮説は妄想だろうか……。

（星川安之）

3　次世代技術による支援

A・トフラーの著書『第三の波』（中公文庫）では、第1の波が農耕の時代、第2の波が産業革命、第3の波が、今、正に直面しているソフトウェアによる情報革命と言われている。今後どの分野が先行して進展していくかは、コロナ禍やウクライナ情勢などの予期しない事態が起こるので確信した予測はできないが、今後の展望として、トイレの課題に対して情報通信技術（ＩＣＴ）や人工知能（ＡＩ）というソフトウェアを活用し、快適性の向上への効果を想像してみる。

人間工学の分野では「利用の文脈」という概念がある。つまり使いづらいマイナスの状況から0という普通に使える状況までに改善させる過程と、それに0からプラスへ快適性を備えた状況へ引きあげるユーザーエクスペリエンス（ＵＸ）という過程が続く。快適性とは感性・官能に関係する定性的な側面で捉えることが多く、アンケートなどで調査することが多い。たとえばトイレの4Ｋ（汚い、暗い、臭い、怖い）と言われる部分を減少する努力も快適性向上であるし、もっと美しく楽しくさせる努力も快適性向上に当たる。これらは利用者の感性によるものであるので、多様な利用者がいれば、その価値判断も各自異なる。今までは、「良いモノ」をつくれば売れる時代だった。日本の社会は豊かになり、モノでも情報でもたやすく手に入れることができるようになった。反対に技術の進歩によって製品の機能や特徴だけでは差別化が困難になりつつある。さらにインターネットにより、人々は情報を容易に取得・発信することができるようになっており、人々は「使いやすい」から「使うと楽しい」といった「体験から生じた経験」を重視するようになってきている。

トイレに関係する人々（ステイクホルダー）としては、利用者を始めとして、トイレの所有者（行政も含む）、設計者、清掃者、保守管理者、インフラ提供者、警備員など幅広い人々が関係する。これら様々な関係者に対して、施設や設備というハードウェアだけで対処しようとすると、別々の機能を備えたトイレやトイレの個室を準備することになり、費用対効果（ROI：Return on Investment）の観点から施工者（オーナー）は尻込みすることになるだろう。これに対して、ICTやAIというソフトウェアを応用することにより改善の道が見えてくる。

現状のトイレでの主たる課題としては、①利用者の多様化への対応、②清潔性の確保、③安全性の確保、④トイレ待ち行列の解消などが挙げられるので、次に技術開発による支援予測について述べる。

①利用者の多様化への対応

ユニバーサルデザインは、一般の人でも障害者でも、誰もが使いやすい環境を提供するデザイン方法と言われているが、そこには副作用も発生する。たとえば視覚障害者が頼りにしている路上の点字ブロックは、車いすユーザーには障壁になる。またICTでは、パスワードなどのセキュリティを向上させると、途端に操作性が悪化する。

トイレの利用者としては、性別（LGBTQも含む）、年齢、職業、国籍や文化の違い、一人か家族連れか、障害の種類と程度、ペットや介護者や盲導犬同伴か、利用への緊急度、初心者／熟練者、健康／闘病中、アレルギーの有無、右利き／左利き、その他多岐に渡り、全員の要求に１００％応える

図１　利用者像

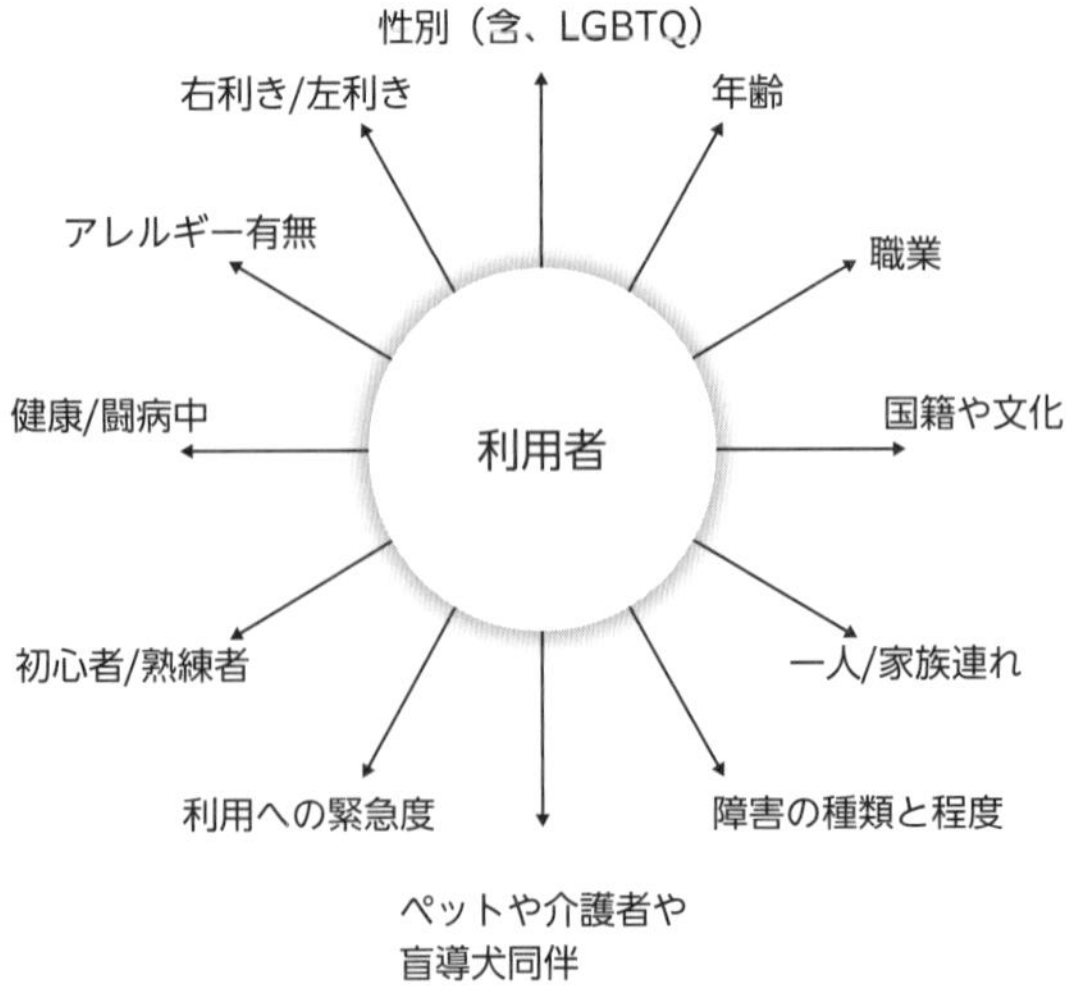

ことは困難である（図1）。

視覚障害者への支援の例

障害者の人々が公共トイレを利用する機会は多いが、その際は様々な不都合に直面しており我慢して使っていることが多い。つまりマイナスの状況から0という普通の状況までも到っていない多くの場面がある。

一例として、視覚障害者の人々の例について考えてみる。現在、公共トイレの入口には、トイレの内部配置を示した触地図の表示が多くなった。直近のトイレの場所を知らせるスマートフォンのアプリがあるが、この技術を拡大適用して、トイレ内部のレイアウト地図も表示は可能である。外からトイレまでは従来のトイレ地図アプリを用い、入口を入った時点でスマートフォンが感知して、トイレ内装地図に自動的に切り替えればよい。視覚障害の人はトイレのフロアから空いている個室へ、直進や右左の指示を頼りに進んで用を足す。

たとえば、ある視覚障害の著名な情報技術者が「AIスーツケースプロジェクト（注1）」を立ち上げて、各所で評価実験中である。盲導犬がスーツケースに置き換わった形で、固定したフロア地図と共に、動的に空港などで動きながら近づいてくる人の感知も可能である。しかしまだスーツケースをガラガラと引く煩雑さや、白杖《はくじょう》と両方を持つのは使いづらく、システムに問題があると止まってしまうという未解決の部分も残っている。今後の展望としては、一時的にトイレのフロアの濡《ぬ》れて滑りやすくなっている状況提示とか、掃除用具が散らばっているとか、故障して使用禁止の個室のように有機的に時々刻々変化する状況提示も、即座に感知して回避行動が可能になるだろう。

最近のモダンなトイレ個室ドアのデザインでは、平面の単一面にするデザインもよく見掛ける。確かにこのデザインはシンプルですっきりしているが、晴眼者でさえもどこを押して入ればよいのかヒントが見つからず、戸惑うことも多い。このような場合も、電波を受けて働くＲＦＩＤ（Radio Frequency Identification）のＩＣタグを個室のドアに貼っておけば、利用者のスマートフォンもしくはスマートウォッチがそれを感知して、一番利用しやすいトイレの個室へ誘導することも可能になる。

現状のトイレの個室では、トイレットペーパー、洗浄ボタン、シャワー・ビデボタン、サニタリーボックスの設置位置は、場所により異なり統一はされていない。一応トイレットペーパーホルダーの近辺にこれらのボタン類は設置するという推奨規定はあるが、歩道の点字ブロックの配置の状況と同様で、まだ徹底されていないのが現状である。トイレの個室の中にも拡大してアプリの適用が可能で、個室に入った後に、これらの配置状況を案内するだけでも助けになることと想像できる。

②清潔性の確保

最近は業務用掃除ロボットも活躍しはじめている。これらのロボットにはトイレの配置マップを参考に繰り返しの単純な清掃作業の部分を任せておいて、清掃員は快適性の発見と追求に時間を当てればよいだろう。

清掃員にとって、快適性という観点からのトイレ清掃の喜びとは何だろうか？　利用者に喜んで使ってもらう環境を提供して、彼らから感謝されると仕事への生きがいにつながるのではないだろうか。五感から考えると、視覚的には適切な照明と生け花など、聴覚だと軽いBGM、触覚だと清潔なタオル、嗅覚だと爽やかな花の香あたりだろうか。これは清掃メンテナンス作業に関連するが、花瓶へ水を足す時期、花を入れ替える時期などは、清掃員の負荷になる。これらの項目を前もって準備するリストに加えて、ロジスティックスと協調することも容易である。

③安全性の確保

以前に東京の地下鉄で、「多機能トイレは在室が30分以上になると、使用中を示すランプが点滅する。ランプが点滅し

業務用掃除ロボット

続けていることに気づいた駅員が警備員と共にトイレの扉を開錠したところ、50代と見られる男性が横たわっており、その後救急隊が駆け付けたが死亡が確認された」という報道記事があった。この事例から見て、将来への対策としては、施設内の感知器だけに頼らず、たとえば自身が所持するスマートフォンがGPSで位置情報を確認して、所有者がトイレを使用中であることが判明して、不整脈や血圧の変化を感じれば、自動的に救急へ通報するという方式も実現が可能であり、安全性も向上する。

④トイレの待ち行列の解消

現代のトイレは利用者の多様性への対応に迫られている。それにしたがってトイレの個室ごとに別々の機能を具備する形態に変容していくと考えられる。この事情に沿ってトイレ入口の待ち行列の問題を解消すると快適性は向上する。特に女性トイレのほうは、いつも行列が長くなり気の毒に思う。

現状はトイレの入口にデジタルサイネージとして、個室の空き具合を表示するパネルの表示装置が導入されている場所がある。しかしこれらはプッシュ型と言って情報を一方的に表

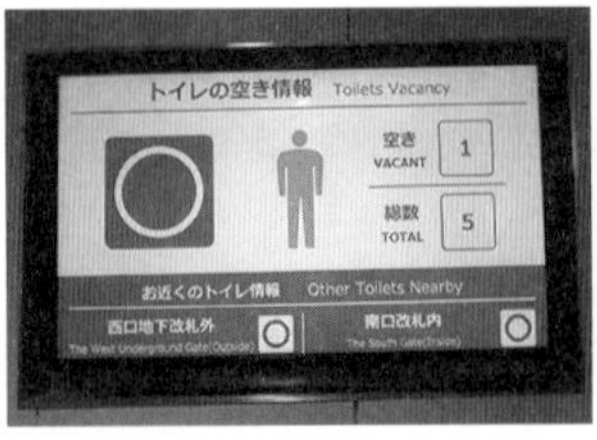

トイレの入口のデジタルサイネージ

トイレ待ち行列の風景

示しているにすぎない。将来は利用者自身が必要とするトイレ空間を、ＩＣＴやＡＩを用いて、自分で選べる双方向性（インターラクティブ）で解決することが可能である。この方式が実現すると、たとえば厳寒の冬に、トイレの入口で行列に並んで待つ必要がなくなる。

待ち行列の種類を図２に示してみた。大文字のＡ、Ｂ、Ｃは機能が別の複数の個室群である。小文字のａ、ｂ、ｃは利用目的が異なる複数の利用者の行列である。「単機能対応待ち行列」とは、ＡＴＭや駅の発券機にフォーク型に並ぶ待ち行列である。利用する機器の機能はすべて同一で、並ぶ人たちの利用目的も同一である。「多機能待ち行列」とは、トイレの個室には別々の機能が準備されており、高齢者の人、車いすの人、家族連れなど、様々な目的を持った利用者が混在して一列に並ぶ行列である。次の「ランダム集合待ち行列」とは、これらトイレに対して様々な利用目的のある人たちを、一列に並べて空虚に待たさないで、

図２　待ち行列の種類

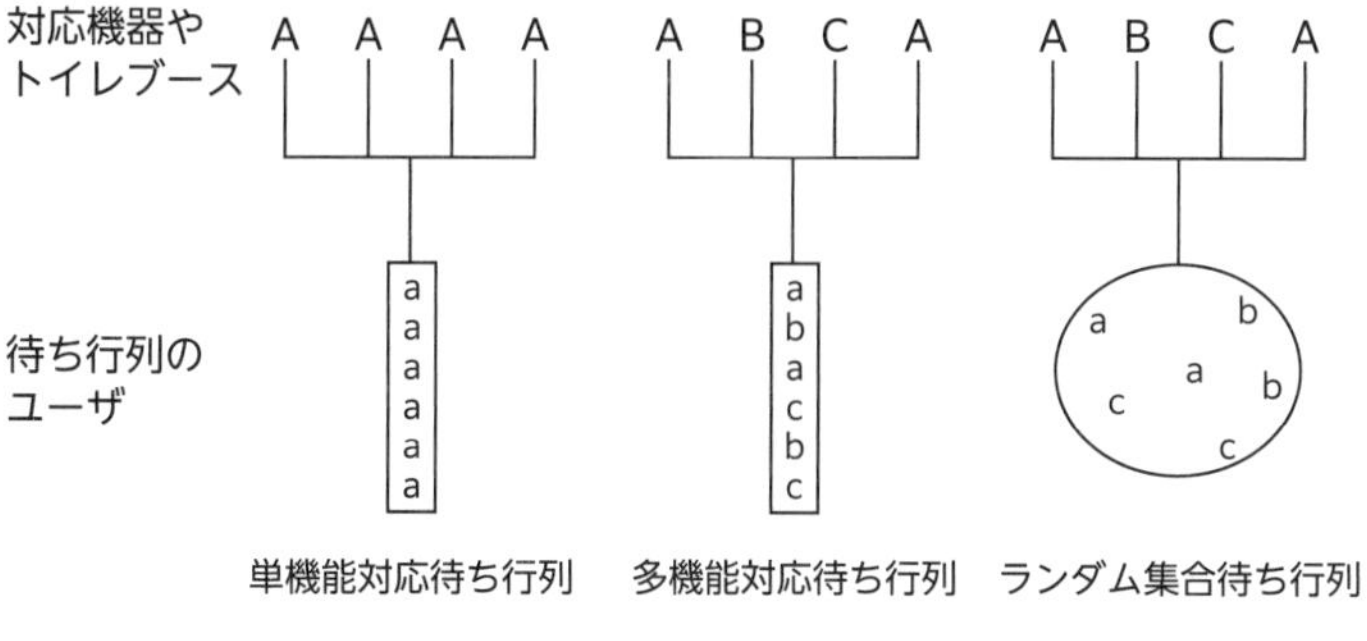

たとえばウインドウショッピングなど好きな場所で待っていて、自分の目的に合ったトイレが空いたら知らせてくれるシステムであり、近未来系である。

⑤トイレ設計者への支援

トイレの建築では、意匠～設計～設備～施工の工程を踏み、さらに保守と改修へという手順を踏むが、そのプロセスは人間中心設計（ＨＣＤ：Human Centred Design）(注2)と似ている。

ＡＩやＩＣＴを加味して快適性を実際のトイレ設計へ反映させるには、障害者も含んだ利用者のフロアにおける動線のシミュレーションを活用すれば、もっと利用者にとって快適性は向上する。この際には、ＣＧ（Computer Graphics）をもとにした仮想現実（ＶＲ：Virtual Reality）や拡張現実（ＡＲ：Augmented Reality）という技術が活用できる。従来はモックアップ（原寸大の形状模型）を作成して被験者による評価を実施していたが、設計図にしたがって出来上がった仮想空間で、ＡＩやＩＣＴにより、設計者自身があたかもこれらの利用者になったような体験が可能になる。たとえば棚のほんの10㎝程度の移動だけでも、一般も含めた利用者の快適性は遥《はる》かに向上するので、これらの手段を使って設計上の改良に反映することが可能になれば、設計者・利用者の双方にとって利点は多いと思われる。

さらに設計者にとって、快適性と費用対効果との兼ね合いをどのレベルに設定するかという課題の解決が求められている。従来まではこれらの線引きの閾値《いき》は、建築家やデザイナーなど専門家が勘と経験で行っていた。今後はサービスサイエンス（ＳＳ）と呼ばれるＩＣＴやＡＩのソフトウェア技術を介在させて、この閾値を利用者像、場所の環境などの観点から有機的に変化させながら設計することが可能になり、設計効率性の向上も図れて有効性も向上することが想定される。

（細野直恒）

（注１） 浅川智恵子「誰一人取り残さないために情報技術が果たす役割」情報処理学会、２０２１年７月、https://www.imagazine.co.jp/asakawa-chieko/

（注２） 人間中心設計、ISO 9241-210:2019, JIS Z 8530:2021

コラム

「THE TOKYO TOILET」

渋谷区のとある公園で、若い女性たちがスマートフォンで撮影しながら楽しそうにはしゃいでいる。彼女たちが撮影しているのは、実は公共トイレだ。これまで、あえて公共トイレに行こう、写真を撮ろう、SNSに投稿しようと思ったことがあっただろうか。2020年8月の「THE TOKYO TOILET」プロジェクトの発表以来、SNS上で、公共トイレが多数投稿されるようになった。「2020年のツイッター映えスポットランキング」でも、本プロジェクトのトイレが1位に選ばれた。

THE TOKYO TOILETとは

多様性を受け入れる社会づくりに取り組んできた日本財団(※)が、渋谷区の協力を得てスタートした公共トイレプロジェクト。区内17か所の公共トイレを、誰もが快適に使用できるものに生まれ変わらせる。坂茂氏、槇文彦氏、安藤忠雄氏、伊東豊雄氏ら建築家のほか、佐藤可士和氏や片山正通氏、

坂 茂氏がデザインしたはるのおがわコミュニティパークトイレ
鍵を閉めると外壁が不透明になる仕組み。中がきれいか、誰も潜んでいないかを、入る前に確認できる。完成発表前から国内外のSNSで話題となった。
撮影：永禮賢

ＮＩＧＯ®氏などのデザイナーら世界で活躍する16人のクリエイターが参画。なお、長年公共トイレのデザインを手掛けてきた建築家で日本トイレ協会会長の小林純子氏にも参画いただき、プロジェクトへの助言をいただいている。それぞれに優れたデザインと機能を備えたトイレが登場しており、２０２２年1月時点で12か所が完成している。

　本書をお読みの皆さんは、トイレに多かれ少なかれ関心のある方々であろう。「公共トイレ」と聞いてどのようなイメージが頭に浮かぶだろうか。汚い、暗い、臭い、怖い…といったネガティブなイメージが先行する。また、また障害がある、子ども連れである、男女別のトイレには入りづらいなどの事情から、使いづらさを感じる人も多い。

　忙しくて一日食事を摂らなかったという日はあっても、排泄《はいせつ》をしない日はないだろう。人々の生活に最も密接にかかわるトイレ、それも「公共」という名を冠したトイレが、使いづらいものであってよいのだろうか。こうした課題感から、日本財団はこのプロジェクトに乗り出した。

　クリエイターの方々の発信力や美しく斬新なデザインから、このプロジェクトは瞬く間に世界的に名を知られることになった。国内のテレビや雑誌、ネットメディアはもとより、海外のメディアでも多数取り上げられている。

（※）１９６２年に日本最大規模の財団として創立以来、人種・国境を越えて、子ども・障害者・災害・海洋・人道支援など、幅広い分野の活動を推進する財団。

多様性を受け入れるトイレを目指して

ＴＨＥ　ＴＯＫＹＯ　ＴＯＩＬＥＴでは、性

THE TOKYO TOILETマップ

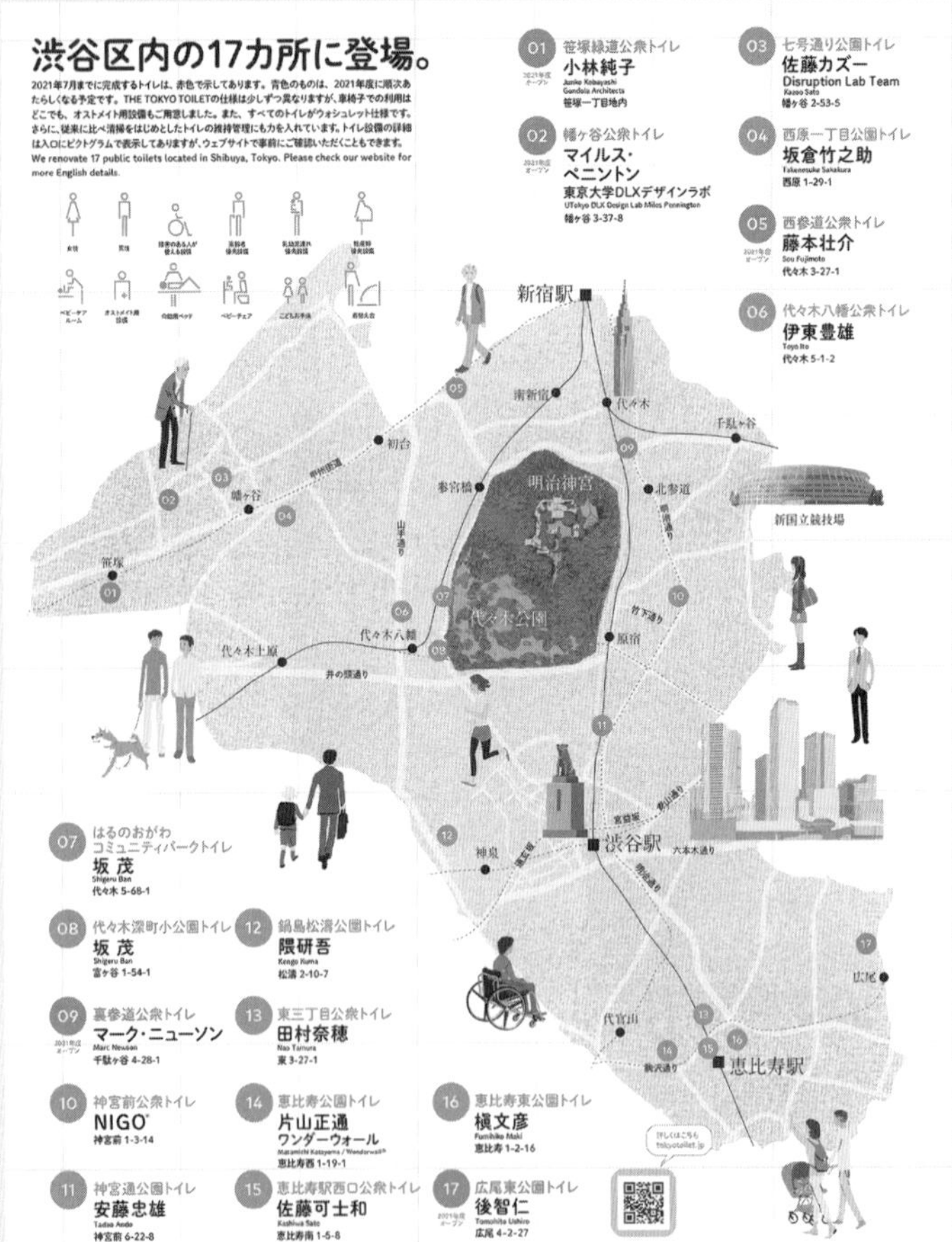
渋谷区内の17カ所に登場。
2021年7月までに完成するトイレは、赤色で示してあります。青色のものは、2021年度に順次あたらしくなる予定です。THE TOKYO TOILETの仕様は少しずつ異なりますが、車椅子での利用はどこでも、オストメイト用設備もご用意しました。また、すべてのトイレがウォシュレット仕様です。さらに、従来に比べ清掃をはじめとしたトイレの維持管理にも力を入れています。トイレ設備の詳細は入口にピクトグラムで表示してありますが、ウェブサイトで事前にご確認いただくこともできます。
We renovate 17 public toilets located in Shibuya, Tokyo. Please check our website for more English details.
01 笹塚緑道公衆トイレ 小林純子 Junko Kobayashi Gondola Architects 笹塚一丁目地内
02 幡ヶ谷公衆トイレ マイルス・ペニントン 東京大学DLXデザインラボ UTokyo DLX Design Lab Miles Pennington 幡ヶ谷 3-37-8
03 七号通り公園トイレ 佐藤カズー Disruption Lab Team Kazoo Sato 幡ヶ谷 2-53-5
04 西原一丁目公園トイレ 坂倉竹之助 Takenosuke Sakakura 西原 1-29-1
05 西参道公衆トイレ 藤本壮介 Sou Fujimoto 代々木 3-27-1
06 代々木八幡公衆トイレ 伊東豊雄 Toyo Ito 代々木 5-1-2
新宿駅
南新宿
代々木
千駄ヶ谷
初台
幡ヶ谷
笹塚
参宮橋
明治神宮
北参道
新国立競技場
代々木公園
代々木八幡
代々木上原
原宿
井の頭通り
渋谷駅
神泉
六本木通り
代官山
恵比寿駅
広尾
07 はるのおがわコミュニティパークトイレ 坂 茂 Shigeru Ban 代々木 5-68-1
08 代々木深町小公園トイレ 坂 茂 Shigeru Ban 富ヶ谷 1-54-1
09 裏参道公衆トイレ マーク・ニューソン Marc Newson 千駄ヶ谷 4-28-1
10 神宮前公衆トイレ NIGO® 神宮前 1-3-14
11 神宮通公園トイレ 安藤忠雄 Tadao Ando 神宮前 6-22-8
12 鍋島松濤公園トイレ 隈研吾 Kengo Kuma 松濤 2-10-7
13 東三丁目公衆トイレ 田村奈穂 Nao Tamura 東 3-27-1
14 恵比寿公園トイレ 片山正通 ワンダーウォール Masamichi Katayama / Wonderwall® 恵比寿西 1-19-1
15 恵比寿駅西口公衆トイレ 佐藤可士和 Kashiwa Sato 恵比寿南 1-5-8
16 恵比寿東公園トイレ 槇文彦 Fumihiko Maki 恵比寿 1-2-16
17 広尾東公園トイレ 後智仁 Tomohito Ushiro 広尾 4-2-27
Location Map

出典：日本財団発行のパンフレットより

THE TOKYO TOILET一覧

トイレ名称	住所	クリエイター名	供用開始日
神宮通公園トイレ	神宮前6-22-8	安藤 忠雄	2020年9月7日
代々木八幡公衆トイレ	代々木5-1-2	伊東 豊雄	2021年7月16日
広尾東公園トイレ	広尾4-2-27	後 智仁	2022年予定
恵比寿公園トイレ	恵比寿西1-19-1	片山 正通 ワンダーウォール	2020年8月5日
鍋島松濤公園トイレ	松濤2-10-7	隈 研吾	2021年6月24日
笹塚緑道公衆トイレ	笹塚一丁目地内	小林 純子	2022年予定
西原一丁目公園トイレ	西原1-29-1	坂倉 竹之助	2020年8月31日
恵比寿駅西口公衆トイレ	恵比寿南1-5-8	佐藤 可士和	2021年7月15日
七号通り公園トイレ	幡ヶ谷2-53-5	佐藤 カズー	2021年8月12日
東三丁目公衆トイレ	東3-27-1	田村 奈穂	2020年8月7日
神宮前公衆トイレ	神宮前1-3-14	NIGO®	2021年5月31日
裏参道公衆トイレ	千駄ヶ谷4-28-1	マーク・ニューソン	2022年予定
代々木深町小公園トイレ	富ヶ谷1-54-1	坂 茂	2020年8月5日
はるのおがわコミュニティパークトイレ	代々木5-68-1	坂 茂	2020年8月5日
西参道公衆トイレ	代々木3-27-1	藤本 壮介	2022年予定
幡ヶ谷公衆トイレ	幡ヶ谷3-37-8	マイルス・ペニントン 東京大学DLXデザインラボ	2022年予定
恵比寿東公園トイレ	恵比寿1-2-16	槇 文彦	2020年8月7日

別、年齢、障害を問わず、誰もが快適に利用できるよう公共トイレを生まれ変わらせ、インクルーシブな社会のあり方を広く、提案・発信することを目指している。17か所にはすべて、ウォシュレットの完備、車いすでの利用ができるスペース、オストメイト用の設備、性別を問わないユニバーサルトイレを備える。異性の介護者・介助者と一緒に行動している人や、ベビーカーを利用している親御さんなどにも気軽に使っていただきたい。

THE TOKYO TOILETのトイレで出会ったとあるお母さんは、「公園にきれいなトイレがあるだけで、子どもを連れてお出かけしやすくなった」と話してくれた。また、車いすユーザーは、「このプロジェクトによって、公共トイレの課題に注目が集まり、マイノリティと言われる人々に選択肢がある社会になってほしい」と期待を寄せてくれた。

維持管理

本プロジェクトは、ただアーティスティックなトイレをつくれば終わりというわけではない。公共トイレは、10年、20年と長く使い続けていただくもの。ハード面だけでなく、清掃をはじめとしたトイレの維持管理を強化している。

具体的には、渋谷区では従来、1日1回の清掃（利用頻度の高い場所は1日2回）を行っていたところ、原則1日2～3回の乾式清掃、月1

神宮通公園トイレのユニバーサルブース
オストメイト対応器具、ベビーチェア、おむつ交換台などを設置している。
撮影：永禮賢

回の湿式清掃、年1回の特別清掃（外壁、屋根清掃など）も行っている。さらに、専門的・科学的な見地からアドバイスを受けるため、第三者チェック機関として、トイレ診断士のチェックを月に1回取り入れている。

清掃・診断報告書には、設備点検や清掃状況の報告と併せてトイレの利用状況や快適状況を点数付けし、日ごと、月ごとの変化を記録し、分析を行うことで追跡可能なデータで渋谷区とも議論し、維持管理の手法や頻度などを見直している。また、清掃員が着用するユニフォームのデザインをファッションデザイナーのNIGO®氏に監修いただいた。これにより、清掃のお礼を言われたり、夏の暑い日に差し入れをいただいたりすることが増えたという清掃員の声も多数あり、清掃員の存在にもスポットが当てられていると感じている。

こうした取り組みに反して、このプロジェクトでも落書き、破損、ごみの放置は頻繁に発生している。

参画してくれたクリエイターの方々のお力もあり、これまで見ないように、近づかないようにされてきた公共トイレに、まずは目を向けていただくことができた。次のステージは、せっかく目を向けてくれた人々に、公共のトイレを自分たちのものとして、丁寧に利用する心を醸成していくことだ。

NIGO®氏監修のユニフォームを着用して清掃に従事する清掃員

（佐治香奈）

みんなの快適を聞いてみた

日本で聞いたトイレの快適さ

①　30数年前、長崎市内の公共トイレは、快適以前の問題。女性たちには「無いと思いたい」存在でした。

昭和が終わろうとする1980年代は、ちょうど女性の時代の始まりと言われた頃で、行政も女性に着目した事業を手掛けようとしていた。当時、行政から「女性の目から見た長崎再発見」をテーマにした企画を依頼され、「女性だけのまち歩き」（ちなみに2022年で35年目！）を開催することに。女性だけのまち歩きにトイレは必須だと思う。そこで「まち歩きルートの公衆トイレの実態調査」をしたのが、トイレにハマるきっかけであった。

公衆トイレの実態調査は、どこも悲惨のひとこと。女性にとって、そこはできれば避けて通りたい、切羽詰まっても、よほどのことがあっても使いたくない場所だった。当時の公共トイレ（公衆便所と呼びたい）は、3K（汚い・暗い・臭い）は当たり前で、怖いをプラスした4K的存在。一大決心を要した女性たちの当時の入り方を紹介したい。まずドアノブを肘で押さえながら、できる限り手を触れないように細心の注意で足を踏み入れる。荷物掛けなどは当然ないのでバッグをお腹に挟む、ショルダーなら斜め掛けして便器（ほとんど和式）にまたがる。万一、掃除後に当たった場合、さらに悲惨。足元はびしょ濡《ぬ》れなのでスカートの裾を捲《まく》り上げる。ほとんどアクロバット状態で用を足す。しかも臭い、目も痛い！　息を止めながらまさに必死の行為。使用後は（本来は手を使うべき）フラッシュバルブのレバーを足で踏み水を流す。最後はお尻でドアを閉める。臭いが洋服にも付きそうで、とにかく不快だった。思うに当時の公共トイレには、快適以前の問題がいっぱい詰まっていた。その４Ｋの実態、女性と男性の使い勝手の視点の差などを、設置する側は全く気がついていなかったと思う。その時、現状は伝えなければ伝わらないと思った。

②「トイレの快適感」は、ひとそれぞれ、十人十色の声を聞く。

トイレの快適さの感じ方や捉え方は、ひとそれぞれ、まさに十人十色である。特に「公共トイレの快適感」については、自宅や商業施設とは違い、公的な施設であるために私的な感情を出しても仕方がないと思っている人も多い。関心があっても、立地、環境、建築デザイン、設備、機能、便利さ、安心、安全性も含めて、年齢や性別、仕事などのジャンルによって快適の視点がかなり異なってくる。

では、何をもって快適と感じるのだろうか？「快適感」をいったいどのような基準で捉えるのだろうか？　他人事になりそうな「公共トイレの快適感」について聞いてみた。

そこで、「あなたにとって快適な公共トイレとは？」をテーマに、主に長崎市内を中心に、（一社）日本トイレ協会運営委員の関係者、家族など、年齢、性別、様々なジャンルの方々にアンケート協力を依頼した（2022年2月実施）。

トイレっぽくない公共トイレ

　まずは清潔であること。使用者が清潔に使ってもらうためには、「汚い、暗い、臭い」いわゆる3Kトイレではなく、外装·内装ともに、自分の街らしさを感じるようなトイレっぽくない公共トイレが各エリアにあればいいですね。

（男性40代公務員）

清潔で誰もが使いやすいトイレ

　一番に清潔さです。汚れていない、ゴミが放置されていない、臭くない。欲を言えば温水洗浄便座がついている、などなど。また公共トイレは誰にとっても使いやすいものであってほしい。老若男女LGBTQ+、親子連れ、どんな人にも使いやすいトイレが理想です。　**（男性30代自営業）**

あなたにとって快適なトイレとは…

清潔さ

医療従事者が思う、やさしさが芽生える清潔感。

僕が理想にする快適な公共トイレは、「粋なトイレ」です。トイレに思う「粋」とは、街中でのおしゃれな佇《たたず》まい、室内がふんわり明るい色調と照明、足元（床）がさりげなくきれい、赤ちゃんのおむつを替えられる設備がある気遣い、使用した人が次の人のためにきれいな状態にしておきたいと思える、やさしさが芽生える清潔感です。

（男性 40 代小児科医）

清潔感＋安心・安全

行き届いた清掃、清潔感こそが私の求める「公共トイレ」における快適の定義です。さらに１つ加えるとしたら「安心」できる場所。子育てをしていた時期に強く感じていたことです。小さい子ども、女性が利用する時に " 危険な要素 " が極力取り払われた安全な場所（個室ごとの防犯ブザー、通報システム設置など）であることが「公共トイレ」の快適性だと考えます。

（女性 50 代主婦）

清潔さと入口の明るさの理想的な関係とは？

「快適さ」の構成要素は無数に存在すると思いますが、私の思う快適さとは、入るのにためらいがないこと。入りにくい空間には、そもそも近付きがたく、どれだけ中身がよかろうとマイナスに推定してしまい、そもそも入るのに勇気がいる空間は、いるだけで閉塞感からストレスがかかります。では入りやすさとは何か。陳腐な回答ですが、清潔さと入口の明るさが重要だと思います。公共のもので、多くの人に使用されるものだからこそ、入口の清潔さが快適さに直結すると私は日々感じています。

（男性 10 代学生）

清潔で、安心して利用できる公共トイレ

暗かったり、なんとなく清潔感がないと、入りたくないと思ってしまいます。また、誰が見ているかわからず防犯上怖いということもあり、公共トイレに入る姿を見られたくないという気持ちが働くときも。明るいデザインで、ドアやパーテーションの隙間があまりなく、自分１人の空間であることを感じられる清潔感がある個室。できれば温水洗浄便座がついていて便座が温かいと、何も確認せず座った時にびっくりしない。外観も周りの環境に適していて場違いな感じがしないと入りやすくていい。夜に暗いトイレに入るのは怖いので、遠くから見ても明るくてトイレがあることがわかるとなおよし。

（女性 20 代学生）

「安心＝ホっと」して使えるトイレ

安全は、基準などの数値で科学的に示されるものですが、「安心」は感性かも。 この「安心＝ホっと」が、他への思い遣り、おもてなし、につながっているのではないでしょうか。お年寄りも、小さい子ども連れも「安心」して使えるトイレがあるから「安心」してまちに出かけることができる。急にもよおしたときに、そこにある「安心感」、出せた時の「ホッと」感。

（男性 40 代公務員）

安心、安全

女性たちが求める、快適についての定義とマナーの悪さ。

子育て時代は「公園デビュー」という言葉も流行（1990年代）したくらい公園は子どもとママ友で賑《にぎ》わっていました。公園のトイレは子どもだけで行かせられるくらい安全な場所。最近はイメージが「怖い」「汚い」と思い、個人的にあまり使用しなくなりました。理想（ちょっとわがまま）の公衆トイレとは、明るい照明、温水洗浄便座付き、蓋が自動で開く、自動で流れる、自動でハンドソープ、臭くない、警備会社契約。子どもや女性が安心して使用できる公共トイレがほしいです。有料でもいいと思います。

（女性 50 代保育士子育て相談員）

日当たりの良さ

日当たりの良い場所にあるなど、できるだけ老若男女が安心して使用できるといいなと思います。

（女性 20 代公務員）

ホッとする設《しつら》え

きれい、臭わない、安全・安心が一番大事と思いますが、ちょっと外の様子が感じられるような、ホッとする設《しつら》えがあればもっといいと思います。

（男性 50 代公務員）

思い立った時に、迷うことなく入れる場所

思い立った時に迷うことなくたどり着き、待つことなく、息を止めることなく、汚すことなく、待たせることなく、みんながすっきりした気持ちで出ていくことができる場所です。

（男性 40 代公務員）

ママたちの快適優先度には、子どもたちがいつも関係する。

1歳の娘と街へお出かけ。あれ、うんちしたかな。あそこのトイレ行こう。ゆるうんちでお尻が汚れてるから、お湯で洗ってあげよう。少し漏れてたからお着替えも。ついでにママもうんち。娘はいい子しておいすで待ってる。2人ともすっきりして、あーよかった。こんなトイレが理想です。 **（女性40代新聞記者）**

高齢者にもやさしく

老人ホーム職員としての考えかも知れません。まずは介護や介助しやすいスペースがあること、冬でも温かい便器やウォシュレットが欲しいです。公共トイレは緊急なこともありますので、朝7時～夕方6時くらいは使用できるとありがたいです。

（男性60代老人ホーム職員）

多様化 誰もが使いやすいトイレ

「便利と安全」は、ひとそれぞれ。そこが難しい。

不特定多数の人が利用することになるため、誰もが利用できることが第一で、「きれいで清潔」に「便利と安全」を兼ね備えたものを「快適な公共トイレ」と呼べるのではないでしょうか。公共トイレに求める「便利と安全」は人それぞれ捉え方が違うのでそこが難しいです。

（男性30代公務員）

性別を誰かにジャッジされることなく安心して入りたい。

性的少数者のサポート団体を運営しています。性別違和のある人から様々なトイレの悩みを聞きます。「どちらのトイレに行っても怒られたり、暴力を振るわれたりする」「トイレの前に人がいると不安で、外出先でトイレに行けないので途中で諦めて帰る」「学校でトイレに行きたくないから水分を我慢して膀胱《ぼうこう》炎に…」。誰かに性別をジャッジされることなく、すべての人が安心して用を足すことのできるトイレを望んでいます。

（30代相談員）

清掃

いつも感じること

掃除が雑で行き届いてない。使っている人たちも公共トイレをゴミ捨て場と勘違いしているのか、ペーパーを落としている。手洗いの水は自動であってほしい。 今の時代、安心します。各個室のドアを外開きにしてほしい。内開きだと、荷物が多いとき入りにくくて大変。バック掛けはドアの半分くらいの位置に下げてもらうと助かります。

（女性 70 代主婦）

多目的トイレで思うこと

多様性に対するピクトグラムと文字表示、音声案内などが気になります。中に入ると同時に、無理をして空間利用の設計のせいで、使えない機能が付いていることや動線の動きにくさを感じる時もあります。でも時には、入ると同時に、気持ちのいい場所って、なんとなくまた使いたいと思います。どれほどの人の使用を想定していて、意見を汲《く》み取ったのか、設計者の思いが伝わる時、ホッとしたりします。

（男性 60 代元 NPO 法人バリアフリー協議会役員）

設計者の思いが伝わる
多目的トイレには、ホッと

「見上げれば青空、眩《まぶ》しい日差し。雨の日も雨音が楽しめる。ＢＧＭが邪魔にならない程度に流れていて、ひとときの孤独を楽しめる。」個人的には、そんな空間が理想である。アンケート結果にも、このようなイメージやお洒落《しゃれ》な外観、自然環境の良さ、最新の機能など、理想のトイレが具体的に出てくるのではないかと思っていた。クリエイターが手掛けた東京都渋谷区内「ＴＨＥ ＴＯＫＹＯ ＴＯＩＬＥＴ」（318頁参照）などを見るとなおさらである。しかし結果は、時代の先端をいくようなクオリティの高さ、斬新さではなく、使う側にとって、日々感じる現実的な基本の快適さ「明るい、きれい、臭くない、便利、安心・安全」こそが、みんなが望む「快適な公共トイレ」の定義として出てきた。そして現実味あふれる「公共トイレの快適」をきちんと整備し、継続させることこそが、いちばん難しいのだと感じた。

（竹中晴美）

世界で見たトイレの快適性

トイレというある意味タブー化もしており聞き難いことについて、コロナ禍の時期に、台湾、イギリス、北欧スウェーデン、北米、インドなど世界の知人に向けて、それらの快適性の側面からヒアリングを実施した。その際には、次のような項目で質問をした。

1. 居住国、性別、年齢、職業

Country of stay, gender, age group, occupation

2. 公共トイレの問題点の指摘

Do you find any problems with a public toilet or an uncomfortable toilet?

3.「快適なトイレ」という言葉へのイメージ

How could you imagine the word "A Comfortable Toilet?"

4. 現地のユニークなトイレの紹介（任意）

Do you find somewhere an interesting or unique toilet in your neighborhood?

1 台湾の事情

ML氏

台湾、男性、50代、大学教授

コロナ禍以前の2002年に起きたSARSのパンデミックを台湾では経験した。その時も公共トイレでの感染のリスクが問題になった。その後、台湾トイレ協会（TTA）では2013年に公共トイレを調査したことがあり、その際にいくつかの問題を発見した。

公共トイレは、必要なときに利用する空間だが、使い心地にはあまり配慮されていない。過去における台湾のトイレとは、プライベートで個人的なスペースだった。小さなスペースはユーザーのために設計されたものであり、十分な設備や使用性は公共トイレの設計ではあまり考慮されておらず、汚れており、臭く、不十分な設備しか備わっていなかった。皆は清潔で換気が良く、明るく快適なトイレを好むが、メンテナンスが不十分だと問題が発生する。台湾の環状道路沿いの公共トイレを調査したところ、多くの利用者からの苦情が寄せられた。この調査では、ハードウェアとソフトウェアを改善するためには、快適性、健康、安全性、利便性の4つの項目が当面の優先事項であると判断した。

さらに公共トイレの換気が不十分だと交差感染のリスクが高くなる。61か所の公共トイレを調査して、生物学的汚染源の原因と場所を特定した。空中および表面の細菌汚染、CO_2濃度、および表面のアンモニアレベルを測定した。換気の悪い公共トイレの細菌形成単位（CFU）は、トイレの外と比較すると5倍に達する。これは換気されていない公共トイレが、交差感染のリスクが高いことを示唆する。便器や小便器の近くは特に汚染されており、強化された清掃体制が必要である。さらに、蓋のないゴミ箱は、より高いリスクがある。公共トイレでの交差感染のリスクを軽減するために、換気と清掃の改善が必要である。

2 イギリスの事情

ＪＢ氏

イギリス、女性、50代、大学教授

「快適なトイレ」とは、清潔で手入れが行き届いていて、手が届きやすい場所にフラッシュハンドルが付いていて快適に使用できるトイレのことである。またトイレが安全であると感じることも重要である。ドアをしっかりとロックができて、確実な照明を備える必要がある。特に障害者も尊厳を持って利用できなければならない。快適さ、安全性、尊厳はすべてのトイレに必須である。

快適なトイレの好例としては、イギリスのヘイスティングス市のスタッド海岸には、公共トイレが数か所設置されている場所がある。大聖堂のような場所を想定してみてほしい。とても広くて風通しが良く、管理人が丁寧に清掃をしている。ここの設計者はデザイン賞を受賞した。反対に残念な公共トイレはロンドンの自宅の近辺にある。そこは男女共用トイレだが常に汚れており、薬物の摂取者にも使用されてもおり困ったことである。

コロナ禍のイギリスでは、カフェ、デパート、駅、スーパーマーケットのトイレの利用制限や公共トイレの閉鎖が起こり、人々は行き場がなくなり大問題になっていることを報道各社が頻繁に報じ、約2000万人が失禁の心配をしていることが明らかになった。多くの人が公共トイレを使えないために、外出が不安になると訴えている。トイレが封鎖されたことにより、これらの人々にとっては、毎日の運動や生活に不可欠な買い物で外出するのも困難になった。さらにトイレの封鎖によって、孤立感と精神的不安を持つ人たちも増えた。このような人たちだけではなく、配送品の増加に伴い、配達ドライバーなどの多くのモバイルワーカーも、トイレの利用ができず困っていた。さらに多くの介護福祉士からも、病院や介護施設に通院する際の問題の指摘があった。

コロナ禍で公的にアクセス可能なトイレ設計ガイドを作成し、2020年に「英国標準化賞」を受賞した。このガイドは、公的にアクセス可能なトイレの設計者、および建築環境の専門家やトイレ施設を所有または管理している人を対象としている。公的にアクセス可能なトイレに焦点を当てているが、一部のガイダンスは、職場や顧客専用施設などの他の公共トイレにも適用ができる。

さらにWebサイトで全英の約1万4000か所の公共トイレが表示する「英国公共トイレマップ」を作成した。2021年9月時点で、毎月約3万件のアクセスがある。ここには公共トイレだけではなく、一般の人が顧客でなくても使える店舗などのトイレも含まれ、市民はショッピングセンターなどの公共スペースや交通施設、図書館や市庁舎などの公共の建物のトイレへもアクセスができる。このマップはデータの改善と維持費用のために、クラウドソーシングにより運営されており、コロナ禍以降はボランタリーの協賛者も大幅に増加しており、各トイレの最新状況についての更新作業が頻繁に行われている。

3 スウェーデンの事情

MA氏

スウェーデン、女性、70代、家庭の主婦

ここは首都のストックホルムから３００㎞西にある小都市で、現在の人口は約７０００人である。この場所には中央広場に公共トイレが1か所ある。写真にあるように、広場に直接面して3個室が独立して並んでおり、2個室が男女共用、1個室が車いす用である。清掃は行き届いているが、週末は清掃員が休みなので少々汚いこともある。シャワートイレの機能も備え、洗面台もあり、トイレットペーパーと石鹸《せっけん》や紙タオルも準備されており快適で無料である。視覚障害者の人々のため点字表示もある。この市の公共トイレはこの1か所だけだが、その他には図書館のトイレが利用できる。一方レストランの顧客はそこのトイレを使えるが、商店の中にはない。

ここの小都市は、北欧で北緯60度の位置にあり、日本の近くではカムチャツカ半島のあたりで冬は特に寒い。公共トイレは衛生上の観点からステンレスの便座なので、冬は座ると冷たさが伝わり、この面は快適性に欠ける。

一方、ストックホルムなどの都市部の公共トイレは有料トイレが主流だが、1回の利用料金は200円くらい掛かり、かなり高い。そちらは入口の回転バーの所でコインを入れるか、スマホをタッチで課金されて、中央のロビーに入り空いている個室を使う。男女のエリア分けはされていないので、各個室は男女兼用である。必ず車いす向けの個室は設置されている。

KS氏

カナダ、女性／性別には無関心、30代、大学准教授

カナダの出身で、その後にロンドン、現在は東京に在住している。公共トイレの問題点は、一般的に言われる社会的排除が挙げられる。公共トイレをアクセスしやすく、清潔で近代的なものにするためには多くの努力が払われてきた。しかしこれらのことは公共トイレ設計者の度量や経験に深く関係している。男女別のトイレの配置は最も顕著な例である。ロンドンのトイレは、日本で見られるトイレの品質や機能までには到ってはいないが、ジェンダーフリーの公共トイレへ改装したり、新規に建設したりしている。

一方、日本では男女平等という社会的意識は、まだ浸透していない。「男性用トイレ」と「女性用トイレ」が別々に分かれた公共トイレが現在でも普通であり、男性用トイレで育児の場所を見つけることは少ない。

このこととは別に、快適なトイレを準備するには、実際の利用者により評価する必要がある。そのため、現代の公共トイレは「美麗かつ奇抜性のあるデザイン」を備えている場所をよく見かけるが、それだけでは不十分である。たとえば公共トイレはカバンを吊《つ》るすための壁掛けが付いている部分があっても、その下や側面に十分なスペースがないことがある。これは実際の利用状況でのフィールドテストが不十分であったために発生した問題であると言える。快適性を追求したデザインとは、恰好《かっこう》が良くてきれいなだけでは不十分で、それが十分に使用に耐えるものでなければならない。

5 インドの事情

AG氏
インド、男性、60代、アパレル会社会長

快適なトイレと問われると、パッドが入ったソフトな座り心地の便座を思い描く。一般のインドの公共トイレは、現状はあまり問題を感じない。

現在のモディ首相は、野外排泄《はいせつ》を排除し汚物管理を改善するために、2014年にインド政府によって開始された全国的なプロジェクトで「クリーン・インディア活動（Swachh Bharat Abhiyaan）」を立ち上げた。この活動では以前は野外で排便した貧しい人々のために、2年間でインド国内の2億か所にトイレを設置し提供した。それまでは日の出前と日没後に外で排便していた女性たちにとって特に恩恵となった。これにより約14億人のインド人にとって非常に快適な生活が送れるようになった。

このキャンペーンが始まる以前に、ある女子児童は、「学校のトイレはにおいが酷くて、人が混雑していることがよくありました。トイレでは蚊が繁殖していました。生理用ナプキンを捨てる所もなく困りました。トイレにはゴミ箱はなく、トイレの掃除員はあまり積極的に働かず、ゴミがよく散乱していました。」と述べていた。インドにはアメリカの10倍の150万を超える学校があるが、このプロジェクトにより、インドの学校における衛生の改善と、不登校生の減少という社会的影響は大きかった。さらにこの大きな学校市場は、新しい衛生技術の研究開発や立ち上げを支援する多くの事業者にとっても魅力ある活動になり、経済的効果も期待できた。この活動により、モディ首相の評判も上がった。

快適性とは人間工学の見地からだと、非常に定義が難しい概念である。それは人間が感じることなので、人間の感情に左右される。快適を広辞苑で引くと「具合が良くて気持のよいこと」との定義である。ほかに「心身に不快に感じられるところがなく気持ちが良いこと、具合が良くて快いこと。」また「幸福度が高く包容力があること」、英語では、「Comfortable や Well-being」などの表現が近いようである。

快適性に関連する人間の五感とは、視覚、聴覚、味覚、触覚、嗅覚だが、トイレでは視覚としてトイレットペーパーなどが散らかるなど、聴覚として放屁《ほうひ》の音、触覚の皮膚感覚として便座の暖かさ、嗅覚はトイレのにおいなどである。特にこれらの感覚の向上には、「生け花」の活用が効果がありそうである。花は国籍を問わずどの世界でもなぜか心が和む。トイレと組み合わせることにより、どこのトイレでも快適性に寄与することと思う。

（細野直恒）

おわりに

日本のトイレはこの半世紀でかなり快適になった。

本書の各章にわたって、トイレの快適性について縦横無尽に考察されている。執筆者の専門領域や活動領域ないしは得意とする分野での理論、技術、デザイン、歴史、維持管理はもとより、生活環境での個と集団、生育、教育、多様性、インクルーシブ、また、諸々の施設でのトイレのあり方や特質、それぞれの研究や実践のプロセス、理想を追い求める姿まで、実に克明に述べられている。トイレの快適性を追求してきた日本の様々な分野における過去・現在の様子が、本書に鮮明に映し出されているといえよう。

快適性の追求の歴史は人類の歴史そのものでもある。人は生きるために食べ物を摂取し、栄養を取り不要なものを排出する。一生の間にほぼ20万回トイレに通う。延べ11か月もトイレに入っていることになり、排泄量は40トン（2トントラックで20台分）にもなる。

他人の排泄物は最も不快をもたらすものの一つだが、実は排泄物は血液と共に人の健康状態を知るうえで最も重要な検体で、いわばその人のアイデンティティともいえよう。

排泄の快適性には、排泄行為を心地よくできる環境が必要であることは言うまでもないが、それにはまず性能の良い便器であることと、排泄の行為や後始末を間違いなく、苦もなくできる装置や部品がトイレに備わっていることが求められる。そして装置や空間の材質・寸法・大きさが適度に保たれており、明るさはほどよく、臭気がなく色彩や質感が五感を満足させるデザインが施され、トイレメンテナンスが行き届いた施設であることが望ましい。快適なトイレを支えるには、上下水道、電気というインフラが整っているということも基本であり、使用者のモラルも大切である。

問題点をあえて述べれば、現在のような国際化の中で、未だに流すボタンがわかりにくいという声をよく聞くことだ。流すボタンくらいは、たとえばすべて青色にするとかの世界統一標準をつくりたい。また、わが国の家庭のトイレは小便器がなくなり、ほとんど洋式化した便器一つだが、男性の小用における便器の高さや撥《は》ねに、まだまだ問題が残る。

快適性を表す英語の一つにアメニティamenityが使われるが、アメニティとは「人にとって不快や不都合なものがより多く取り除かれた状態」で「適切なものが適切なところにある」ことである。私は端的に「不快感除去と適物適所」と表現する。ただ、地球上、人は住む場所によって自然条件が異なり、宗教、習慣、技術力、経済力、政治力、社会情勢など、諸々の要因によって生活環境やトイレ環境が異なることも否めないし、それぞれをも尊重したい。

トイレにおいて重要なことは安全・清潔・尊厳・博愛であり、言葉を換えれば安全・安心・快適・便利・人権・平等が確保されなければ快適とは言えない。寛容な社会の誰にでも使い勝手の良いトイレをつくるため、絶えず私たちの知と技の結集が必要とされる。

18世紀後半〜19世紀の産業革命により急速に生活環境が変化した。一方で、地球環境は年々壊されてきている。いわば神の怒りを買うバベルの塔の現代版の如きである。私たちは今や結構快適なトイレに慣れ親しんでいる。さらにこれからはロボットを使って人力や人の手が届かないところを掃除・点検したり、ＩＴを駆使して各種トイレの位置情報や空き情報を伝え、視覚・聴覚などに障害を持つ人もスムーズにトイレにアクセスし、無理なく使用できるような研究が進められ、便利さと快適さがより向上する社会になるであろう。排泄物による医学的チェックも進められている。ただ、何もかも自動化が進み、人が怠惰になることは回避しなければいけない。

そして、このように進化が加速する中、未だまともなトイレにアクセスできない地球人口の30％にも上る23億人の人たちの生活とその環境にも思いを馳せ、対策を考えていかなければならない。地球環境や人類の生存に思いを巡らし、世界の国々と情報交換をするネットワークを構築し、世界中の人たちが安全・清潔で快適なトイレが使えるよう、常に向上心を持ち創造力を発揮していきたい。

高橋志保彦
一般社団法人日本トイレ協会名誉会長
建築家、都市デザイナー／神奈川大学名誉教授

執筆者一覧（五十音順）　＊＊は編集代表　＊は編集委員

浅井佐知子　㈲設計事務所ゴンドラ

池澤威郎　阪南大学准教授

市川昌昇　京王電鉄㈱開発事業本部プロジェクト推進部部長

植田瑞昌　日本女子大学助教／（一社）日本福祉のまちづくり学会 子育ち・子育てまちづくり特別研究委員会委員長

＊上野義雪　上野研究室主宰／元千葉工業大学教授

生沼安奈　㈱ダイナム経営企画部広報担当

加藤克志　（公社）日本観光振興協会審議役・総務部長

＊＊小林純子　㈲設計事務所ゴンドラ代表／日本トイレ協会会長

＊小松義典　名古屋工業大学大学院准教授

坂上逸樹　㈱クリーンシステム科学研究所代表取締役

坂本哲司　甲府ビルサービス㈱会長

桜庭拓也　（一社）全国道の駅連絡会事務局

佐治香奈　日本財団経営企画広報部・ソーシャルイノベーション推進チーム チームリーダー

髙橋儀平　東洋大学名誉教授

高橋志保彦　神奈川大学名誉教授／高橋建築都市デザイン事務所主宰

＊竹中晴美　オフィス・タック代表

田名網雅人　鹿島建設㈱常務執行役員設計副本部長

谷口尚弘　ＮＰＯ法人日本下水文化研究会名誉会員

時枝 穂　Rainbow Tokyo 北区代表

鳥海吉弘　東京電機大学教授

仲川ゆり　㈱ＪＲ東日本建築設計

長澤 悟　東洋大学名誉教授／㈱教育環境研究所
長澤 泰　東京大学名誉教授／工学院大学名誉教授／一般財団法人ハピネスライフ財団理事長
中村祥一　㈱LIXILトイレ空間事業部担当部長
*中森秀二　元㈱LIXIL／日本トイレ協会事務局長・同メンテナンス研究会代表幹事
野口祐子　日本工業大学教授
橋口亜希子　橋口亜希子個人事務所代表／発達障害を手がかりとしたUDコンサルタント
橋本正法　NPO法人地域交流センター代表理事
原 利明　鹿島建設㈱建築設計本部
星川安之　公益財団法人共用品推進機構専務理事
細野直恒　NPO法人にいまーる理事
三品勝暉　元財団法人鉄道総合技術研究所車両研究部長
*森田英樹　日本トイレ協会運営委員／総合トイレ学研究家
山下太郎　㈱日本空港コンサルタンツ建築部
山谷幹夫　TOTO歴史資料館初代館長
山戸伸孝　㈱アメニティ代表取締役社長
*山本浩司　中日本高速道路㈱東京支社

編　者

日本トイレ協会

1985年にトイレ問題に関心を持つ官民の有志により発足、2016年に一般社団法人。①トイレ文化の創出、②快適なトイレ環境の創造、③トイレに関する社会的な課題の改善、に大きく寄与してきた。会員相互に研鑽を積み重ね、関係各方面の協力を得ながら、主に全国トイレシンポジウムや各種講演会を通じて、最も進んだトイレ文化の華を日本に咲かせるとともに、世界への情報発信に努めている。

公式ホームページ
https://j-toilet.com/

快適《かいてき》なトイレ——便利《べんり》・清潔《せいけつ》・安心《あんしん》して滞在《たいざい》できる空間《くうかん》

2022年8月10日　第1刷発行

編　者―日本トイレ協会
発行者―富澤凡子
発行所―柏書房株式会社
東京都文京区本郷2-15-13（〒113-0033）
電話（03）3830-1891［営業］
（03）3830-1894［編集］

装　丁―Malpu Design（清水良洋）
本文デザイン―Malpu Design（佐野佳子）
組　版―有限会社一企画
印　刷―壮光舎印刷株式会社
製　本―株式会社ブックアート

ISBN978-4-7601-5467-8

進化するトイレ

全巻構成

災害とトイレ
緊急事態に備えた対応

日本トイレ協会 編 ｜ 四六判並製・248頁 ｜ 定価（本体3,000円＋税）

快適なトイレ
便利・清潔・安心して滞在できる空間

日本トイレ協会 編 ｜ 四六判並製・348頁 ｜ 定価（本体3,000円＋税）

2022年
8月刊行
予定

SDGsとトイレ
地球にやさしく、誰もが使えるために

日本トイレ協会 編 ｜ 四六判並製・約250頁 ｜ 予価（本体3,000円＋税）

柏書房の関連書

トイレ学大事典
日本トイレ協会 編 ｜ B5判上製・418頁 ｜ 定価（本体12,000円＋税）

多機能トイレの開発・普及で世界をリードする日本。

生活の理想が意外なほど色濃く反映されているトイレをめぐって、文化史から環境学まで多角的な視座から徹底解剖した初の総合事典。